在河北承德滦平县，当地农民正在执行《首都水资源规划》节水灌溉

为2003年历史上山西首次向北京集中输水5000万立方米按启闸键

2002年水利部在张掖考察黑河节水灌溉，左起第四人为水利部部长汪恕诚，第二人为作者，第三人为张掖市市长田宝忠，如今恢复的额济纳旗东居延海已成为旅游热点

新疆109岁的维吾尔族老人
感谢国务院批准的《塔里木
河规划》下水使他重返家园

在长江——"引江济太"工程

在亚洲大河——湄公河上游
澜沧江畔的中缅边境水文站

5

在黑龙江上游额尔古纳河
人迹罕至的中俄边界看水

2010年作者获"全国优秀科技工作者"称
号，该奖主要表彰作者"以复合型生态工
程的理论与实践在申办和保证北京奥运以
及首都供水方面做出的突出贡献"。

作者当选瑞典皇家工程科学院外籍院士后，由瑞典皇家工程科学院主席团主席T·莉娜(左二)和瑞典皇家科学院院长B·尼尔森(左一)陪同与瑞典国王(右一)见面，被介绍时说："吴先生是国际知识经济的主创意者和中国第一批国家级生态修复规划的制定和实施组织者。"

1999年4月9日，在朱镕基总理出席开幕式、于美国国务院举行的"第二届中美环境与发展论坛"上，作者(前排左一)做首席发言阐述对修建三峡大坝的观点，此后的美方发言再没有指摘中国的大坝问题，会后美国海洋和气象局局长找到作者说："您讲得精彩。"朱丽兰部长事后说："吴季松司长的发言对后来的会议做了导向。"

作者(左一)于1992年在巴黎联合国教科文组织总部与蔡方柏大使(左三)、联合国教科文组织总干事马约尔(左四)、助理总干事扎尼哥(左五)参加签署中国加入《关于特别是作为水禽栖息地的国际重要湿地公约》。扎尼哥先生对作者说："我最清楚您积极有效的贡献"。

7

1997年作者在肯尼亚内罗毕联合国环境规划署总部会见执行主任E·道德斯维尔女士，她充分肯定作者创意"新循环经济学"的主要观点。

在荷兰海牙召开的世界第二界水论坛暨部长级会议会场前

在孟加拉国达卡的老恒河上

枯水季节湄公河老挝万象段
已近干涸，对岸就是泰国

作者在贝加尔湖中游泳

作者在死海中看报

9

为德黑兰供水的拉丹水库的碎石大坝

布拉迪斯拉发多瑙河上游
斯洛伐克首都河畔

世界闻名的冰岛大地热间歇泉
是冰岛许多山河的源头

在埃及阿斯旺大坝上看
世界第二大河——尼罗河

非洲贝宁著名的水上村庄

在美国科罗拉多，胡佛大坝
前的水库——米德湖畔

泛舟世界第一大河——巴西亚马孙河，在黑白两支流的交汇处

在世界第三大瀑布——巴西和阿根廷交界的伊瓜苏大瀑布前

在西澳珀斯海湾

治河专家话河长

——走遍世界大河集卓识 治理中国江河入实践

EXPERT VIEW ON RIVER CHIEF SYSTEM:

COMBINING INSIGHTS INTO MAJOR RIVERS WORLDWIDE
WITH PRACTICES OF RIVER TREATMENT IN CHINA

吴季松◎著

WU JISONG

北京航空航天大学出版社

BEIHANG UNIVERSITY PRESS

内 容 简 介

在目前国际形势复杂多变，全球经济复苏无力的形势下，我国经济一枝独秀，为世界经济增长贡献了 1/3。

作者曾在联合国教科文负责以水为主的环境工作，在 29 年中走遍了世界的大江大河，制定了水标准，目前在我国和美国、法国及越南等国应用。作者具体主管水资源工作 6 年半，参与"河长"理念的创意，有成功的实践。本书介绍了在 105 国实地考察的世界主要江河和在我国 20 省市区治理的成功实践。对河长制的科学原理、职责、规划编制、组织、监督、考核、法规与追责都结合国内外案例做了详尽的介绍和深入的分析，是各级河长的重要参考书和工作手册。

Abstract

Despitevolatile and complex international situations and sluggish global economy，China's economy continues to thrive and accounts for 1/3 of global economic growth.

The author used to work for the environment sector of UNESCO in charge of water resources. He spent 29 years visiting major rivers across the world. The standard on water resources set by the author currently takes effective in a number of countries，including China，US，France and Vietnam. During the six-and-half years in charge of water resources，the author took part in design and practices of the "River Chief System". This book introduced major rivers in 105 countries worldwide based on the author's personal experience，and successful practices in river treatment in 20 provinces，municipalities and autonomous regions. "River Chief System" is thoroughly explained and analyzed in detail，including its theoretical foundations，functions，design and arrangement，layout，surveillance，assessment，legal regulations and accountability，with cases at home and abroad. This book can be an important reference and guidance for river chiefs.

前　言

　　在目前国际形势复杂多变,全球生态日趋恶化的形势下,我国经济一枝独秀,重回世界主要经济体年增长率首位,为世界经济增长贡献了1/3,成为拉动世界经济走出低迷、扭转经济全球化逆动的火车头,为人类可持续发展作出了重要贡献。相比而言,我国的环境治理和生态修复是发展的短板,已成为社会经济发展的瓶颈及国家生态安全的重大挑战。其中河流治理是重中之重。习近平总书记指示"每条河流要有'河长'了",在全国各地引起了巨大反响。

　　河长制是从浙江开始的河湖管理体制的创新,是一种被实践证明的有效措施,江浙等地已出现了健康河流的雏形。中办和国办印发《关于全面推行河长制的意见》使之上升为节水护河的国家行动,是一个重大举措,非常及时。要保证其有效实施,河长要积极作为,恪守职责,专家要主动担当。同时,更要使各级党和政府组织、机构,以至全社会共同负责。还我国绿水青山,让人民有获得感,要有时不我待的紧迫感,舍我其谁的责任感。

　　应强调河长制实施的重要工作和重大决策,对河长要终身追责,要高度尊重知识、尊重人才,但专家也要有浓厚的家国情怀和强烈的社会责任感,实行工作决策留痕,同样要终身追责。

　　首先,不能只是走马观花地调研,关门自做规划了事。了解小小的梨子都要亲口尝一尝,何况波澜壮阔、千变万化的大河。对于中等以上(河长大于 500 千米)的河流必须本人做一个月以上的深入实地的调研。

　　其次,要有系统思维。认真学习系统论、协同论,自然生态系统优先,以此为指导采集数据和做应用系统分析,做好居高临下的顶层设计;否则无法在规划中处理好山水林田湖、上下游、干支流、左右岸和库前后的关系,势必造成顾此失彼,甚至于对河流的系统性破坏。

再次,要认真追溯河流史。美国曾花巨资做过大规模实验,证明至少在目前是不可能建造持续运行的人工生态系统的,所以必须了解在一两个世纪以前次原生态的河流是什么样的,要有纵向比较。但是,由于一二百年前的经济社会发展已不可能修复到次原生态,但应将其作为最高标准尽可能修复,这样才是绿色发展。这里有一个例证可以说明:我国古代四大名著之一《三国演义》"赤壁之战"等写长江的回目,用的是真实地名,但地理位置与当时是不相符的,因为长江从三国时期到写书时的明朝,形态变化极大,主要是洞庭湖(云梦泽)的变迁,而作者是按明朝的长江写的。

最后,河流的历史资料不仅在我国,在世界各国也都是很难找到的。因此,专家要亲自调研世界河流主要类型的典型,提供资料给河长,找与自管河流纬度、降雨量、径流量、距海远近、流域人口密度和经济发展程度相似的健康国际河流作为参照,要有横向比较,这样才能使构建河流水系治理形成长效机制。

在对流域全面深入实地调研的基础上,建立有高度的顶层设计、历史纵向比较的修复标准和国际横向比较的三维参照体系创新工作模式以后,专家还必须亲口尝水,亲自访民。不能既当运动员又当裁判员,还当教练员,当地人民的获得感是最好的"裁判"。要坚守正道,追求真理,从我做起,从现在做起,从河长制工作做起,积极投身河长制实践创新,想国家之所想,急国家之所急,面对国家水安全的重大挑战,重道义,勇担当,建立责任制,还人民绿水青山,对子孙后代的福祉负责,对中华民族的永续发展负责。

2017 年 3 月 28 日

Preface

Against the backdrop of volatile and complex international situations and deterioratingglobal ecological environment, China's economy continues to thrive with the highest annual growth rate among major economies around the world, accounting for 1/3 of global economic growth. China has become the powertrain of global economic development, and made tremendous contributions to sustainable development of human beings. Compared with momentum of economic growth, environmental treatment and ecological restoration have become the Achilles' Heel, and the bottleneck of social and economic development, challenging national ecological safety, and among which, river treatment is the key issue. President Xi Jinping's instruction that " 'river chiefs' will be appointed across China for better protection of water resources against pollution in the country" has made tremendous effect throughtout the country.

Originated from practices in Zhejiang Province, the River Chief Systemhas been proved useful. The images of healthy rivershave emergedin Jiangsu and Zhejiang Provinces. Opinions on Comprehensively Promoting the River Chief Systempushed forward by General Office of the CPC Central Committee and General Office of the State Councilis a significant and timely innovation on river and lake management and makes the River Chief System a national effortto save water and protect rivers. How to ensure the effectiveness of the "River Chief System"? It is important for river chiefs, experts, Party organizations

3

and government agencies at all levels, and even the whole society to assume responsibilities and take initiatives. Only with sense of urgency and dedication shall we create a sound environment with green hills and clear waters in which people live with "sense of gain".

What needs to be underlined is that river chiefs will be held accountable permanently for all critical work and decisions they did. Moreover, knowledge and talents should be highly valued. Furthermore, experts are expected to devotethemselves to national undertakings and shoulder their social responsibility. Work and decisions done by experts, who will be held accountable permanently as well, will also be placed on file.

First of all, closed-minded planning and superficial investigation are insufficient. We do not know the flavor of pears until we have a taste of it, let alone a magnificent and volatile river. Medium and large sized rivers (length of river longer than 500 km) must be investigated personally in a down-to-earth manner for more than a month.

Moreover, it is crucial togive priority to natural ecosystem and study on systematology and synergetics with a holistic mindset, which will provide a top-level design and guidance on data collection for comprehensive analysis. Otherwise, it would be impossible to strike a balance among mountains, water, forests, farm land and lakes, and between upstream and downstream, mainstream and its tributaries, two sides of a river, and two sides of a reservoir. Ignorance of any factor will be detrimental to a river and even lead to a systematic damage.

Furthermore, it is necessary to understand the history of a river. A costly large-scale experiment was once done in the United States, which at least proves that the existing man-made ecological system is impossible to exist permanently. Therefore, a historical study of a river should be made to discover its nearly-original form one or two centuries ago. A river needs to be recovered to the largest extent to that form because it is impossible to completely recover the river given social and economic development in the past centuries. This is the real green development. For example, names of real places can be found in some chapters of Romance of the Three Kingdoms, one of the Four Famous Ancient Chinese Novels, such as the in the chapter "War of Chibi", which describes a story took place in Chibi alongside the Yangtze River. However, geographical locations of these places were far different. Because from the Three Kingdoms periods in Chinese history when these stories happened to Ming Dynasty when the novel was written, the form of Yangtze River had been dramatically changed, as a result of the transformation of Dongting Lake (displacement of Yunmeng Marsh in ancient China). In the novel, the author referred to the geographical situations of Yangtze River in Ming Dynasty.

Last but not least, historical records of rivers are hardly accessible not only in China, but also all over the world. As a result, experts are required to conduct research personally on some typical examples of each major categories of rivers worldwide and provide materials and information for river chiefs, with reference to healthy foreign rivers which are similar to rivers that they are in charge of in latitude, rainfall capacity, volume of runoff, distance to the coast, population density and ecological development conditions of regions alongside. Such an international study should be made as to construct a long term mechanism of river and water system management.

In short, based on comprehensive and thorough field investigation of river basins, an innovationalworking modelof three-dimensional reference system, which includes a top-level design, a historical study of restoring standard and an international study of similar rivers, is established. Meanwhile, experts are required to do everything personally when doing research on a river, including tasting the water and visiting local residents. For an analogy, experts cannot be athletes, judges as well as coaches at the same time. "Sense of gain" of local residents is the most reasonable judge. It is imperative to stick to truth and righteousness, start from now, from ourselves and from river chiefs, dedicate ourselves to practices and innovation of the "River Chief System", devote ourselves to prioritized national undertakings, shoulder our due responsibility in resolving the challenges of water security, and optimize the system of accountability, so as to leave our children and grandchildren green mountains and clear water and be responsible for the well-being of future generations and the sustainable development of the Chinese nation.

March 28, 2017

目　　录

Content

Episode Ⅰ The History of River Chief System ·························· 1

1. The Princes of the Birthplace of Human Civilization are the Earliest River Chiefs ······ 1
2. The Proposal of "River Chief" and "River Chief System" ···················· 3
3. The Performance of Heihe River Treatment Under the Guidance of the Idea of "River Chief"
   ·· 4
4. The Past Dust Storm Source Has Turned into a Tourist Destination ·············· 7

Episode Ⅱ Visiting Major Rivers Worldwide ···················· 8

1. River Ganges: Ecological Protection with the Promotion of Biogas in Rural Areas Along
   the River ··· 14
2. River Yenisei: In the Pollution Crisis of Lake Baikal ···················· 17
3. The Mekong River: A Thorough Investigation Through Six Countries of the Largest
   International River in Asia ···························· 21
4. The Danube River: To Be "Blue" Again ························ 28
5. River Rhine: The Treatment of the "European Sewer" ·············· 34
6. The Niger River: A Basin from Vast Forest to Wild Desert ·············· 37
7. The Congo River: An Investigation of the Pollution of the Vitoria Lake ·········· 40
8. Rive Nile: An Investigation of the Development of Human Civilization with the Journey
   of over 1500 Miles ································· 43
9. The Amazon River: Never Flood with a High Volume of Runoff ·············· 45
10. River Murray: How to Ensure Water Supply in the Thirsty Australia ·········· 49

Episode Ⅲ My Practices of "River Chief System" ···················· 53

1. A Summary of Major Rivers in China ······················· 53
2. Continuous Learning: The Restoration of Zhalong Wetland along the Nenjiang River
   ·· 56
3. Law-Based Administration: 50 Million Tons of Water from the Haihe River to Beijing
   ·· 62

第一篇　河长制溯源

中共中央办公厅和国务院办公厅于 2016 年 12 月 11 日印发了《关于全面推行河长制的意见》的文件,作为河长制当代起源的见证者和实行者,很荣幸能回顾这段历史,为促进其实施做微薄的贡献。

一、人类文明发源地的王公就是最早的河长

人类经过渔猎的蒙昧时代以后,进入了农业文明时代。从世界四大文明发源地来看,农业文明的实质就是水文明,而用水都取自河流,所以四大文明的发源地都在河边。

底格里斯河和幼发拉底斯河的美索不达米亚文明又称"两河文明"。到公元前 3000 年,这里已出现 12 个独立的城市国家。其中最大的乌鲁克,占地大约 4.45 平方千米,人口约 5 万。

尼罗河三角洲是埃及古文明的发源地,又被称为"尼罗文明"。至公元前 3100 年,古埃及人在尼罗河两岸耕种,形成了上、下埃及两个独立王国,每个王国由大约 20 个省或州组成,由王公统治。

印度古文明称为"印度河文明",源自公元前 2500 年左右,它包括印度河河口 20～30 平方千米的土地,由一系列城市组成,大的城市有 16～19 平方千米,城市呈网格式布局,规模很大。

中国古文明称为"黄河文明",在公元前 1300 年,横跨黄河支流河南安阳河南北岸。殷朝的首都即已发掘的殷墟,已经是面积约 24 平方千米的城市。

以上四处除"两河文明"外,作者都做过实地考察,除殷墟外,历史遗

迹都已荡然无存,只能在博物馆中寻蛛丝马迹。唯有"殷墟"是故地的当代发掘,作者在这里考察了整整一天。当年这里已脱离了其他三处的城邦或分裂王国时代,成为殷王朝的首都,不仅完全具有今天的城镇规模,而且布局也相当"现代",中国的黄河文明也是四大文明中唯一连续存在至今的一处,其余都中断并消亡了。作者认识"可持续发展"理念的创意者,这是该理念最重要的历史渊源,也是中国文明对现代重大发展理念的贡献。

综合实地和文献考察,世界文明的四大发源地,无论是城镇领主、城邦王公还是王都国王,实际上都是所傍河流的河长。

在实地考察的基础上以科学的观点剖析历史,说当时领主、王公和国王争夺甚至战争是为"土地",其实是表面现象。当时周边有无际的荒地可以开发,问题是无法灌溉,所以争夺的实际上是河水。因此领主、王公和国王拥有的最主要的不是土地,而是那一段河流,他们或可称为最早的"河长"。

当年的河长的职责也与今天中办与国办联发的《关于全面推行河长制的意见》中河长的职责相似。

"水资源开发利用的控制",因为河水有丰枯年、旱雨季,水量有限,尤其是旱年更要进行分配。以"印度河文明"最为明显,枯年水量不足要合理分配。

"严格水域岸线等水生态空间管控",以"尼罗河文明"最为明显,年年泛滥,河流形态年年改变,必须通过管控来确定农田和城镇的生态空间。

"加强水污染防治",因为当时饮用水均取自河流,所以已经存在将取水口开在上游、排污口开在下游、利用河流自净能力的水污染防治办法。

"加强水环境治理",当年就有清理饮用水水源区域的措施和对违规开排污口的惩罚办法。

由此可见,四大古文明发源地的领主、王公和国王就是最早的"河长",他们实施了原始的"河长制"管理办法。

二、"河长"与"河长制"的提出

据作者所知,"河长"与"河长制"的理念最早是 2001 年国务院领导经过充分调研后,在国务院总理办公会主持讨论《黑河流域近期治理规划》时说:"清朝康熙时期,定西将军年羹尧(1679—1726)于 1923 年授抚远大将军率军去今天的甘肃、内蒙古和青海平叛,为了保黑河(又称弱水)下游阿拉善王的领地额济纳旗和大军的用水,对黑河流域实行了'下管一级'的政策"。所谓"下管一级"即上中游的张掖县令为七品,中游的酒泉县令为六品,额济纳旗的县令为五品,该县令实际是河的首长。从而保证水量很小,而且年际变化很大的黑河水可以保质、保量地到达下游额济纳旗,入尾闾东、西居延海。

当年蒙八旗的阿拉善王爷(三世)曾为康熙平定新疆立下战功,所以倍受重视。距北京什刹海著名的恭王府东侧仅一条宽 4 米多的胡同之隔的毡子胡同 7 号就是阿拉善王府,在内城中央的蒙古王爷府十分罕见。今天王府已是个大杂院,但门前立有"阿拉善王府"字样的石碑。

作者当时听了感触极深,中国有 4 000 年的农业文明史,治水积累了行政、经济、科学、工程和技术的宝贵经验,如都江堰就是至今举世惊叹的科学与工程的巧夺天工的结合,水车也是中国工匠发明的,"下管一级"的河流有"长"的管理理念,可以说是管水的行政创新和发明。不了解治水历史,不以正确的指导思想深入实地考察,不汲取古人智慧,只是乘车视察、蜻蜓点水地走马观花,坐在屋里冥想,水管理就不可能有创新。

为了主导制定和指导实施《黑河流域近期治理规划》,作者多次跑遍黑河上下游,遇到过沙尘暴。黑烟从地面升起,遮云蔽日,仿佛黄昏降临,飞沙走石;车只能停下,手机也没有信号,能做的只有等待这场灾难过去。在此前后多次发生上学的小孩遇到沙尘暴迷路走失,死在荒漠中。当年实地考察在额济纳旗,仅有的旗招待所正在装修,作者一行人等只好住进了刚开业的唯一一家私人旅馆。旅馆条件很差不说,半夜居然听见狼叫。回想起1971年,作者清华大学毕业后到农场劳动锻炼,在戈壁滩的旷野上开拖拉机见过狼群,由于拖拉机开着大灯,发动机也在轰鸣而不敢过来。没想到这次从旅馆院子出去重温了30年前的情景,虽然只有3只。不亲身经历这些,怎么能正确导向,制订出"因地制宜"的规划?只换了地名和数字,几乎"千篇一律"的规划,怎么能使当地老百姓有获得感?

当时作者以这种"下管一级"的"河长理念"指导了《黑河流域近期管理规划》的制定和实施。15年后作者作为嘉宾应邀出席甘肃"丝绸之路文博会",作为清华大学数学系的毕业生,在包括莫言先生在内的文人聚会上赋诗一首:"黑河吞明月,长城锁远山,千古丝绸路,今朝生态园。"引起了大家的一致赞叹,问作者"您为什么能做出这样的诗?"回答是:"因为我跑遍了黑河上下。"

2003年前后,浙江省领导提出了"河长制"管理体制的创新,2008年湖州市长兴县率先试行"河长制",后在浙江、江苏等地多点开花,成绩斐然,在全国不少地方都有响应,出现了一批流水清澈、生态恢复的健康河流的雏形。2013年浙江省委正式做出了"治污水、防洪水、排涝水、保洪水和抓节水"的五水供治的决策部署。

三、以初始的"河长"理念指导黑河治理的实绩

黑河下游从15年前北京的沙尘暴源,变成了今天的旅游热点。这一成果的认定不是"权威"专家评议的,而是实践证明和百姓认同的。

黑河是我国西北地区第二大内陆河,流域面积14.29万平方千米,中游在甘肃张掖地区,农牧业开发历史悠久,史称"金张掖",是古丝绸之路上的重镇。北部的黑河尾闾,3个世纪以来是清朝戍边要塞,半个世纪以来又是我国发射卫星的基地所在,对黑河的修复在文化、科技和国防方面都有重大意义。

作者时任全国节水办公室常务副主任、水利部水资源司司长,在国

务院和水利部领导的指导下在 1999—2001 年经实地调研,主持制定的《黑河流域近期治理规划》经国务院国函【2001】74 号文批准,与《21 世纪首都水资源可持续利用规划》《塔里木河流域综合治理规划》和黄河重新分水方案一起得到专家的高度评价,四个规划一起被时任国务院总理朱镕基批示为"这是一曲绿色的颂歌,值得大书而特书。建议将黑河、黄河、塔里木河调水成功,分别写成报告文学在报上发表",时任国务院副总理温家宝批示为"黑河分水的成功,黄河在大旱之年实现全年不断流,博斯腾湖两次向塔里木河输水,这些都为河流水量的统一调度和科学管理提供了宝贵经验"。这是水利部和水资源司有关司局和当地政府的荣誉。

1. 大漠往返 4 千米深入实践考察

1958 年还分别有 270 平方千米和 35 平方千米的尾闾东、西居延海,经 30 年先后干涸。20 世纪 50 年代以来,黑河流域人口增长了 1.42 倍,耕地则增加了两倍。北方边疆重镇额济纳旗人口从 0.233 万增加到 3 万,牲畜从 3 万头增加到 16.6 万头。因此,用水量从 15 亿立方米增加到 26 亿立方米,进入下游水量逐年减少,造成河道干涸、林木死亡、草场退化、沙尘暴肆虐等生态问题日益严重。同时,黑河断流持续延长,将威胁到古丝绸之路重镇张掖,自古以来的"金张掖"将变成"沙张掖"。1999 年,荒漠化已经严重威胁了当地各族人民的生存和发展,并成为我国北方沙尘的主源头之一。

检查组行程 4 千米,实地考察了黑河下游及尾闾东居延海的生态状况,中游张掖、酒泉地区规划项目情况,听取了黑河流域管理局、甘肃省水利厅、内蒙古自治区水利厅、阿拉善盟、张掖地区行署、额济纳旗、金塔县关于规划实施情况的汇报,作者亲自与当地农民多次交谈,详细了解当地的现状。

2. 以系统论为指导重新分水

以系统论与协同论为指导,从全流域的"纵"维度和社会、经济、资源、环境的"横"维度系统分析,建立统一管理的体制重新分水。

2002 年度,第一次"全线闭口、集中下泄"工作开始。7 月 8 日—10日,张掖地区中游干流沿岸所有引堤水口门依次向下逐县(市)闭口;至 7月 23 日,第一次"全线闭口,集中下泄"结束,前后历时 15 天。出山口的莺落峡累计来水 3.54 亿立方米;7 月底在已干涸的尾闾东居延海最大水域面积 23.66 平方千米,总蓄水量 1036 万立方米,平均水深 0.44 米,最大水深 0.63 米。作者到时仍有湖面约 15 平方千米。随着湖区水面的形成和扩大,一群群水鸟迁徙湖区,追逐嬉戏,由于 10 年没有来水,尚未见到湖区的芦苇和水草有所复苏。

这些都是在没有"河长"理念统一管理以前的分段管理时不可能做到的。

3. "河长"的理念树立了生态第一、管理第二、工程第三,的思想

从生态修复入手保护水资源,截至 2002 年 8 月,上游源流区(青海省)完成围栏封育 30 万亩,占《规划》近期治理目标(180 万亩)的 16.7%;黑土滩、沙化草地治理 10.5 万亩,占《规划》近期治理目标(35 万亩)的 30%;天然林封育 10 万亩,占《规划》近期治理目标(60 万亩)的 16.7%;人工造林 1.2 万亩,占《规划》近期治理目标(10 万亩)的 12%;中游及下游鼎新片(甘肃省)完成节水退耕 9.06 万亩,占《规划》近期治理目标(32万亩)的 28.3%;生态退耕 18 万亩,占《规划》近期治理目标(32 万亩)的 56.3%。

"河长"的理念树立了"节水优先"的思想。干渠建设 174.75 千米,占《规划》近期治理目标(485 千米)的 36%;田间配套 5.8 万亩,占《规划》近期治理目标(90 万亩)的 6.4%;废止平原水库 8 座,占《规划》近期治理目标(8 座)的 100%;高新节水 3.5 万亩,占《规划》近期治理目标(43.5万亩)的 8%。压缩水稻 8.4 万亩、带田 23 万亩,大力调整产业结构(粮、经、草比例由 43:53:4 调整为 35:57:8)和种植结构,从种稻改为种制酒葡萄,生长在张掖的冰葡萄酒已誉满全国,开展了节水型社会及水权试点工作。

"河长"的理念树立了不分县群众自我管理的思想,成立农民用水协会,定额用水,根据人口、土地、效益和利用率的逐年评定给所有用水户发水票。

四、昔日的沙尘暴源变成今天的旅游地

《黑河流域近期治理规划》在"河长"理念的指导下统一考虑水生态系统的承载能力,通过全流域分水,"以供定需",保证逐步做到黑河不断流。规划实施后,经过连续不断地输水,2013 年东居延海已实现连续 9 年不干涸,水域面积维持在 36.61～54.93 平方千米,水深为 2.11 米,水面重现,地下水位升高,动植物系统开始恢复。额济纳绿洲东河地区的地下水位上升了近 2 米,多年不见的灰雁、黄鸭、白天鹅等候鸟成群结队地回到了故地,东居延海特有的大头鱼重新出现,湖周水草也开始复苏。

林草覆盖度提高,胡杨林得到抢救性保护,面积增加 33.4 平方千米,而草地和灌木林面积共增加了 40 多平方千米,沿湖布满绿色的生机,野生动物种类增多,生物多样性增加。这些均有效地缓解了下游局部地区环境恶化、沙漠侵袭的势头,局部地区生态系统得到较大改善。输水后,昔日渺无人烟的沙地又恢复成旧日的东居延海,20 世纪 90 年代波及北京的沙尘暴源成了旅游重地,2013 年,游客达 33.26 万,已成为热门旅游景区。

黑河治理的"河长理念"就是:一条河流分段治理不符合自然规律,黑河流域张掖市、酒泉市和额济纳旗对河流治理不是没做工作,但成效甚微,原因就在于河流要从上游到下游按流域统一领导、综合治理,就是要有"河长"。当年这个"河长"就是作者——《黑河流域近期治理规划》实施领导小组组长。统一规划,统一领导,统一管理,承担责任。

第二篇　走遍世界大河

作者自 1979 年至 2017 年,在长达 38 年的时间里对 105 个国家做了全球自然生态系统的考察。淡水子系统是陆地自然生态系统的基础,自然是考察的重点,而河流中有保障可持续发展最重要的年际更新水量,自然是"重中之重"。

1. 世界的主要河流

全世界最长的 10 条河流(见表 2-1)除刚果河作者只考察过支流外,其余均考察过干流流域。其中有许多河流治理的经验和教训值得借鉴。

表 2-1　世界上最长的 10 条河

序　号	名　　称	长度/千米	所在洲
1	尼罗河(以卡盖拉河为源)	6 671	非洲
2	亚马孙河(以乌卡亚利河为源)	6 480	南美洲
3	长江	6 397	亚洲
4	密西西比河(以密苏里河为源)	6 262	北美洲
5	黄河	5 464	亚洲
6	拉普拉塔河(以巴拉那河为源)	4 700	南美洲
7	刚果河	4 640	非洲
8	湄公河	4 500	亚洲
9	黑龙江(以额尔古纳河为源)	4 350	亚洲
10	勒拿河	4 320	亚洲

河长是河流的重要指标,但更重要的是有多少水,全世界河口年平均流量最大的 5 条河(见表 2-2)作者都实地考察过,除刚果河外都到过河口,看到过那浩瀚的水流入海的壮观情景。马代拉河是亚马孙河的支流,但入亚马孙的河口也让人感到恍如海口。其中美国的密西西比河将在"第八篇 河长制实施的国际案例"中介绍。

表 2-2 世界上河口年平均流量最大的 5 条河

序 号	名 称	河口年平均流量(立方米/秒)	所在洲
1	亚马孙河(以乌卡亚利河为源)	37 800	南美洲
2	刚果河	12 968	非洲
3	长江	10 206	亚洲
4	恒河	7 906	亚洲
5	马代拉河	6 300	南美洲

河流最主要的功能还是孕育人类,所以流域面积对人来说是最重要的指标。世界上流域面积最大的 10 条河(见表 2-3),作者在它们上游的茂密森林、中游的广阔田野和下游的繁华城市都考察过,当然,叶尼塞河、鄂毕河和勒拿河是例外,下游没有大城市。

表 2-3 世界上流域面积最大的 10 条河

序 号	名 称	流域面积/万平方千米	所在洲
1	亚马孙河(以乌卡亚利河为源)	705.0	南美洲
2	刚果河	376.0	非洲
3	密西西比河(以密苏里河为源)	322.2	北美洲
4	拉普拉塔河(以巴拉那河为源)	310.4	南美洲
5	尼罗河(以卡盖拉河为源)	300.0	非洲
6	叶尼塞河(以大叶尼塞河为源)	270.7	亚洲
7	鄂毕河	242.5	亚洲
8	勒拿河	241.8	亚洲
9	尼日尔河	220.0	非洲
10	黑龙江(以额尔古纳河为源)	184.3	亚洲

表2-4所列为世界主要淡水湖,其中除马拉维湖外,作者均曾前往实地考察。

表2-4 世界主要淡水湖

名 称	国 家	面积/万平方千米
五大湖	美国、加拿大	24.5
维多利亚湖	肯尼亚、乌干达、坦桑尼亚	6.94
坦噶尼喀湖	扎伊尔、坦桑尼亚、布隆迪、赞比亚	5.29
贝加尔湖	俄罗斯	3.15
大熊湖	加拿大	3.11
马拉维湖	马拉维、莫桑比克、坦桑尼亚	3.08
拉多加湖	俄罗斯	1.80
洞庭湖	中国	0.43

2. 亚洲主要河流

亚洲的10条主要河流(见表2-5)作者都做过考察,其中前4条做过全流域考察。亚洲的黄河、印度河、幼发拉底河和底格里斯河都是人类文明的发源地。亚洲河流的特点是除北部的勒拿河、叶尼塞河和鄂毕河及萨尔温江以外,都面临着缺水和污染的问题,其中黄河、湄公河、恒河和印度河面临双重问题,长江污染较严重,黑龙江已开始被污染。

表2-5 亚洲最主要的河流

序 号	名 称	长度/千米	流域面积/万平方千米	河口年平均流量/(立方米/秒)
1	长江	6 379	180.85	32 400
2	黄河	5 464	75.24	1 500
3	湄公河	4 500	81.0	12 000
4	黑龙江 (以额尔古纳河为源)	4 370	184.3	12 500

续表 2－5

序　号	名　　称	长度/千米	流域面积/万平方千米	河口年平均流量/(立方米/秒)
5	勒拿河	4 320	241.8	16 400
6	叶尼塞河（以大叶尼塞河为源）	4 130	270.7	19 600
7	鄂毕河(额尔齐斯河)（以卡通河为源）	4 070	242.5	12 600
8	萨尔温江(怒江)	3 200	32.5	8 000
9	印度河	3 180	96.0	7 000
10	恒河	2 700	106.0	25 100

3. 欧洲主要河流

欧洲的河流,尤其是西欧的河流是所有旅游者赞叹的,几乎都是我国 60 后可以"下河游泳,下水摸鱼"的乡愁。改革开放以来的 38 年,我国的经济走了西方 1 个世纪的路,航空航天走了西方 60 年的路,唯独水污染治理与河流修复不如西欧 20 世纪 50—80 年代(经济发展程度与 21 世纪的中国相近)所做的工作,这是有目共睹的事实,值得大家深思。欧洲的主要河流(见表 2－6)作者都做过实地考察,其中多瑙河、莱茵河、易北河和卢瓦尔河还做了全流域考察。

表 2－6　欧洲主要河流

序　号	名　　称	长度/千米	流域面积/万平方千米	河口年平均流量/(立方米/秒)
1	伏尔加河	3 690	138.0	8 000
2	多瑙河	2 850	81.7	6 400
3	第聂伯河	2 201	50.4	1 670
4	顿河	1 870	42.2	900

序 号	名 称	长度/千米	流域面积 /万平方千米	河口年平均流量 /(立方米/秒)
5	莱茵河	1 320	22.4	
6	易北河	1 165	14.4	2 200
7	维斯瓦河	1 068	19.4	1 200
8	卢瓦尔河	1 010	12.0	

4. 非洲主要河流

非洲的前 3 条主要河流作者都做过实地考察,那里河流和流域原生态的景象和日益严重的河流污染与生态蜕变等待治理,给作者留下了深刻的印象。经济发展、原生态保护和污染治理三者的平衡,大概就是人民的诉求,也是一个严峻的课题。表 2－7 所列为非洲主要河流。

表 2－7　非洲主要河流

序 号	名 称	长度/千米	流域面积 /万平方千米	河口年平均流量 /(立方米/秒)
1	尼罗河 (以卡盖拉河为源)	6 671	300.0	2 300
2	刚果河	4 640	376.0	41 300
3	尼日尔河	4 200	220.0	6 340
4	赞比西河	2 574	133.0	3 400
5	乌班吉河	2 253	77.0	<10 000
6	奥兰治河	2 160	95.0	490

5. 美洲主要河流

北美洲的河流作者到的不全,6 条主要河流中有 2 条没去过,但马更些河在加拿大北部的无人区,育空河在美国的阿拉斯加,对"河长制"不具典型性。其中北美最重要的密西西比河是许多国人熟悉的,也是考察的重点,具体内容将在"第八篇　河长制实施的国际案例"中介绍。

表2-8所列即为北美洲主要河流。

表2-8 北美洲主要河流

序 号	名 称	长度/千米	流域面积/万平方千米	河口年平均流量/(立方米/秒)
1	密西西比河（以密苏里河为源）	6 262	322.2	19 000
2	马更些河（以皮斯河为源）	4 040	176.6	15 000
3	育空河	3 180	85.5	＜5 000
4	圣劳伦斯河	3 130	80.2	6 580
5	格兰德河	3 030	57.0	＜5 000
6	科罗拉多河	2 190	59.0	1 860

6. 南美洲主要河流

南美洲的3条主要河流（见表2-9）作者都考察过，真正体会到了联合国水官的口头禅"没到过巴西不知道水多"。浩瀚如海的亚马孙河让作者见识了世界上最壮观的流动淡水（贝加尔湖是静止的淡水）。

表2-9 南美洲主要河流（长度超过1000千米）

序 号	名 称	长度/千米	流域面积/万平方千米	河口年平均流量/(立方米/秒)
1	亚马孙河（以乌卡亚利河为源）	6 480	705.5	120 000
2	拉普拉塔河（以巴拉那河为源）	4 700	310.4	14 880
3	马代拉河（实为亚马孙河支流）	3 230	115.8	＞20 000

7. 大洋洲主要河流

大洋洲这片干旱的大陆上最主要的河流是墨累河（见表2-10），其径流量为 59.5 亿立方米,只相当于亚洲的一条中等河流,结合考察悉尼奥运会,作者做过深入调研。

表 2-10   大洋洲主要河流(长度超过 1 000 千米)

序 号	名 称	长度/千米	流域面积/万平方千米
1	墨累河(以达令河为源)	3 490	91.0

一、推广沿河农村沼气保护生态的恒河

印度地处热带、两边靠海,在人们印象中其一定是个丰水的国家,没有看统计数据和到印度之前,作者也是这样认为的。但实际上印度人均水资源量只有 1 878 立方米,比中国还少,在 2 000 立方米/人的中度缺水线之下。印度水资源量折合地表径流深为 701 毫米,远远超过维系有植被生态系统 150 毫米的标准,是维系良好生态系统 270 毫米标准的 2 倍多,可见印度不缺降水,缺水主要是人口太多造成的。在印度各地看到生态系统并不好,应该是水资源利用的问题。

恒河在印度有如黄河在中国,恒河是印度的母亲河,印度教徒称恒河为圣河,恒河流域是印度古文明的摇篮。恒河发源自喜马拉雅山,经印度和孟加拉国流入孟加拉湾,全长 2 700 千米,流域面积 106 万平方米,绝大部分在印度,是印度第一大河,亚洲第十大河。恒河年径流量虽高达 3 680 亿立方米,但却大部分来自孟加拉国。

1. 恒河生态的巨大变迁

恒河地处亚热带地区,印度是个降雨较多的国家,在作者的想象中恒河一定是像我国长江一样的一条水流汹涌的大河,但是作者乘车从德里去世界七大奇迹之一——泰姬陵的所在地亚格拉,进入恒河流域时,真是大吃一惊,恒河的这一段很像我国的黄河,而流域很像我国的河南。

恒河有两个源头,都在喜马拉雅山南坡,北面的叫恒河,南面的叫亚穆纳河,两条河几乎平行自西北向东南流,到汇河处长短也差不多,很难分出哪条是主流,沿亚穆纳河前进,也是恒河流域。

如果用"赤地千里"来形容亚穆纳河的这一段的确不过分,情况比我国黄河流域河南省最差的地段还差。平坦的大地上河流几乎都已断流。不但没有森林,连灌木和草都不多,在收获后的季节里大地裸露。火辣辣的太阳照在黄土上,几只羊走过都会冒起一缕烟,土壤沙化十分严重。只有在村边才看到几棵树,村边有个小小的池塘,水有点像泥浆,人吃马喂都是这一塘水,牛在里面游,小孩也在里面洗澡。

登上世界奇迹泰姬陵,北面就是圣河亚穆纳河,河床十分开阔,像个大沙滩,可以想象当年的激流澎湃。而今天在开阔的河床中,如果不仔细找,真不知道那涓涓细流究竟在哪里,作者简直不敢相信,这就是举世闻名的恒河。

2. 沼气灶——印度保护自然河流的措施

面对这严峻的形势,印度政府也采取了一系列维系生态系统和保护水资源的措施,其中推广沼气利用是比较成功的措施。沼气的利用使广大农民不再遍地打柴草作燃料,保护植被,含蓄了水源,也防治了污染。以印度8亿农民每人每年要以45亩土地上的植被作为燃料计,就能把全印度除原始森林外所有植被扫光一次,这一数字让人惊异,幸亏是在热带,植被恢复快。全部推广沼气就保住了印度国土上的植被。同时,牛粪的收集和制成的有机肥料的利用大大减少了农村的水污染。

德里郊区的农村是比较典型的印度新农村,也是印度农村发展的方向。作者首先访问了距德里30千米的马苏德布尔(Masudpur)社区沼气站,离开城郊的柏油路,转入土路就到了农村,在距德里大约10千米的地方才见到第一口水塘,这里的农村树木较多,进村时浓荫蔽日,显得很凉爽,有点像我国江南的农家。沼气站设在一个大院子里,设有牛粪发酵池、沼气储气罐和输送管道,社区农民把牛粪送到这里,制成沼气后再输到用户,用户只交很少一点钱就可用沼气煮饭、照明,这是解决农村能源问题、防止农民砍柴割草破坏生态的最好办法。发酵后的牛粪晒干装袋,还可以作为有机肥料出售。在印度,一般4头牛的粪便每天可产生2~3立方米的沼气,相当4~8度(千瓦小时)电,足够一个家庭使用。

英迪拉·甘地夫人任总理时曾来到这个沼气站，并种下了一棵树，现在树已长大，旁边只立了个小木牌，上面写明"英迪拉·甘地植，1981年"，没想到仅在三年之后，她就被刺身亡了。

沼气站的主人热情招待作者一行人等。办公室旁边就是沼气站值班人住的地方，看起来他也像是个农民，夫人随他做饭，地下就是沼气灶，还摆着油瓶盐罐，农妇有 50 岁年纪，皮肤粗糙、黝黑，给我们端上来他们自己大概从来不喝的瓶装可口可乐，自始至终用纱丽挡脸，从来不正面看我们。

3. 恒河畔的印度农家

作者一行人还访问了河边的一户农民，看来应该称为"地主"。他家有个巨大的庭院，修剪得十分整齐，完全像一个花园，一半种花草和果树，高大的果树下，开着色彩鲜艳的花，芭蕉有如巨扇，绿草有如地毯，黄瓦的凉亭立在园中，粗糙的小水泥塑像立在亭前。园子的另一半种些玉米和蔬菜，完全是园林化的栽植，产量很高，如果印度的土地都这样经营，那印度的粮食产量真可以成倍地提高，水资源也可以大量节约。园子角上是一个沼气池，这家刚好养了 4 头牛，可以生产自给自足的沼气，是一个利用沼气的典型农户。

主人住在院端的一所白房子里，有一条白砂石铺的路直通门前，房子外表像个小别墅，但进去一看，建筑粗糙，质量不高，布置也很凌乱。格局是标准的两室一厅，开间不大，加上厨房厕所，里面还有个把苍蝇嗡嗡飞过。房子的主人不在，管家在料理，还带上了自己的儿子与作者一起合了影。看来德里郊区的农民是比在德里到亚格拉沿路的农民富裕多了。但是在返回城里的路上，路边还是有不少干打垒的泥房，小孩从泥房中出来，踩着村边塘中的泥水，到公路边上来玩耍，他们的生活条件可想而知。村里多是老人和小孩，青壮年多进城打工了，与我国的情况差不多。这对河流的保护是很不利的，老人与小孩无力处理粪便等污染物，任其排入河中，恒河面临着季节性断流和下游污染严重的双重问题，虽已开始采取措施，但任重道远。

二、源头贝加尔湖处于污染危机的叶尼塞河

对于叶尼塞河,作者没做过专门考察,但乘火车横穿过叶尼塞河,看到过那水量充沛的滚滚波涛。此外,作者对叶尼塞河的一个源头——贝加尔湖做过深入考察。

1. 最大的天然水库——贝加尔湖

贝加尔湖是世界上最深和蓄水量最大的淡水湖,位于俄罗斯中西伯利亚高原南部伊尔库茨克州及布里亚特共和国境内,布里亚特是当年成吉思汗治下的一个部落。湖南端距蒙古国边界仅 111 千米。湖型狭长弯曲,长 636 千米,宽 27.0～79.5 千米,平均宽 48 千米,面积 3.15 万平方千米,平均深度 744 米,最深点 1680 米,湖面海拔 456 米。贝加尔湖湖水澄澈清冽,且稳定透明,透明度达 40.2 米,为世界第二。其总蓄水量 23.6 万亿立方米,占地表不冻水资源的 1/5,为我国年可更替水资源量的 8.5 倍。

贝加尔湖虽然是一体的,但由于水流交换速度极慢,整个湖水置换一次需要 40 年,上下层交换一次需要 18 年,南北交换也超过 5 年,因此实际上可以分为北、中、南三个湖。北贝加尔湖最大,面积也最大,面积占 43.2%,水储量占 34.7%;南贝加尔湖最小,面积占 23.5%,但较深,水储量占 26.9%。

总共有大小 336 条河流进贝加尔湖中,最大的是蒙古的色楞格河,年入湖水 295 亿立方米,也是包括我国内蒙古在内的蒙古高原上最大的河流。而从湖中流出的则仅有安加拉河一条,是叶尼塞河最主要的支流,年均流量为 570 亿立方米/年,较黄河略多。湖水注入安加拉河的地方,宽约 1000 米,水流充沛,气势磅礴。

2. 初见贝加尔湖

1983 年 10 月中旬,作者作为中国参加联合国教科文大会政府代表团的观察员,乘火车从北京到巴黎走了 10 天,其中在莫斯科休息两天,

17

真是一段奇特的经历,横穿苏联和西伯利亚更是难得。火车绕着贝加尔湖整整走了一个白天,这个蕴有全球 1/5 淡水的、世界最深的湖泊风光旖旎。迎着晨光,远远望去,贝加尔湖像一块被白桦林和黑松林环抱的深蓝色玉石。近看,清澈见底,堤岸是水泥砌的,真像个大游泳池,而那拍击堤岸的汹涌波涛,又使你觉得它像个海,贝加尔湖的胜景真是变幻莫测。

清晰可见,湖中有岛。湖中有大小岛屿 27 个,最大的是奥利洪岛,面积 730 平方千米,建个小城富富有余。水中有鲟鱼、鲑鱼等各种名贵鱼种,怪不得看见那么多人来钓鱼。

看到贝加尔湖,作者不由得想起苏武牧羊的故事。公元前 100 年,汉武帝派中郎将苏武出使匈奴,由于副使与汉降将密谋,苏武被扣押,匈奴百般诱降,苏武坚毅不屈,匈奴只得让他在当时叫北海的贝加尔湖牧羊,整整放了 19 年羊,直到公元前 81 年,匈奴与汉朝和好才放他回去。到了贝加尔湖才真正地体会到苏武的伟大,在这样广阔天地、天寒地冻、渺无人烟、野兽出没的地方放羊,不用说 19 年,就是 19 天,若非矢志不渝也难以办到。

为了防浪,不少地方都在岸边安放了巨大的异形水泥块,好像一群怪物沉在海底。其实防浪完全不必建堤或扩大堤脚,堆些异形石块和水泥块是最好的办法,可以有效地用缝隙间的内耗来抵消浪的冲击力,符合流体力学原理。

围绕贝加尔湖的密林不断被一些窄小的谷地所切割,谷底有水量充足的小溪,一齐汇入湖中。10 月中旬已过了贝加尔湖南端的旅游季节,但树叶还没有全落,白桦林一片金黄色,别有一番风味,西伯利亚的气候也不是那样可怕。

站在最高的路基上,对岸起伏的山峦才尽收眼底,苍翠的松柏好像给这些山峰穿上了一件绿衣。火车开到湖的西南端,这壮阔的画卷才收了尾。此时,红日已经偏西,向那无尽的白桦林中缓缓沉去,而贝加尔湖也渐渐远去。

3. 西伯利亚大铁路

到贝加尔湖就离不开西伯利亚大铁路。在西伯利亚大铁路建成之前到贝加尔湖的人可谓凤毛麟角,除了人数极少的原住民,还有就是如"十二月党人"的流放者。

这次来贝加尔湖又一次乘火车游览,不过上一次是走的客货运铁路,绕南贝加尔湖几乎走了一天,主要在南贝加尔湖南岸,这次是走的旅游火车路线,全在南贝加尔湖北岸,只乘了 4 个小时。旅游路线是西伯利亚大铁路的原线,由于在安加拉河上修电站,废弃了沿河谷的原线,而向西劈山凿洞开了新线,沿河的原线已不存在,仅保留了沿湖的铁路作为旅游路线。

贝加尔湖北岸山较南岸低,但线路的惊险与壮观一点不比南岸差。一边是崇山峻岭的绿色悬崖,一边是水深千米湛蓝的贝加尔湖,火车在山湖之间的一线上奔驰,到转弯处好像要冲进湖中。旅游列车开得慢,其惊险感觉大大不如上次。旅游线路弯更多,转过一个弯就看见前面的弯,山体侧映湖中,仿似头上一座山,眼下一座山,由于湖水清澈,侧影十分清晰,真是奇景。

贝加尔湖之美美在水,世界上最多的水,是世界不随年际变更水量的 1/5;还是世界上最好的水,全湖整体达到Ⅰ类水;也是世界上最静的水,大多数地方看不到船,看不到人,连水鸟也罕见。贝加尔湖之美在山。中国称风景为"山水",是很有道理的,有水无山的景致让人感觉缺了点什么,贝加尔湖的沿岸都是耸立的高山,山之美在于高耸,贝加尔湖是陷落湖,两岸都是相对高度千米以上的万仞高山,绝壁直上直下,仿佛给湖修了"围墙",山上的大树就像墙上的小草。

夏天的晴日里,绿色的山、湛蓝的湖在金色阳光的照耀下,仿佛人间仙境,广阔的贝加尔湖远处,有一团团浓雾,不知藏了多少神灵。夜幕降临,天空由蔚蓝变成深蓝,再变成藏蓝;一轮红日西沉,金光把低空照成紫色,渐渐天与湖都变成漆黑,也不知藏了多少鬼怪。可惜湖畔的居民太少了,作家更少,否则不知要编出多少故事。

现在湖畔也不是没人。有人在铁路路基下的悬崖前狭窄的湖边支了帐篷野营钓鱼,白色的帐篷像个小小的贝壳,而游客则像蚂蚁,忙忙碌碌地爬来爬去。

贝加尔湖铁路上的小站都别有特色,清一色的尖顶木屋,褐墙白顶,远处看去好像积木搭的小屋。回想 20 世纪初铁路刚通时,车站上的职工犹如石沉大海,只有一天一两班的火车才带来一点人气,真是比流放好不了多少的工作。

像今天世界上的任何一片土地一样,贝加尔湖既有静美,也有忧患,不知贝加尔湖是否已经设立了国家自然保护区,至少是实施不够认真。整个贝加尔湖区是符合自然保护区核心区小于每平方千米 1 人,缓冲区 3 人的国际标准的,但由于近年人口增加,南贝加尔湖已不符合这一标准了,形势严峻。

山上的原始森林已看不到,都是树木不大的次生林,但火车站上成车皮的木材仍在外运;港口和车站的垃圾,没人处理,堆积成山;小山村的垃圾就更没人管了,在就餐的桌上苍蝇萦绕;整个地区见不到污水处理设备,车站、港口、山村的污水更是直排贝加尔湖,让人心碎。

更让人难以容忍的是渡船、渔船和游艇,基本上都是 20 世纪 80 年代的产品,不少柴油船不说,还漏油,船上的污水更是直排入湖。在透明度 40 米的贝加尔湖中,作者到的几个港口处有的透明度不到 2 米,还不如我国一些沿海港口。只有安加拉河畔的港口是例外,宽达 1 千米的安加拉河的巨大水量荡涤了一切污秽。

贝加尔湖的确浩瀚,但污染已不是九牛一毛,尤其是污染集中在南贝加尔湖,而贝加尔湖水流交换速度极慢,因此如果形成彻底污染,造成不断自生的内污染源,这盆世界净水的奇景就岌岌可危了,必须防患于未然,防污于未生。

4. 在贝加尔湖中游泳

目前中国到贝加尔湖的旅游者越来越多,但下湖游泳的大概不多,更不会有 70 岁的老人。作者在 2014 年的 9 月,年过七旬的时候下了贝加尔湖。当时已过了游泳的最好时间,水温只有16℃,当然还比不上"冬泳"。

贝加尔湖是陷落湖,下湖后只有几米的过渡,就半身入水,十几米就全身入水,只能游了。这时是夏末,在太阳照射下,气候还有27℃,所以和冬泳的滋味不大一样,水真是刺骨的冷,不剧烈运动就要冻僵,如果抽筋就真有生命危险。

向前看去,贝加尔湖就像"海",一望无垠。向上看,蓝天白云,湛蓝的湖水,就像一幅画,宛若仙境。离岸40~50米,就已无污染,贝加尔湖水清澈甘甜,作者游遍世界大洋太平洋、印度洋和大西洋(波罗的海),地中海、加勒比海、波罗的海和黑海四大海,中国的渤海、黄海、东海和南海,还有许多大湖,能一边游泳,一边喝水的只有贝加尔湖。

叶尼塞河是一条健康河流,但是贝加尔湖污染了,健康的叶尼塞河就要生病。

三、流经六国的亚洲最大国际河流湄公河全流域考察

湄公河发源于中国,流经缅甸、老挝、泰国、柬埔寨和越南共6国,在中国境内称澜沧江,长1873千米;中国境外长2888千米,若加澜沧江则总长为4761千米。它是亚洲第四大河,世界第七大河,是沿岸6国人民的衣食父母,又如一衣带水的纽带,把6个国家联结在一起,6国人民的当务之急是如何同心协力、优势互补、统筹规划,使这条河流的水资源可持续利用,以支持该地域的可持续发展。

1. 中国澜沧江考察

湄公河发源于中国青海省唐古拉山北麓,源头说法不一,过去以为是扎西奇娃湖,1999年7月,科考认定正源为海拔5224米的贡则木杂山,并立下石碑,名为澜沧江。它途经青海和西藏东部,向南直贯云南省;流至云南西双版纳中国、缅甸、老挝三国交界处,即称湄公河,出国境处多年平均径流量672亿立方米。它继续南下,流经泰国、柬埔寨和越南,最终注入南海。该河因流经多国,还有石头河、大江河和九龙河等其

21

他名称。

湄公河源自冰天雪地的青藏高原,下至酷热潮湿的东南亚低地,总长 4 761 千米,流域总面积 81 万平方千米,仅次于长江、黄河和鄂毕-额尔齐斯河为亚洲第四大河;若只算湄公河,则长 2 888 千米,流域面积 63 万平方千米,为世界第七大河。

澜沧—湄公是一条河。在中国境内的上游叫澜沧江,长度占全河的 39%,流域面积占全河的 22%。作者到过云南永平—保山一带的澜沧江,三江并流已列入联合国教科文组织的《世界自然遗产名录》,堪称世界奇迹,嗣后,只有金沙江远去,怒江仍与澜沧江并行。在横断山切割的深谷中,江水奔腾而下,与两岸有千米以上的落差,高山几乎终年积雪。河岸的山崖从嫩绿的草地到浓雾的深绿森林,裸露的山间黑色岩山,再到近河处乔冠草交织、郁郁葱葱的混交林,阶梯差异十分明显,植被保护得很好,但也间或有几处施工的痕迹。而河谷九曲十折,河水充沛湍急,咆哮奔腾而来,夺路向下游驰去,有如千军万马,气势磅礴,让人叹为观止。作者曾下到岸边,看到流水十分清澈,几乎没有污染。与美国大峡谷的科罗拉多河相比,气势不减,又比美国大峡谷单调的黄色平添了丰富的色彩。更为让人称奇的是沿河的高速公路,已代替了第二次世界大战时的土路,汽车在岸上飞驰,上面是蓝天雪山,下面是绿林深谷,若有闪失肯定粉身碎骨,尽管车和路都已现代化,但仍然惊险十分,荡气回肠。

从保山以下地势渐缓,澜沧江一直向南往西双版纳流去,在热带的密林中犹如一条飞龙,游刃有余地向前游去,在这里,作者看到由于森林的砍伐河水较浑,卷入酸性红土,呈黄色。密林以外又是山区,中缅边境丛山峻岭,水文站的职工就在这山上丛林的艰苦环境中工作,过了最后一个水文站就是缅甸了。密林障眼,一片苍翠,近在咫尺,却看不到边界,分不清哪里是中国的土,哪里是缅甸的土;水流不断,一样地发黄,就在眼前,也看不到边界,分不清哪处是中国的水,哪处是缅甸的水;正所谓一衣带水,山水相依。

综观湄公河上游中国澜沧江的情况,总体状况是良好的,水流稳定出境,水质较好,但应该注意保持沿河,尤其是西双版纳的水土,减少入河泥沙。从科学数据上分析,每年澜沧江出境流量仅为 672 亿立方米,不到湄公河全年径流量的 15％,因此,即便出境水量有所波动,对下游生态系统影响很小,水质微变,下游也有足够的自净能力,各段的气候条件决定了澜沧-湄公基本是一条各段靠本地积雨的河流。

作者在河流的湄公段也明显地看到这种情况,河流在老挝万象附近几乎断流,而在柬埔寨的金边附近却水流充沛,基本上是各自为源。至于中国在上游建电站,只要按照生态规划、生态设计、生态施工和生态管理的原则,保证上游植被和枯水期出境水量,则对下游不会有损害。

更为重要的是沿河各国应共同研究、制定规划对湄公河进行保护性开发,保护河流水质,界定枯水期出境水量,统筹规划国际航运,这样,对湄公河的开发就完全有可能成为可持续发展,造福流域各国人民。

湄公河出中国景洪地界后,沿缅甸边界而过,南岸边就是原来种毒贩毒猖獗的"金三角"。这里毒品泛滥达半个世纪之久,直至 21 世纪,由于中缅老三国政府和国际努力,已开始禁种鸦片,铲除毒品。

湄公河沿缅甸和老挝边境下流后,便向东折入老挝境内,又向南,然后再次向东折,变成老挝与泰国的漫长的界河。

2. 湄公河万象段的生态

湄公河在中南半岛可分为上游、中游、下游和三角洲。上游,从中国、缅甸、老挝三国边界到老挝的万象市,长 1053 千米,流经的绝大部分地区海拔为 200～1500 米,地形起伏较大,主要是亚热带山林,沿途受到山脉的阻拦,转过几道大弯,山重水复,河谷宽窄不断变化,河床坡度下降比较陡,有浅滩和急流,地势崎岖,丛山密林,尚未开发,万象和其对岸的泰国廊开是湄公河两岸一对重要的渡口城镇。

湄公河这个名字出自泰语,音为"迈公",意思是"众水汇聚之河"或"众水之母"。老挝几乎全境以及泰国东半部的所有河流,全都从不同方向下注湄公河,是这里人民的衣食父母。

由万象市经沙湾纳吉到巴色市,长 724 千米,是湄公河的中游。这一段河水流经呵叻高原和富良山脉的山脚丘陵,由西北方向折向东南方向,大部分地面海拔 100～200 米,起伏不大。但自沙湾拿吉以下,河床坡度陡然下降,河水奔腾湍急。

由于万象濒临湄公河,水路交通主要依靠这条在老挝被称作"万物之母"的河流,从万象北上琅勃拉邦,南下沙湾纳吉,全年可以通航,湄公河在万象地区的支流南额姆河、南滕河和南布昂河,是当地居民自古以来行驶大小木船的主要航道。

万象段的湄公河十分宽阔,已有大河的气势,万象郊区丰富的农产都得益于湄公河的灌溉,这里的稻谷、甘蔗和蔬菜,在雨季靠降雨,在旱季就靠湄公河了,作者在万象考察了两段湄公河。

一段在万象市区,这里是万象的观光区,有露天咖啡座,由于正值枯水期,天气又炎热,游客不多,不过桌边还是稀稀落落有几个外国游客。这里河很宽,河谷也比较深,可以想见雨季水满的时节。不过作者去时,400 米宽的河床中水流已不到 100 米,两边的河床已成黄沙地,人们可以从 100 多米宽的临时浮桥走向对岸。对岸就是泰国的边境城市廊开,那里树木郁郁葱葱,生态状况显然好很多。这里地势平缓,水流又小,仿佛是不动的湖水一般。湄公河平均流量达 1.4 万立方米/秒,而在这里不过几百立方米/秒,可见枯丰之差。尽管已是枯河细流,湄公河的傍晚还是很美的,红、橙、黄色的晚霞挂在天空,宽阔的湄公河在静静地流淌,晚霞的倒影投在河上,人们在浮桥上行走,仿佛在晚霞中前进。

另一段湄公河在万象东北,如果不知有河,会误以为其是没有草的牧场。距市区不到 50 千米,湄公河已经断流,地处亚热带的湄公河会断流,不亲眼见是难以相信的。更不可思议的是刚才还有几百立方米的流量,这里居然只剩了小水塘,河水不见,两岸茫茫,没有绿色,只有黄土,土壤已经开始沙化,生态状况令人担忧。说完全没有保护也不对,河床边缘的岸上都有低矮的铁网,但是河流都没水了,拦网又能有多大作用呢?

24

当作者问老挝朋友时,他们说,一是上游由日本援建了一个电站。电站是可以修的,但在枯水季节一定要放生态水啊!二是引水造了一个小湖搞旅游了。湄公河不是最好的旅游区吗?为什么让湄公断流,再去画蛇添足修什么人工湖搞旅游呢?看来要想让生态水库、循环经济和人与自然和谐的理念在老挝、在亚洲深入人心还要花很大力量啊!

3. 金边市里看湄公

从老挝的巴色到柬埔寨的金边,长 559 千米,是湄公河的下游,其地势平坦,海拔不到 100 米,河身宽阔,多岔流。但也偶有一些险滩急流,例如在老挝南部有一个康瀑布,宽达 10 千米,高 20 余米,是东南亚著名瀑布。

河流向南流到金边,与源头为洞里萨湖的洞里萨河相汇,湄公河又分叉出前江(又称下湄公河),形成著名的、四水相汇的"四臂湾",金边市就势建在"四臂湾"的西侧,可谓近水楼台先得月。

作者站在金边沿洞里萨河的沿江大道上看到,同是涸水的 3 月,这里却与湄公河的万象段大不相同。洞里萨河宽度大约有 600 米,春江水满;远望湄公河河面更宽,有海一样的感觉,湄公河真是条怪河,各走各的船,各用各的水。几百千米以上还涓涓细流,这里又浩浩荡荡。

不过作者仍看到生态系统被严重地破坏,这里是北纬 12° 的热带地区,又加上四河相汇,过去一定是丛林密布,遮天蔽日,水在林中流。现在东岸已建成城市,西岸的破地上则是一望无际的草地,几乎没有树,仿佛到了蒙古大草原,和作者印象中的热带自然景象大相径庭。看来植被被破坏不仅无法含蓄水分,造成不少河段干涸,而且在有水的河段没有森林吸收水分和遮拦,如遇洪水将一泻千里。从景观上看,如果两岸都是密林,那湄公河又是一番什么景象,该多美啊!

随着夜幕降临,湄公河的水面由来变黑,以至成为墨色,天水一色,但那习习的凉风,让人知道是在水边。这里的旅游业还不发达,河上没有夜间游船,有几只渔船亮着灯火,湄公河把小船向南送去,仿佛在如泣如诉地倾说,她见证了千年历史,尤其是近 30 年,湄公河畔如何从森林密布、巨水常流,变成了一片旷野,时而断流。人们对湄公河生态系统的破坏,不仅大大改变了自己的生活条件,而且向自然欠下了巨债。这巨债被夜幕掩盖,但一到天明就裸露无遗,欠债总是要还的,欠自然的债也不例外,这笔债要还多久,至少是 40 年,两代人的时间,如果不从现在及时还起,后果将更为严重,到时候就不仅是还债问题了。

4. 湄公河口九龙入海

从金边以下到河口,湄公河长 332 千米,属于湄公河三角洲范围,三角洲非常大,河道分支也特别多。自金边形成的上、下湄公河,也就是前江和后江往东南流,进入越南南方,陆续分成 6 支,最后由 9 个海口入海,所以越南称三角洲上的湄公河为九龙江。这使作者不禁想起中国天津附近的海河入海三角洲,本来也是河流纵横,天津也有九河汇海之称。而且像游历湄公河三角洲一样,作者在 20 世纪 60 年代也到过这个三角洲,亲历过这个泽园水乡。但仅仅 40 年过去,这片水乡泽园已经不复存在,天津成了中国最缺水的大城市之一,这一历史的经验教训实在值得认真总结。

湄公河新三角洲的面积有 44 000 平方千米,是东南亚最大的河口三角洲,地势平坦,平均海拔不到 2 米。形成近 5 万平方千米的湄公河湿地,在这里江河纵横、湖泽成片,分不清哪里是江,哪里是河,哪里是湖,哪里是泽,是真正的水乡泽园,大片的稻田、鱼塘和果园一望无际,也是富饶的鱼米之乡。

三角洲降雨充沛,湄公河流域年降雨量最大可达 2 500~3 750 毫米,中下游及三角洲沿河两岸年降雨量为 1 500~2 000 毫米。同时,上源澜沧江也带来大量的雪山水源,结果使湄公河年平均流量达 4 600 多亿立方米/年,是黄河的 10 倍、长江的 1/2,是亚洲水量第二大河。

胡志明市虽然在湄公河三角洲和湿地范围,但已处于北缘,临同奈河,并不靠湄公河。从胡志明市向西南,经过堤岸、新安后才至湄公河畔的美萩市。这里湄公河宽达 3 千米,浩瀚如海,河上船如穿梭,可以看到水面上漂浮物较多,水浑、水质不好,显然是由于两岸排污和河中过多的船只来往所致。作者乘坐的游船是老旧的游艇,开起来烟在水上走,溢油水面飘。

两岸较金边段有较多的灌木,树不多,林更少。河中有不少小岛,现在多已开辟为旅游点,岛上郁郁葱葱植被保护较好,远远望去好像宽阔江面上的一簇大水草。岛边的红树木三大成簇,因为旅游已被砍了很多,这不仅造成海水倒灌,也损失了这种盐水树木强大的净水功能,岛上游客并不多,这点旅游开发显然是以生态损失为代价的。

综观湄公河,其水量足以支持人类活动,澜沧江流域的中国云南人均水资源量高达 5 425 立方米,属于丰水,是中国第二丰水省份;至于湄公河流域的老挝、泰国、柬埔寨和越南(流经缅甸的一段很短)人均水资源量分别为 33 570 立方米、6 750 立方米、9 030 立方米、4 513 立方米和 3 386 立方米,都是丰水国家。全流域水资源量折合地表径流深高达 568 毫米,是维系地表植被系统最低值 150 毫米的将近 4 倍,从水资源看可以保持良好的热带雨林系统。

尽管湄公河流域有较好的自然条件支持人类可持续发展,但在各国段落中也或多或少存在着问题。

中国澜沧江段,水质较好,水量较充沛,关键问题在于水能资源的开发,筑坝修库应按照建设生态水库的原则,但植被保护和水土保持应加大力度,此外,水污染的隐患也应防患于未然。

湄公河老挝段在枯水期出现的断流是严重问题,这将严重破坏河流的水生态系统,也将加剧水污染,甚至直接影响人民生活。在这里森林系统的破坏和断流互为因果,如果再引水造湖,加之传统水库的修建和运行不加改变的思路,上述危机将日益加剧。

湄公河柬埔寨段水量充沛,但流域森林生态系统破坏十分严重,这不但使这段水流缓慢的平原河道淤积日益严重,还会造成水量减少、自净能力削弱等一系列恶果、尽快恢复植被是这段河流的当务之急,旅游开发也应对污染防患于未然。

湄公河越南南方段是澜沧-湄公河人口最稠密的地区,人口密度高

27

达近千人/平方千米,是上游地区的 10 余倍,因此,人类活动造成的水污染已远远超出了河流的自净能力,必须在沿岸和河面加强水污染防治,沿江城市修建污水处理厂,否则这段水域将削弱甚至毁坏支撑地区可持续发展的能力。同时,入海口的生态系统保护,尤其是红树林的保护也值得高度重视。

在湄公河如何处理好上下游、干支流、左右岸、坝前后的问题是摆在人们面前的严峻课题,如何解决? 作为我国应先让澜沧江河长真正负其职责,从源头正起,给中下游做出示范,这也将是我国跨省河流的示范,国际问题都能解决,省际问题还难吗?

四、国际河流"蓝色的"多瑙河尚待还"蓝"

多瑙河是欧洲第二大河,源出德国西南部巴登符腾堡州的黑林山,东流德国经巴伐利亚州、奥地利经维也纳,斯洛伐克经布拉迪斯拉发,匈牙利塞尔维亚先为塞尔维亚与克罗地亚的界河,后经贝尔格莱德经布达佩斯,在保加利亚和罗马尼亚之间成为界河,在距布加勒斯特不远处向北拐,成为罗马尼亚和乌克兰的界河,在罗马尼亚苏利纳附近注入黑海。

沿途共 9 个国家和 5 个重要城市,作者都曾到过,可以说是全流域考察,不仅考察了生态的现状,也实地研究了历史。多瑙河是条美丽的河,正如《蓝色的多瑙河》的美妙旋律;多瑙河又是条多灾多难的河,两次世界大战的导火索都在多瑙河流域。

1. 多瑙河流域简介

多瑙河全长 2850 千米,流域面积 81.6 万平方千米,年径流量 2016 亿立方米,相当于 4 条黄河。有大小支流 300 多条,重要的有因河、德拉瓦河、萨瓦河和蒂萨河等。

多瑙河发源于德国南部接近法国的黑林山东麓,黑林山是莱茵河与多瑙河的分水岭。接近源头的最大城市是多瑙埃兴根,自此,从黑林山到拜恩林山,多瑙河切割了整个南德山地,把以慕尼黑为中心的巴伐利亚高原与德国的其他部分分割开来,形成巴伐利亚的自然分界。多瑙河上游从河源至西喀尔巴阡山脉的匈牙利门;中游从匈牙利门至罗马尼亚的铁门;下游从铁门至入海口。

上源布雷格河和布里加赫河从德国林木茂密、水源丰富的黑林山东坡流出后,于多瑙埃兴根汇流,沿施瓦本山、弗兰克侏罗山南翼和巴伐利亚高原北缘向东北流,经雷根斯堡后折向东南,进入奥地利,流过波斯米亚的森林山谷,经维也纳再过斯洛伐克的布拉迪斯拉发然后进入匈牙利。上游长约966千米,经山区、河床坡度大,水位季节变化显著,夏季高、冬季低。支流有伊勒河、莱布河、伊萨尔河、因河、特劳恩河和恩斯河。

中游从马扎尔古堡东流再经瓦茨转向南流,进入匈牙利平原,经布达佩斯,河谷宽广,地势低平。从这里可以看出当年马扎尔人——西匈奴入欧洲的进军路线,在多瑙河平原上驰骋,但到了上游山地即建堡固守,此后流入塞尔维亚和克罗地亚,先后汇入作为匈牙利与克罗地亚界河的德拉瓦河、纵贯匈牙利的蒂萨河和作为克罗地亚、波斯尼亚与黑塞哥维那界河的萨瓦河三大支流,使干流水量猛增一倍半,含沙量也大增。春季因积雪融化,水位最高;夏末秋初,蒸发旺盛,水位明显下降;冬季水位最低。第一次世界大战导火索所在地波斯尼亚和黑塞哥维那首都萨拉热窝就在多瑙河主支流——萨瓦河的支流波斯尼亚河上。在贝尔格莱德折向东流至铁门这段,有长达60千米的峡谷,最窄处宽仅100米,水流湍急,水力资源丰富。中游长900余千米,河床展宽同时淤浅,坡度平缓,流速减慢,沉积的泥沙形成沙洲、土岗,水流被分成多条汊道。

下游左岸为罗马尼亚的瓦拉几亚平原,右岸为保加利亚的多瑙河平原。河谷宽而浅,河道中有沙洲群。春汛6月,水位逐渐升高,最低水位在9、10月间,冬季稍冷时河水结冰。东流至罗马尼亚的斯雷伯尔纳湿地自然保护区转向北流,至罗马尼亚加拉茨又折向东流,有罗马尼亚与摩尔达维亚的界河——普鲁特河汇入。自罗马尼亚的加拉茨成为罗马尼亚与乌克兰的界河,在距黑海80千米处的罗马尼亚图尔恰附近进入三角洲。干流分3段:北支基利亚河,水量占67%;中支苏利纳河,水量占 9%;南支圣格奥尔基河,水量占 24%。苏利纳河经疏浚后水深 7 米,长 63 千米,为通航干道。多瑙河携带大量泥沙,在河口沉积,形成三角洲,面积 4 300 平方千米,并且每年不断向海伸展。三角盛产芦苇,罗马尼亚的芦苇产量占世界总产量的 1/3,为造纸工业、纺织纤维工业提供丰富的原料。

2. 多瑙河的航运与港口

在 2000 年以前,由于多瑙河流经许多民族地域和国家,当年是"各人自扫门前雪",所以最初连源头都搞不清。直到古罗马时代,统一了大半个流域,不断追本溯源,才确立多瑙河发源于德国巴登符腾堡州 679 米高的黑林山上流下的两条清澈的小溪。

多瑙河现在是重要的国际河流。莱茵—美茵—多瑙河运河建成后,把多瑙河和莱茵河两大水系连接起来,组成欧洲中部稠密的水上交通运输网。多瑙河主要港口有德国的雷根斯堡、奥地利里的林茨和维也纳、斯洛伐克的布拉迪斯拉发、匈牙利的布达佩斯、南斯拉夫的诺维萨德和贝尔格莱德、保加利亚的鲁塞、罗马尼亚的布勒伊拉和加拉茨、乌克兰的伊兹梅尔。这些港口都是串在多瑙河上的明珠,其中维也纳、布达佩斯和布拉迪斯拉发历史悠久、最为著名,作者对这些城市都做过考察。多瑙河水能资源丰富,干流上建有多座水力发电站,其中罗马尼亚的铁门水电站最著名,尽管水电站已引起争议,但至少在 20 世纪,它还算串在河上的小珠吧。

多瑙河是条奇特的河流,如果说它是串了这些珠子的水线的话,那有的地方就是断了线的珠子。在多瑙河上游的德国地段,河流明暗流交错,有时流入地下,河道成为暗流,一会又流出地面,成为明流。水量也很不均匀,有的地方几近干涸,山谷中水深又可超过 50 米;峡谷中水面宽不到百米,平原淤浅河段又阔达 3 000 米之遥。

多瑙河之曲折也是著名的,从发源地到入海口的直线距离是 1 700千米,但河长有 2 980 千米,从欧洲中部千回百转流入黑海,孕育了许多国家。当年的奥匈帝国就是要建立以多瑙河为内河的国家,以流域为统一体,虽然符合自然规律,却不能以武力强求,奥匈帝国还没有打到出海口,自己却先灭亡了。今天的欧盟经济统一体真正把多瑙河变成了内河。

3. 多瑙河生态考察

多瑙河发源于德国的巴登符腾堡州,经过的第一个城市就是乌尔姆。乌尔姆是个历史古城,有著名的蒙斯特塔,它是一座高达 161 米的哥特式尖塔。作者去过乌尔姆以下的多瑙河上游地段,任何一个南去慕尼黑的人都要渡多瑙河。这一段多瑙河在巴伐利亚的山地中流过,河道不过几十米宽,流水清澈,几乎没有污染,保住了巴伐利亚秀美的湖光山色,一直流向雷根斯堡,是多瑙河的第一个大港口。

过了雷根斯堡的上游地段就是"蓝色的多瑙河"的实地,想来 19 世纪初老施特劳斯创作乐曲的时候,多瑙河一定是清澈得发蓝的。但是,后来这里成了德国和奥地利的化学工业区,到 20 世纪中成了欧洲酸雨最严重的地方。1985 年作者来时,维也纳的多瑙河已经过了 20～30 年的治理,但也不再是蓝的,而是灰黄,让人想起酸雨。23 年后的 2008 年,作者再来时,水已灰蓝,可见治理的成效。这段河道有 200～300 米宽,终年通航,有直达布拉迪斯拉发的班船,只需不到 4 小时,到布达佩斯要 1 天。在维也纳前这一段仍然山区崎岖,河道狭窄,两岸悬崖峭壁,河谷深幽曲折,水流湍急,主要靠雪水融化补给。

维也纳以西就是斯洛伐克的首都布拉迪斯拉发,作者在 2008 年到达,河面变宽,约有 300～400 米。作者从码头下到水面仔细观察,河水与维也纳没有明显差别,略显浑浊,也有少量漂浮物。看来,尽管斯洛伐克已加入欧盟,但治污的水平与奥地利还是有较大差距。布拉迪斯拉发也有班船西上维也纳,东下布达佩斯,但作者到时正值假日,没有游船,无法舟游多瑙河,河岸边防洪堤都被围墙圈起,只有找码头才能下到水面,但要越过拦挡的铁链,所以实地查看水质还费了点周折。

从布拉迪斯拉发河流向西去布达佩斯,进入中游,河道变宽。作者是 1994 年去的布达佩斯,这里被誉为多瑙河上的明珠,多瑙河从城中穿过,西岸叫布达,东岸叫佩斯,1849年建的布达佩斯链桥把两个城市连成一体,奥匈帝国建立后,两个城市于1873年合并,称布达佩斯,帝国的好大喜功也留下了今天的布达佩斯。这里河面宽处近1 000米,河水比较清澈,大约是劣Ⅲ类,在河面上泛舟,尽赏两岸美景,布达佩斯的多瑙河段,河上碧波荡漾,两岸古典建筑林立,头上蓝天白云,构成立体的美景,让人陶醉。过布达佩斯后进入匈牙利平原,河道变宽,接纳了德拉瓦河、蒂萨河和萨瓦河等支流,水量猛增,含沙量也增大,河床由淤积而变浅。

河流在作为界河经过克罗地亚和塞尔维亚后过贝尔格莱德,此后切割喀尔巴阡山形成了著名的铁门。入门前河宽600米,入门后仅100米,落差达30米,河深从4米增至50米,陡壁挺立,悬崖高耸,河水奔腾,咆哮而下,是著名天险,也蕴藏着丰富的水力资源,1972年罗马尼亚和南斯拉夫(现为塞尔维亚)合作建成铁门水电站,装机容量210万千瓦。多瑙河中游平原,是匈牙利、克罗地亚和塞尔维亚三国的农业区,作者在匈牙利和克罗地亚都看到了那多瑙河水孕育的农区景色,金黄色的麦田一望无边,孤单的大树仿佛孤悬,不多的农舍显得陈旧,殷实的谷仓让人垂涎。

过了铁门就到了多瑙河的下游,前半段是罗马尼亚和保加利亚的边界,从距布加勒斯特南不到40千米处流过。考察布加勒斯特的多瑙河是在1985年,可能是污染最严重的时候。河面已经结冰,银白一片,但可能两岸的工业都向河中直排,岸边雪融处河水灰黑,肯定在Ⅳ类。多瑙河仿佛一条银色的巨蟒分开了罗马尼亚和保加利亚,本来是多瑙河的另一种美,但岸边的黑带刹了风景,更与"蓝色的多瑙河"无法联系在一起了。此后,作者再未去过罗马尼亚,但2008年到了乌克兰,而且到了与多瑙河相距不足80千米的德涅斯特河,都是芦苇湿地,地貌特征类似,但看到的情况,要比当年的罗马尼亚和保加利亚段好不少,现在多瑙河的这一段一定大有改观了吧?

河流过布加勒斯特后北流,河床宽阔与两岸湿地相连有10千米之宽,到了三角洲地带又折向东,冲击形成4300平方千米的扇形三角洲。

作者没到过多瑙河三角洲，但考察过相距 100 千米的德涅斯特河三角洲，两个三角洲都是 2/3 以上的面积为湿地，一望无际的芦苇呈青绿色，与天际相连，有几只候鸟飞出，这里是鸟类的天堂，至今这里尚未围垦造田，好像多瑙河三角洲也是这样。在多瑙河口还建了黑海自然保护区。

多瑙河这条欧洲第二的大河，是奥地利、斯洛伐克、匈牙利、塞尔维亚和罗马尼亚 5 国之母，也滋润着德国南部、克罗地亚东部、保加利亚北部和乌克兰东南部共 9 个国家，再考虑支流，还包括捷克、波斯尼亚和黑塞哥维那和摩尔多瓦共 12 个国家，是与莱茵河同样重要的欧洲国际大河，目前正在通过欧盟的协调，进一步加强全流域污染的科学治理和水资源的科学开发。

4. 多瑙河的水质与经济分析

从上游到入海，多瑙河流经 6 个国家：德国、奥地利、匈牙利、塞尔维亚和黑山共和国、保加利亚和罗马尼亚，最后入罗马尼亚入海，其中作者到过 4 个国家，从上中下游都见到过多瑙河，靠口尝和目测观察过它的水质，发现它的水质与当地的经济发展程度成正比（见表 2 - 11）。

表 2 - 11　多瑙河流经国家人均 GDP 和水质

国　　家	人均 GDP/欧元	流经段多瑙河水质（肉眼观察）
德国	30 250	Ⅱ类
奥地利	36 930	劣Ⅱ类
匈牙利	9 898	Ⅲ类
基尔维娅	4 179	劣Ⅳ类
罗马尼亚	7 350	劣Ⅲ类
保加利亚	5 493	Ⅳ类

注：表中数据均统计于 2014 年度。

从表 2 - 11 中可以看出：

① 河段的水质基本随国家人均 GDP 的减少而下降。"先发展后治理"的道理是不对的，要有认识，并尽可能避免；但是，发展还是硬道理，

只有发展了才有实力、有技术治污,也才可能有对污染防治更实际的认识,世界各国的情况都说明了这一点。

② 奥地利与德国的经济发展水平是相近的,奥地利段水质较差是由于奥地利段有大批化工厂,尽管对污染治理有较大投入,影响仍然不小,20世纪90年代奥地利的酸雨也是这些工厂排硫所致。这也说明,既便是发达国家污染治理也仍有许多工作要做。

③ 下游保加利亚和罗马尼亚水质较差,积累效应是存在的。但是数据分析表明主要是自身排污的问题。

目前,基本按欧盟的要求(罗马尼亚和保加利亚要求加入尚不是成员)加大了治理力度,上下游各国还要建立共同监测,联合治污的机制。国与国之间都能做到的事,在我们国内难道还有什么克服不了的障碍吗?

尽管多瑙河的治理比长江要好,但还原"蓝色的多瑙河"还有许多事情要做,同时它又是一条途经经济发展程度不同的国家的国际河流,其规划和措施十分值得长江借鉴。

五、"欧洲下水道"莱茵河的治理

莱茵河是西欧第一大河流,全长1320千米,发源于瑞士的阿尔卑斯山,流经法国东部,纵贯德国南北,最后抵达荷兰鹿特丹入海,一共流经(包括支流)9个欧盟国家,流域生活着大约5000万人口,作者做过全流域考察。

1999年,作者曾考察了莱茵河从波恩到流入荷兰段及从荷兰入海的下游段,2001年又考察了从波恩上溯到美因茨的150千米中下游段。2015年9月9日,作者再次考察了从美因茨到卡尔斯鲁厄的中游段,这一段流入了一条重要支流——内卡河,这条河流流经海德堡全市。在海德堡,作者更全面地了解了莱茵河及15年来治理的发展。

自工业化至20世纪50年代,工业化的无度发展使人们无视对这条西欧母亲河的保护,污染严重侵害莱茵河的环境,以至河内鱼虾绝迹,甚至一度得名"欧洲的下水道"。

频发的环境事故终于唤醒民众、企业和政府。当年的西欧共同市场建立保护莱茵河国际委员会(ICPR),莱茵河流域各国建立并不断完善协作机制,分别治理、互通信息、整治污染,到 20 世纪 80 年代已基本修复。

经过 60 年的努力,如今的莱茵河已经是一条健康的、美丽的、生态的旅游胜地。

在 19 世纪工业化发展热潮中,莱茵河周边兴建起密集的工业区,尤以化工和冶金企业为主,河上航运也迅速增加。1900—1977 年,莱茵河里铬、铜、镍、锌等金属严重积累,河水已呈毒性。自 20 世纪 50 年代起,鱼类几乎在莱茵河下游和中游绝迹。作为下游国家,荷兰的饮用水和鲜花产业也因来自德国和法国的工业污染而损失严重。

1950 年,法国、德国、卢森堡、荷兰和瑞士在瑞士巴塞尔建立了保护莱茵河国际委员会(ICPR),该委员会下设若干工作组,分别负责水质监测、控制污染、修复莱茵河流域生态系统等工作。但合作之初并不顺利,收效不大。目前工作已进入常态,莱茵河在脚下静静流淌,水是清的,可以钓鱼。不但在主流,在支流内卡河上也每隔 1 千米就有自动的污水处理设施,保护了莱茵河的水质。

1986 年 11 月,巴塞尔附近一家化工厂仓库着火,不当的消防措施使约 30 吨化学原料注入了莱茵河,引发了一场让许多人至今记忆犹新的巨大环境灾难,造成大量鱼类和有机生物死亡。

这起事故震惊公众,但也因此成为一个重要的历史契机,促成了1987 年 5 月《莱茵河行动纲领》出台,各方开始以前所未有的力度治理污染。1993 年和 1995 年,莱茵河发生洪灾,ICPR 又将防治洪水纳入其行动议程。2001 年,《莱茵河可持续发展 2020 规划》获得通过。

现在,ICPR 是一个非常有效的政府间机构,意大利、奥地利、列支敦士登、瑞士、法国、卢森堡、德国、比利时、荷兰等 9 个国家通过 ICPR 协调莱茵河的治理和保护工作。

合作的起步阶段是最困难的,需要达成共识、确定问题在哪里。

ICPR 刚成立时,针对当时莱茵河面临的污染问题,ICPR 把建立检测机制并兴建污水处理设备定为优先解决的问题。而随着时间的推移,政府间的合作已经越来越顺畅,很多具体问题都是通过非正式的接触解决的。

目前 ICPR 的工作重点主要有三个:微量污染物治理和生态系统重建、流域防洪以及应对气候变化的影响。

有了机构和机制就能杜绝突发事故吗? 2013 年,德国境内的莱茵河流域又发生一起翻船事故,引发严重环境污染威胁。在考察中,陪同作者一行人的阿尔总裁说:"天津火灾是不幸的,但这也是发展过程中的一部分,对 1986 年的事件至今记忆犹新。"

这场事故中,一艘名为"瓦尔德霍夫"的货船在莱茵河事故多发地段"罗蕾莱"礁石附近发生侧翻,当时船上装有 2 400 吨浓度为 96% 的硫酸。最初抽取硫酸的尝试失败后,瓦尔德霍夫号船体不稳,开始出现破裂迹象。不得不以一种可控的方式把船上的硫酸排入莱茵河,才能避免莱茵河生态受到破坏。

最终,由船务公司、当地水务管理部门以及邻近各州政府机构组成的危机应对小组决定,以每秒 12 升的速度,缓缓释放硫酸,用莱茵河每秒 1 600 万升的流水量将其稀释。

在此过程中,德国与沿河其他国家保持接触,持续通报事故进展以及德国方面采取的措施。释放硫酸对水质的影响,影响下游多大区域等问题在决策前就已作过评估,并向其他国家通报。"在这个过程中,ICPR 的"国际警报方案"启动。

"国际警报方案"是莱茵河沿河各国的警报与信息互通平台,借助设立于瑞士、法国、德国和荷兰的 7 个警报中心,相互沟通,当发现污染物质时,快速确认污染源,并发布警报。当德方决定向莱茵河排放瓦尔德霍夫号运载的硫酸时,"国际警报方案"启动,下游各地区的饮用水生产厂家、过往船只、沿岸居民等都接到硫酸入河的警报。"得益于严密的监控,硫酸入河没有产生负面影响。每年,ICPR 会通过互联网公布"国际警报方案"年度报告。

曾被称为"欧洲下水道"的莱茵河在 20 世纪 50 年代起花了 30 年基本修复,其经验非常值得我们借鉴。到 2013 年还有严重污染事件发生,说明治河的长期性,不可能一劳永逸。

六、尼日尔河流域莽莽森林变漠野

尼日尔河是西非最大的河流,是非洲第三大河,也是尼日利亚的母亲河。它发源于几内亚佛塔扎隆高原海拔 910 米的深山丛林里,源头距大西洋仅 250 千米,但蜿蜒曲折地流了 4 197 千米,才流入大西洋。尼日尔河流域面积达 210 万平方千米,干流流经几内亚、马里、尼日尔、贝宁和尼日利亚 5 国,最后注入大西洋几内亚湾,支流还遍及科特迪瓦、布基纳法索、乍得和喀麦隆等多个国家。作者从飞机上看尼日尔河九曲十折,在广阔的原野上盘旋,像游龙一样在西非纵横。"尼日尔"从法语音译而来,是"黑色"的意思,即"黑人地区的河流"。在尼日尔和尼日利亚境内,豪萨族人把尼日尔河称之为"库阿拉河",在豪萨语中,"库阿拉"意为"巨大的河流",但是今天尼日尔河的现状让人实在难以称之为巨大。

尼日尔河从河源至马里的库利科罗一段长 800 千米,为上游,至今人迹罕至,原始生态保护较好;从库利科罗至尼亚美为中游,全长约 2 000 千米,河道的形状呈弧形,跟中国黄河河套很相似;自尼亚美以下,在流经尼日尔与贝宁交界处之后,进入尼日利亚,这一段为下游。

尼日利亚节流修筑了卡因吉水库,此后汇入了最大支流贝努埃河,贝努埃河发源于乍得,流经尼日利亚东中部,全长 1 000 多千米,除旱季外均可通航。贝努埃河中下游地区和尼日尔河下游是尼日利亚重要的商品粮主产区,用两河水灌溉。同时,其谷地还是尼日利亚的传统产盐地。每年干季的 3 个月,妇女从盐泉中采盐并销售。尼日尔河与贝努埃河汇合处的诺克盆地,也是公元前诺克文化的发祥地。

尼日尔河中游属热带雨林气候,本应是森林茂密,河水充沛;但当作者在 9 月中旬到达时,看到这里大片土地上只有草没有树,由于水土含蓄保持能力降低,土壤流失比较严重,河水又浑又黄,也不充沛,因此这条处于降雨很多、植被很好的热带地域河流却很像我国的黄河。这条西非的母亲河,现在看来已经伤痕累累。近200年来对原始森林的过度砍伐,是造成如今状况的主要原因,如不及时进行生态修复,这种情况有愈演愈烈之势。

尼日尔河在奥尼查以南,就进入了尼日尔河三角洲。三角洲和附近的大陆架上蕴藏着丰富的石油,使尼日利亚成为非洲产油最多的国家,而且也是世界主要石油出口国。

尼日尔河两岸很早以前就是可可、咖啡、香蕉、花生等农作物的盛产区,加上河中多鱼,素有"西非鱼米之乡"的称号。但是今天尼日利亚人均粮食产量仅为210千克/年,粮食需要大量进口,尼日尔河流域"粮仓"不再殷实;原来良好的生态系统被破坏,生态承载力大为降低的恶果显现无遗。

作者在尼日利亚首都拉格斯近郊考察,看到了一个奇怪的现象。这里完全看不到河流的形态,是一个巨大的长土坟,里面土岗林立,有的上面还长了树,周边有无数条小溪流。这大概就是断流河的"原生态",是断流河的开始,雨季洪水漫河道,一切都在水中,旱季土岗露出,还长了树,经过几十年至几百年的冲刷就形成了宽阔而无水的"河道"——沟,年代一久,泥土全冲走,就剩了砂石,就像黄河某些河段和永定河。这种景观触目惊心,但让我们穿越时空看到了历史,必须保护植被,科学用水,保住大自然给人类的恩赐——健康的河流。

在尼日尔河流域贝宁共和国首都波多诺伏附近还有一个著名的地方,那就是诺奎泻湖上的水上村庄,泻湖是一种独特的湖泊,在海边低地,既有河流进入的淡水,又有海潮带入的咸水,在这里生长着独特的水生鱼类和植物。其中以冈维埃(Canvie)水上村庄为最大、最有名,有"非洲的威尼斯"之称,是西非著名的旅游胜地。作者一行人在热带丛林中左拐右拐,九曲十折,终于在大雨中找到了冈维埃水上村。司机停在大路边,说水上村庄不许靠近。在雨中走过去。连泥带水地在杂乱的镇上穿行,安全如何保证？在作者据理要求下,司机又重新上车,开过了一段两边布满小摊的泥泞路到了湖边,看来是这里有行规让游客下来买东西。

水上村庄形成于 17 世纪初,当时由于战乱,居民们被迫入湖避难,搭草棚栖身,后来就定居湖上,形成了这水上"桃源"。他们以捕鱼为生,世代相传,渐渐把水上村庄当成了自己的故乡而不愿返回陆地。贝宁共有 30 多个水上村庄。"冈维埃"在当地土语中是"集体得救"之意。冈维埃水村长 5.5 千米,宽 4.3 千米,在 23 平方千米的水面上分布着 1.85 万间房屋,屋旁有不计其数的小船,彼情彼景禁不住令人想起赤壁大战的水上连营。村中居民约有 2.5 万,是非洲最大的水上居民区,在世界上也名列前茅,成为一个著名的旅游景点。

水上村庄的房屋建在插入水中的木桩上,屋顶用厚厚的茅草盖成,可以隔热;墙与地板用椰树干建成,容易散热;地板高出水面一米左右,以防水蛇袭击;门前有木梯通向水面。屋内由卧室、起居室和厨房等构成单元,有的门前有平台,可以晒衣服和乘凉;有的还在屋前用石板在木桩上构筑小块陆地,用以饲养禽畜,真是水上家园。这种高脚屋一般都比较牢固,可以使用 20 年以上,实属不易。

水上村庄的房屋布局合理,自然地形成一条条水巷,家家户户都备有小木船作为交通工具和生产工具。水上村庄中央是一块比较宽敞的水面,那是"水上市场",水上市场都以小船为摊位,随波浮动、摇摇晃晃、熙熙攘攘,别具情趣。村内有两条主要水街,一为情人街,另一为渔夫街。水上村庄的居民绝大多数以捕鱼为生。村中有商店、学校、教堂、小医院、邮电局、供水站、剧场和旅馆,甚至还有公墓。作者在岸边看到一个鱼市,都是些妇女在交易,鱼妇把鱼卖给农妇,尽管在大雨中,生意仍很兴盛。

由于居民太多,岸边水质很差,颜色浑浊,在雨中还略有气味。如深入村中,一是蚊子很多,二是雨不见停,如果一停,蚊子更多。进还是不进？作者几经犹疑,最后还是决定:健康第一,得上疟疾,不但在这里不好办，回去还影响工作，因此不再深入了。在村边作者已经领教了这庞大的水域。雾蒙蒙的湖边，黑压压的一片水屋，那样深沉，那样神秘，仿佛是一片不知名的黑色水草，在泻湖特有的发灰的湖水中延伸向远方。

后来作者又到过一个水上村，看见两个小孩在湖边浓荫的水里捞鱼，很是吃惊，在这种地方能捞到鱼吗？原来这是贝宁水上村的一种特殊捕鱼方式，叫"阿卡夹"。就是把树枝、树杈插入湖中，围成一个小环境，再放些食饵，石斑鱼和鲫鱼就会游入，几个月后，鱼长大就游不出去了。这两个小孩就是正在这里收获。这大概就是网箱捕鱼的始祖。不过他们看到作者在照相，又连连摆手，看来在公共场合也不许照相是西非的习俗。

这里的泻湖保持着原生态，没有工业污染。水上村庄也保持着半"原生态"的生活，但是经济还是要发展，这并不是人民在现代追求的生活。

七、刚果河支流的源头——维多利亚湖污染考察

作者还未到过世界水量第二、非洲第一的大河——刚果河的干流，但全面考察过刚果河支流的源头——世界第二大湖维多利亚湖东北角的水污染。先到临湖的基苏木市，它紧靠维多利亚湖伸入肯尼亚的卡维龙多湾，是个紧靠赤道的城市，是肯尼亚在湖边最大的港口，也是肯尼亚的第四大城市，还是四大城市中唯一在北半球的城市。这里原来是从海港蒙巴萨到维多利亚湖铁路的终点，也是随着铁路的兴建发展起来的城市，1965年才有2.5万人，现在已有50多万人口，是肯尼亚和乌干达的贸易集散地，也是大湖区尼安萨省的行政中心。

作者一行人住进了基苏木最大的旅馆时，已经是夜里11时多了。当夜饥肠辘辘、疲惫不堪的作者匆匆进入旅馆，房间里给人一种失落的感觉，大而无当的房间全然无法让人有宾至如归的感受，粗糙的化纤地毯上斑斑点点，墙上也痕迹清晰，床单、被单都已失去了雪白的颜色，床上有一顶巨大的蚊帐，房间里没有电视，电话也已不能使用。第二天早

晨一觉醒来,打开旅馆的落地窗,真有改天换地的感觉,昨晚的不适一扫而光。窗外是一幅画,一幅维多利亚湖的风景画,湖光山色,美不胜收,宛若住在仙境一般,临世界闻名的维多利亚湖而建,这真是个不可多得的旅馆。

此次考察的陪同是一位教授 D 先生,他准时到达,而且前一天晚上从 8 点到 9 点等了 1 小时,商定行程后就向基苏木城区驶去。旅馆坐落在东郊的新区,进城要穿过大半个新区,新区树木茂盛,街道宽阔,房屋整齐,许多红顶白墙的小别墅掩在浓浓的绿荫之中,街上行人寥寥无几。夜雨洗刷过的街道十分干净,夜雨荡涤过的空气分外清新,靠近维多利亚湖的基苏木小城清新而静谧。

维多利亚湖是世界上仅次于美国和加拿大交界处的苏必利尔湖的第二大淡水湖,在坦桑尼亚、乌干达和肯尼亚三国交界的地方,面积 6.94 万平方千米。维多利亚湖是高原湖,平均海拔 1 100 米,平均水深 40 米,最深处 80 米,是白尼罗河的源头,湖岸曲折达 7 000 千米。湖中和湖边物产丰富,有非洲鲫鱼、棉花、水稻、甘蔗、香蕉和咖啡。

可以从三个角度来看维多利亚湖的肯尼亚区域。

第一个角度是从基苏木所住旅馆的大落地窗,可谓"凭楼远眺"。当作者有点窝囊地住入旅馆,度过了一夜以后,第二天早晨刚打开窗子就让人看到一幅令人豁然开朗、愁云顿消的图景:旅馆大楼就矗立在湖边,陆上的丛林深入湖内形成绿洲,湖面水平如镜,湖的尽头山上丛林密布,朵朵白云从山上飘过,七色彩虹从湖面升起,这是作者平生看到的最完整、最高大、持续时间最长、色彩最为鲜艳的彩虹。湖边岸上巨大的仙人掌和棕榈遮日,剑麻和灌木丛生,绿茵铺地。大小鸥鸨在树丛中,有动有静,有声有色,真是美不胜收。远远有一艘船开来,艰难地在湖面的绿萍中前进,仿佛破冰船在推开坚冰。

第二个角度是下到维多利亚湖畔。作者沿基苏木城南败落的道路下到了维多利亚湖畔的基苏木火车站。走到湖边才看到靠岸的水边全是水生植物——水葫芦,以盖地之势铺满湖面,湖面由蓝色变成绿色,让人几乎看不到世界第二大湖。作者在旅馆中看到的那艘船正是在水葫芦中前进,举步维艰。就是在水面开阔的地方,也卧着一簇簇水葫芦,好像黑色的怪物,准备吞噬这剩余的湖面,远处工厂冒出的一缕缕浓烟直冲云霄,美丽的维多利亚湖的卡维龙多湾,好像一口藏污纳垢的池塘。基苏木工业发展很迅速,又多是制革、化工、印染、食品和水泥等污染严重的行业,只求利润,不治污染,虽然得到了一时繁荣,但破坏了环境,造成了这样的恶果。水葫芦已经使航运停顿,一年只有九个月通航。在码头上,一艘巨型货轮被围在水葫芦里,四周飘满垃圾,不知停泊了多久,油漆已经斑驳脱落,船舷上已经锈蚀斑斑,真有些惨不忍睹。因此,火车站败落了,港口败落了,基苏木的南郊败落了,世界上什么灾都有,水葫芦灾还不多见,这些水葫芦自何而来呢?是人"种"的。在维多利亚湖周围,也包括基苏木的人们向湖中排放工厂废水、农田积水和生活污水,使湖水富营养化,从而促使水葫芦无尽地生长。湖水的富营养化和污染的后果还远不只是水葫芦滋生,湖中的鱼类和各种水产都在减少。

第三个角度是到了维多利亚湖的另一处湖畔,是一个旅游点,这里是城东南的别墅住宅区,环境优美,污染也较少。一家印度人开的旅游餐馆依湖而建,露天餐厅就在湖边的浓荫之下,这里湖边也有水葫芦,但尚未成灾,只占了湖边大约50米的地带。远处是湛蓝的湖面,和蔚蓝的天空相连雪白的云朵撒向湖面,遥远的对岸隐约可见,显得天高地远湖面广阔无边,维多利亚湖的壮观在这里才能展现。维多利亚湖真有海一样的气魄,虽然近看碧波粼粼,但远望湖面风平浪静,才使人想到这里是非洲大陆的腹地。湖边园中树木茂盛,花草多姿,恬静俊秀,凉风习习,让人心旷神怡。

作者看维多利亚湖这三个角度说明了几个问题:一是要认识一个湖泊,登楼观景是不行的,要多点考察。二是维多利亚湖肯尼亚区域的污染让人触目惊心,已经影响了经济发展和人民生活。三是人们只要下决心,污染还是可以治理的。陪同说肯尼亚政府已下决心治理污染,恢复生态平衡,并采取了具体的措施。在湖畔参观的一个小林场很能说明问

题,政府每年除工资外向这个小林场投资 120 万先令,培养非洲桑树等
15 种树苗用于造林,因为多种树林组成的混交林保持水土的功能、恢复
生态的功能比单一树种的人工林强许多倍。

八、往返五千里看尼罗河如何延续人类文明

2002 年 6 月,作者真正进行了一次在埃及沿尼罗河从开罗到阿斯旺
的往返行。开罗以下是三角洲,到地中海口约 150 千米,河道还分两叉。
从阿斯旺到苏丹边界是赛尔水库,是个高原河谷水库,水深处达 210 米,
延绵长达 200 千米。真正的尼罗河谷就是从开罗到阿斯旺这 800 千米,
作者是乘火车走的,火车沿着曲折的尼罗河行进,走了 1 200 多千米,花
了 12 小时,加上乘汽车进城市、看水坝,往返达 2 500 千米,看清了沙漠
中的尼罗河如何延续人类文明。由于是往返,既看了白天,又看了黑夜;
既看了朝霞升起的时刻,又看了黄昏日落的时分。乘火车从开罗到阿斯
旺对埃及和尼罗河的了解,就像乘火车从西伯利亚经莫斯科到俄波边界
对俄罗斯的了解一样,两路火车都乘了,感受有异有同。

开罗的南郊是一望无际的平原,尼罗河从中间穿过。开罗的远郊还
是 14 年前来时农家乐的景象,但是在现代化的路程上的确迈出了长足
的步伐。田野里种的是绿油油的小麦和茁壮的玉米,田边村外是小小的
柳林、椰枣林、桉树林和棕榈林。作物已经收割的地面上由绿变黄,整个
田野上黄绿相间,偶尔过一只白羊,再过几个穿着黑、蓝、黄长袍的农民,
不但给田野添了生机,而且增加了异彩。新式的汽车和现代化的农具频
繁从田野里掠过,让人感到比 14 年前的确增添了现代化的气氛。

田野上的一切生机都来自于水,越远离城市,沟渠越多,有渠的地方
绿色就更浓郁,而沟渠的水都来自尼罗河,没有尼罗河就没有这一切。
入夜一片漆黑,路边小镇发出点点灯光,好像萤火虫散在尼罗河旁,沙和
田都是一样的黑,看来生态系统也离不开光明,黑暗中是无所谓生态的
好坏的。太阳、水和绿色就是人类的最基本需要,无怪乎埃及人从文明
建立之初崇拜的、渴求的、雕刻的、记载的就是它们。在黑夜中也没有完

全失去光明,还有月光;在黑夜中也看得见水,尼罗河在泛着粼光。

越向上游走,尼罗河越窄,平均宽度不到 100 米,河越窄两旁的绿洲也越窄,铁路、公路和村庄都被压缩到不过 1 千米宽的地方。西岸是大约宽 200 米的草地,过去就是砂石岗;东岸从河边起,是紧贴着河的公路,不分上下行,大约只有 10 米宽,汽车、毛驴车和自行车竞相驶过;靠着公路是 20 米宽的铁路和路基,有的路基挨着垃圾堆,有的路基已经挨着小沙丘;路边就是小村庄,小村子不过 200 米宽;最窄处黄沙把人类压入了不过 600 米的生存空间,人们紧紧地抱住尼罗河——这救命的稻草。

越向上游走,小村庄越破旧,村里最好的屋子是清真寺,次之是学校,居民住房很小,黄土墙不均匀地刷着白色,房前有几棵不成林的椰枣树。穿着黑白长袍的居民站立在房前,看着几个小孩在修自行车。有的村边有个小水塘,就添了不少生机,椰枣树好像插在水塘之中,上面挂着鲜红的小果,这是作者第一次见到新鲜的"伊拉克蜜枣"。

突然,前面又豁然开朗,尼罗河宽了,草地宽了,村子也宽了,公路和铁路由于周围的开阔也显得宽了。尼罗河又给了人们更大的生存空间,一望无际的田野,已经见不到黄沙堆;比较现代化的小城,出现了红、白等五颜六色的新楼;尤其是清真寺的宣礼尖塔,唤回了人们对这里是伊斯兰世界的记忆。到了艾赫米姆(Akhmim)城这个具有 5 000 年历史的古埃及重镇。1981 年,在这里出土了 3 200 年前的巨石女子雕像,原长 11 米,据说是拉美西斯二世女儿阿蒙的雕象,是迄今为止埃及最大的妇女雕像,是尼罗河文明的重大发现。

更上游的尼罗河又时宽时窄,在 200 米到 900 米间伸缩,仿佛天神在拉一根巨大的彩带;尼罗河谷的绿洲也跟着伸缩,在 1~20 千米间变动,好像这支大彩带的影子。两岸的绿洲并不总是相等,有时一边窄到河岸几乎紧邻着沙丘,而另一边一望无际。绿洲大多在东岸,因为古埃及人崇拜太阳,向往东方,在东岸垦殖。低莎草就长在岸边,棕榈树的倒影投入河中,芭蕉和龙舌兰护着河岸。岸边点点灯火,水上静如镜面。为什么不向西岸扩展呢？不住人加点耕地也好。看来古埃及人懂得尼罗河水量是一定的，不能盲目扩张的道理，尼罗河水量是一定的，河谷地下水位就是一定的，可开垦的河谷就也是一定的，宽了东边，就窄了西边。尼罗河文明得以延续至今，说明沿河居民明白如何科学利用尼罗河，并且5000年来一直付诸实践。落日余晖下的尼罗河，静静流淌，其间有多少历史在诉说，又有多少知识等着汲取啊！走尼罗河已经走出了经验，看到两岸的情况，就能预料到又到大城市了，果然举世闻名的卢克索到了。

过了卢克索后的一个小城是伊德富(Idfu)，在暗红的晚霞中，有灯火通明的从上游算起的尼罗河上第一桥。

过了考姆翁布就到达了1250千米长途旅行的终点——阿斯旺，阿斯旺是河面忽宽忽窄，绿洲时大时小的尼罗河在埃及境内的终点。又到了大城市，绿洲又扩大了，但已是强弩之末，绿洲无论如何也只是浩瀚如海的撒哈拉大沙漠中努比亚高原上的一撮点缀，再也唤不起人们塞上江南的联想。过了阿斯旺就是纳赛尔水库，过了水库就到苏丹了。

著名的阿斯旺大坝和纳赛尔水库将在第八篇中进行介绍，建大坝的利弊也将一并分析。

九、水多的河流不泛滥——亚马孙河流域考察

巴西的水资源总量高达6.95亿立方米，居世界第一位。其中地表水5.19亿立方米，占75%；另有瓜拉尼(Guarani)这个世界最大的含水层——地下水库，地下水共占25%。巴西的人均水资源量为40880立方米，仅次加拿大而居世界第二位，说巴西是世界上最丰水的国家是毫不为过的。巴西水资源总量折合地表径流深为822毫米，是全境维系良好生态系统阈值的3倍，降雨充足，因此森林覆盖率高达52%。

但是，即使在巴西这样丰水的国度里也有缺水的地区。巴西的东北部，降雨量不足200毫米，人均水资源量不足1000立方米，属于重度缺水，个别地区人均水资源量甚至不足500立方米。此外，圣保罗和里约热内卢地区因人口高度集中，人均水资源量也不足1000立方米。可见

水再多,不对经济社会发展与水资源分布做妥善配置,也还要缺水,这就怪不得老天爷了。

国际上说世界有四大自然奇迹:中国的西藏高原、美国和加拿大间的尼亚加拉大瀑布、东非大裂谷和美国的科罗拉多大峡谷。这四大奇迹作者都到过,西藏高原堪为其首,那真是另一个世界。据作者了解,亚马孙热带雨林堪称第五,而我国横断山的三江并流则是第六了。这其中只有亚马孙热带雨林作者没去过,进亚马孙热带雨林一直是作者的夙愿,这次终于如愿以偿。

亚马孙河是世界第一大河,全长 6 751 千米,有 15 000 多条支流,大概是世界上支流最多的河流;平均年径流量 6.6 万亿立方米,为我国水资源总量的 2.4 倍,约占世界谈水资源总量的 1/10;流域包括巴西、哥伦比亚,玻利维亚,厄瓜多尔、委内瑞拉、苏里南、圭亚那和秘鲁等 8 国,总面积 705 万平方千米。此三项均居世界第一位。

亚马孙河的主体在巴西。亚马孙河在巴西境内面积为 3 165 千米,占河长 47%,流域面积为 390.4 万平方千米,占总面积的 56%;年径流量为 4 万亿立方米,占总量的 60%,为我国总水资源总量的 1.4 倍。亚马孙河平均流速为 2.5 米/秒,年平均水位变化为 10.55 米。这样的河流为什么不泛滥呢? 不是不泛滥,而是泛滥不成灾。一是由于沿河植被好,水土流失少,携沙量为 7～8 亿吨/年,仅为黄河的 1/2。二是在整个巴西亚马孙河流域仅有 1 207 万居民,每平方千米平均 1.93 人,地广人稀,达到自然保护区核心区的标准,人类对河道与河床的改变几乎为零,人类活动对生态系统影响不大。天然的蓄洪区完好保留,年年容纳洪水,亚马孙河是一条健康的河流。

亚马孙河有两条支流,一条是发源于哥伦比亚安第斯山、经马瑙斯的尼格罗(Ngero)河,由于原始森林腐叶入水和土壤含铁,水呈黑色,被称为"黑河"。另一条是作为主源、发源于秘鲁安第斯山的苏里曼(Solimoes)河,因水清被称为"白河",但现在由于水土流失加剧,使水呈黄色。两河在马瑙斯以东 20 余千米处相汇,河宽达 8 千米,成为亚马孙河干流,

46

交汇点黄水、黑水分明,连绵数千米,呈一奇观。

内格罗河年平均径流量 9 600 亿立方米,相当于长江;苏里曼河年均径流量 27 600 亿立方米,相当于中国的水资源量;两河汇合,始称亚马孙河,再向东约 90 千米汇入发源于玻利维亚安第斯山的马代拉(Madeira)河,其年均径流量 14 720 亿立方米,相当于半个中国的水资源量。三河相汇后形成亚马孙河干流直至入海,占亚马孙河年径流量的 79%。

作者先乘巴西国家水资源署包租的大船从马瑙斯港口下水,进入亚马孙河的第一大支流——内格罗河。巴西国家水资源署是实力强大的国家水管单位,但并不养船。他们认为一年用不了几次,而要全年保证船舶保养和人员工资,很不经济,所以租船。

内格罗河又称“黑河”,以水黑而得名,下水后看到的确微黑。内格罗河发源于哥伦比亚的安第斯山西麓,从北侧流来,经过的是除了罂粟农和贩毒客外人迹罕至的无人区。流入巴西后更是真正的无人区,以前原始森林保护得很好,因此大水冲刷原始森林的枯枝腐叶入水,分解后成黑色,所以生态系统真是个复杂的问题,这种黑水是生态好呢还是坏呢? 当然,水黑大概和土壤含铁也有关。

内格罗河河面宽阔,有 3～4 千米宽,水量浩瀚,年均径流量高达9 600亿立方米,恰与我国长江一样。行船在由内格罗河上,天高地远,仿佛驶在大海上一样,丝毫不亚于在长江下游航行的气势。亚马孙不过是巴西的一条河,内格罗河不过是其一条支流,巴西的水资源之丰富可见一斑。

船驶出内格罗河,就到了与主流苏里漫河的汇合处,苏里曼河俗称“白河”,因水清而得名,它发源于秘鲁的安第斯山西麓,上游地势较高,因此植被情况不如内格罗河,所以枯枝落叶较少,因而水流较清。几百年来上游城镇增多,对原始森林有一定程度的破坏,所以水土流失,水开始变黄,“白河”变成了“黄河”。两河在交汇处形成了黑水白水泾渭分明的奇迹,黑黄分明的界限犬牙交错、延绵不断、随波逐流、时起时伏,达几千米,人人争相在这一自然奇迹前摄影留念。

过了交汇处,作者一行人又返回内格罗河上溯,向世界著名的亚马孙热带雨林驶去。实际上过马瑙斯的内格罗河两岸就都是热带雨林,不过隔岸观火,看不出所以然。从船上望去,树长在水中,亚马孙河年均水位差10.5米,7月旱季刚开始,所以大树只有少半棵树泡在水里,小树则只有树冠,那灌木就只露个头,好像是水草了。一眼望去层林叠嶂,正不知多深多浅,越发增添了亚马孙雨林的神秘,激起人们进入探险的强烈欲望。

换快艇进入河岔的热带雨林,就看到了原住民印第安人的房子,是木板扎的高脚楼,看来亚马孙河的最高水位比较稳定,原著民积多年的经验对最高水位的预测也相当有把握。木板墙上刷有白粉,估计是防虫的药液,已经大半脱落,墙变成灰色。门前坐着个印第安老人,平静地望着作者一行人的快艇打扰他宁静的生活。

这里原住民——印第安人的总数约有10余万人,现在有些印第安人也开始脱离原始生活,建旅游点。快艇就停靠了一个旅游点,这是一个小商店,也是木板的高脚楼,有点规模,一半卖旅游纪念品,另一半可以喝茶就餐。大部分旅游纪念品是外进的,也有少量自制的,如有鳄鱼牙和野果核做的颈链和手链。商店的主人是一个矮壮的印第安人,他圆脸、双眼皮,脸型和中国人十分相像,和蒙古人差异较大,头发略有点卷,肤色古铜,会讲英语,还和作者热情地打招呼,合影留念。他的家就住在旁边,家中池里养着鳄鱼,小鱼也在池中游弋,无虑也无忧。后来作者一行人转回时又到过另一边的一家旅游点,情况和这里类似。他们不会讲英语,也不与客人打招呼,且口不二价,但印第安人的制品,弥足珍稀,作者还是买了他们用鳄鱼牙自制的项链和手链。

热带雨林的深处,是另一个世界,一个作者从未到过的世界,它像河北的白洋淀,但比白洋淀面积大得多,大树高得多,丛林密得多,水也深得多,曲折更要多得多,真是林重水复疑无路,森暗荷明又一潭。

向雨林深入驶去,林越来越密,小艇几乎是绕着巨树前进。大木棉树根部呈四棱状,要四人合围才能抱过来,有七八米粗,仿佛这样的力学结构才能支撑它巨大的身躯。大木棉挺立水中,如果不抬头,只见其大,不知其高,一抬头才知道它高达20~30米,不知有没有游客由于惊诧而不慎落入水中。据说木棉树是印第安人的"手机",如在林中迷了路,用木棒以特殊的节奏敲击树干,就会有人前来救援。

雨林渐疏,又出现了一片露天的水泽,成片的大王莲浮在水面,像千百只圆形的小船,一只大约1米长的鳄鱼,静静地爬在一只直径达3米的大王莲上,一动也不动,仿佛在考验王莲的牢固。

在回程的路上,看到几个小孩自己驾着小船在水中的树上玩耍,女孩抱着小猴子,男孩拿着水蛇,那种与自然和谐的情趣,真让人羡慕。但是,这是我们要的生活吗?看来我们既不要光唱"与自然和谐"的高调,行主宰安排自然之实;也不可能返璞归真,像印第安人一样生活。

离开了神秘的热带雨林。白天的热带雨林,艳阳之下,那密林中的阴森仍阵阵袭来。真不知入夜后,当黑暗笼罩大地,猿猴从树顶降落,水蛇在水面盘旋,秃鹰在树梢飞翔,鳄鱼从水中浮上时,林中又是一种什么景象。那时,这里是动物世界。印第安人呢?他们一定在木板高脚屋中熄灯隐火,等待天明。如果大雨滂沱时如何呢?林风呼啸时又如何呢?作者进入了热带雨林,而且在巴西主人的热情安排下,达到了旅游者不可能深入的地方,但是进入后才体会到,没有在滂沱的大雨中的热带雨林中过夜的人,不算真正进了热带雨林,印第安的原住民才是热带雨林中的英雄,真正的主人。

原生态的亚马孙河中游的考察可说是个历险记,但是,作为水专家不入水,不入亚马孙河如何能说知河、知水呢?

十、干旱澳大利亚第一大河墨累河如何保证供水

2000年悉尼奥运会的举办地点在澳大利亚的悉尼,悉尼的水源在墨累河,作者作为北京奥运会考察团团长,考察了悉尼的供水。

1. 悉尼的水源

2000年奥运会就是在悉尼举行的,像在澳大利亚这个缺水大陆上举行任何大规模活动一样,水是一个重要的问题,不但人的饮食要水,一个好的自然环境也需要水,因此水的问题也是悉尼奥运会的最重要的问题

之一。尽管靠海,悉尼并不是丰水地区,平均降雨量只有 700 毫米,比北京的 590 毫米略多一些;但悉尼降雨均匀,毛毛细雨,润物细无声,不像中国北方夏季的倾盆大雨,甚至暴雨成灾。作者在 2000 年 11 月考察悉尼奥运会设施时,从悉尼往返驱车,恰能饱览这片广阔的土地。从飞机上看这片土地仿佛是一幅四色的地图,蓝色的是大海,绿色的是原野,黄色的是荒漠,白色的是云朵,白色花朵好像撒在地图上的巨型的白花。当飞机下降时,可以看清丛林中土黄色的小路和山谷中淡绿的河流。

悉尼到堪培拉有 270 千米,在这方圆 270 千米的地域内足以形成小气候,虽降雨不多,但分布均匀,空气比较湿润。正值春末夏初,雨季开始,晴雨多变,一路上居然晴雨几次,以至几次看到景点后准备下车照相,但迎接作者的却是一场阵雨,不得不缩回汽车等待下一个晴天。沿途依地质变化,草原与森林相间,林中都是桉树(一种耐旱的树种),灰白色,枝干弯曲,木质疏松,不是好木材,却保持了水土,净化了空气,而且是考拉和袋鼠的栖息地。考拉是一种类似熊猫,少吃少动的小动物,待在弯树枝上看沧桑缓缓变迁和行人匆匆而过。袋鼠则不然,经常冲到公路上和汽车较量,因行车躲闪不及,被撞死的不在少数,据说要由悉尼和堪培拉两方专门机构隔天开车为其收尸。这当然是一个悲惨的故事,但是如果像我国新疆楼兰古国大伐胡杨林使得绿洲毁国家亡,变成历史的遗迹那就更悲惨了。

得益于桉树林和绿草地,路边的山间不时出现一股股小溪,被两侧层岩上的树丛护卫,小溪那么细弱,那么清澈,要想截断和污染这潺潺溪流真是易如反掌,并不需要什么现代工业,随便什么小企业只要聚集一些只生产不治污的排水口就足够了。山水生风也生景,真是一路风来一路景,丘陵起伏,黄牛和白羊在世界上最大草原之一的绿草和枯草间出没,虽然没有一绿千里那般诗意,却也增添了牛仔勇于开拓的风采。作者路过了一片牧场,那是栅栏拦起的一片葱绿;又路过了一片自然保护区,那是铁网隔开的一片青黄;接近堪培拉,路过了闻名遐迩的鬼湖,那是岸隔开的一片月白。鬼湖也因传说中的怪兽而得名,夜间人不敢靠近,这里实际上是一片沼泽地连着一片浅湖——乔治(George)湖,白茫茫的一片,一望无际。有些野兽是很自然的事情,至于是不是怪兽无从知道;有些神秘也是不奇怪的现象,泥地上的水雾,从来是人们想象的鬼神出没之地。

2. 悉尼的供水

悉尼的供水几乎全靠地表水,由瓦拉戈姆巴(Warragamba)水库供应,水库积科洛(Colo)河来水,容量达 20 亿立方米,是北京密云水库容量的 1/2。由于水源地高度集中,因此水库周围无人居住,水源得到很好的保护。水库距悉尼 50 千米,比距北京 60 千米的密云水库略近一些。悉尼的自来水厂也高度集中,悉尼自来水厂距悉尼 35 千米,每天提供 300 万吨净水,每年达 11 亿吨,提供整个悉尼用水的 80％。按悉尼近 400 万居民来算,居民年人均用水 300 吨,还低于北京居民年人均用水 330 吨的数字。作者参观了这座庞大的水厂,它属于澳大利亚最大的 ACTEW 水电公司,也由万里之外法国的里昂水务公司控股。

水厂有 24 座滤水厂,每个滤水池都有 700 平方米大,也就是半个标准游泳赛池,全天 24 小时工作。由于水源保护得好,水厂处理主要是去掉落叶形成的绿色,水质要求很高。偌大的水厂只有 14 个工作人员,全部操作都用仪表自动控制。本以为这里是青山绿水的世外桃源,没想到作者一行人进控制室时,当班人正在向他的领导汇报上一班的人值班吃东西。看来管事容易,管人难,世界皆如此。主人热情地请作者去看 1 千米以外的取水口,澳大利亚原野景色得以尽现眼前,稀疏的树木勉强成林,枯草和绿草混杂织出青绿的草地,自然在告诉人们这是一片生态脆弱的土地,要在这里世代繁衍并可持续发展,就必须尽到努力、花费代价来保证水资源的可持续利用。取水口是从一条小河引出的小渠,但流量不小,水流湍急,还建了个小电站,小蓄水池中养鱼,可见原水水质就不错,大大减轻了自来水厂的负担。

显然,澳大利亚是真正懂得了以水资源可持续利用来保障可持续发展的道理。自 90 年代初,他们就制定了水资源可持续利用的战略,对污水处理尤其重视,污水100％处理。作者参观了两小一大三个污水处理厂,一个仅有7000人住的小镇就有一个每天5000吨的污水处理厂,设备先进,都是自动控制,投资达500万澳元,合2000万人民币。但是澳大利亚人也能因陋就简,作者又看了一个设在半山腰的老污水处理厂,是50年前建的,还在用,也运行良好。作者去参观的一个大污水处理厂在河谷地带,处理能力达10万吨/天,是一个现代化的工厂,处理水质标准很高,要达到三类才返回河道。看到略带气味的净水返回清澈见底的小河,让人相信河水水质可以达到二类标准。

在堪培拉作者还参观了获联合国人居中心奖的一套生态住宅,这幢红黄相间的3层小楼没有什么奇特,也并不豪华,但它实现了水资源的循环利用。在小楼中洗衣、洗澡、洗碟碗和洗地板的污水先流入一个头发和麻构成的净水器,再进入一个容积达6万升的污水处理箱,然后又进入一个有好氧微生物的砂箱,最后进入灌溉泵箱去浇花园。在一个小小的院里实现了污水的再利用和资源化,灌溉用水补充了地下水,经土壤过滤后,在地势起伏的墨尔本地区又流回河道,最后又可能回到自来水厂,很值得我们借鉴。

2000年的悉尼奥运会证明,悉尼这些开源节流的供水措施是成功的。作者是北京奥申委主席特别助理,负责环境尤其是水问题,借鉴了不少经验。

第三篇　作者的"河长制"实践

　　我国的松辽、海河、黄河、淮河、长江、珠江、西南国际河流和内陆河流八大水系,不但是水利工作者所熟悉的,更是今天数以亿计的旅游者涉足的,在这里就不赘述了。只记述作者在具体主管我国水资源6年半时间里,按"河长制"思想在主要河流所做的工作。

一、我国主要河流综述

　　我国的江河大致可分为以黑龙江、松花江和辽河为主的松辽流域,以海河、滦河和永定河为主的海河流域,以黄河、渭河和汾河为主的黄河流域,以长江及其主要支流嘉陵江、湘江和汉江为主的长江流域,淮河流域,以珠江、东江和郁江为主的珠江流域,以雅鲁藏布江、澜沧江和怒江为主的西南国际河流流域与以塔里木河、黑河和石羊河为主的内陆河流域。在这八大流域中除淮河流域外,在任全国节水办常务副主任、水利部水资源司司长6年半的工作中都有实践。全国水系图见彩色插页表3-1所列为我国主要江河一览。

表3-1　我国主要江河一览表

水　系	河　流	长　度 /千米	流域面积 /平方千米	干流流域面积 占全国%	年径流量 /亿立方米	流域地表径 流深/毫米
长江	汉江	1 577	15 900	1.61	490	440
海河	海河	73(干流)	2 066	0.02	264	91.5
淮河	淮河	2 219	507 310	5.28	621	240

续表 3 - 1

水 系	河 流	长 度/千米	流域面积/平方千米	干流流域面积占全国%	年径流量/亿立方米	流域地表径流深/毫米
黄河	黄河	5 464	794 712	7.8	580	86.5
珠江	东江	520	27 040	0.28	295	950.4
松花江	嫩江	1 370	282 748	2.95	225	76.5
国际河流	黑龙江	4 370	1 184 300	123.36	2 714	
	澜沧江	2 153	164 400	1.71	672	450.2
内陆河流	塔里木河	2 137	194 210	2.02	205	33.3

河湖是一水相连的,我国八大水系中都有许多湖泊,起着调节河流水量,维系地下水平衡,增加土壤水的作用,所有这些湖泊作者都做过实地考察。表 3-2 所列为我国主要湖泊的基本数据。

表 3 - 2   我国主要湖泊一览表

水 系	湖泊名称	所在地区	湖水面积/平方千米	湖水储量/亿立方米	湖面海拔/米	水 质
青海内流区	青海湖	青海	4 340	778	3 194	咸
长江	鄱阳湖	江西	2 933	295	21.69	淡
长江	洞庭湖	湖南	2 432.5	155.4	33	淡
长江	太湖	江苏、浙江	2 425	44.3	3.14	淡
淮河	洪泽湖	江苏	2 350	42	13	淡
黑龙江	呼伦湖	内蒙古	2 339	138.5	545.3	半咸
淮河	南四湖	山东	1 098	16		淡
新疆内流河	博斯腾湖	新疆	992	80.2	1 048	淡
长江	巢湖	安徽	770	20.7	8.37	淡
长江	洪湖	湖北	344.4	6.6	25	淡
长江	滇池	云南	298	11.69	1 886.3	淡
澜沧江	洱海	云南	249	25.31	1 973	淡
浊水溪	日月潭	台湾	7.7	1.5	760	淡
中俄界湖	兴凯湖	黑龙江	4 380	275.1	69	淡

资料来源:主要根据 1999 年版《辞海》。

同世界各国一样,我国在各大和的峡谷地区建立许多水库,起着防洪调节丰枯和灌溉的作用,所有这些水库作者都做过实地考察。表3－3所列为我国已建库容20亿立方米以上大型水库的基本数据。

表3－3　我国已建库容20亿立方米以上大型水库一览表

水库名称	所在省份	所在河流	控制流域面积/平方千米	总库容/亿立方米
三峡	湖北	长江	1 000 000	393
龙羊峡	青海	黄河	131 420	247
新安江	浙江	新安江	10 480	220
丹江口	湖北	汉江	95 200	209.7
三门峡	河南	黄河	688 400	159
水丰	辽宁	鸭绿江	45 860	147
新丰江	广东	新丰江	5 734	139
丰满	吉林	松花江	42 500	108
刘家峡	甘肃	黄河	181 770	57
官厅	河北	永定河	43 400	42
潘家口	河北	滦河	33 700	29

资料来源:主要摘自《中国在建大型水利工程》。

建库蓄水,先要筑坝拦水,我国雅砻江四川二滩的水坝高达240米,是世界第一高坝。表3－4所列为我国已建坝高100米以上大坝的基本数据。

表3－4　我国已建坝高100米以上大坝一览表

工程名称	所在省区	所在河流	坝　高/米	坝　型
二滩	四川	雅砻江	240	双曲拱坝
德基	台湾	大甲溪	181	双曲拱坝
龙羊峡	青海	黄河	178	重力拱坝
三峡	湖北	长江	175	重力坝

续表 3-4

工程名称	所在省区	所在河流	坝 高/米	坝 型
小浪底	河南	黄河	154	土石坝
刘家峡	甘肃	黄河	147	重力坝
潘家口	河北	滦河	107.5	重力坝
三门峡	河南、山西	黄河	106	重力坝
水丰	辽宁	鸭绿江	106	重力坝
新安江	浙江	新安江	105	宽缝重力坝
新丰江	广东	新丰江	105	单支墩坝

资料来源:主要摘自《中国在建大型水利工程》,并补充了新资料。

水库同时有利用水流位差发电的功能,提供了清洁能源,我国三峡电站是目前世界上年发电量最大的水电站。表 3-5 所列即为我国已建大型水电站的基本数据。

表 3-5 我国已建大型水电站一览表

电站名称	建设地点	所在河流	最大水头/米	装机容量/万千瓦	年发电量/亿千瓦时
三峡	湖北宜昌	长江	112	1 820	847
二滩	四川盐边	雅砻江	187	330	170.4
葛洲坝	湖北宜昌	长江	27	271.5	157
小浪底	河南孟津济源	黄河	132	180	44.9

资料来源:主要摘自《中国在建大型水利工程》,并补充了新资料。

二、河长要学习新事物——嫩江扎龙湿地的修复

湿地是河流水量的调节器和河流水质的洁净器,对健康河流有重要作用。但在 20 多年前,我国了解这一点的人并不多,甚至不知道"烂泥塘"就是如今大名鼎鼎的湿地。作者在松辽流域做的工作不多,最重要的是参与和指导松花江支流嫩江扎龙湿地的修复工作。扎龙自然保护

区位于黑龙江省齐齐哈尔市东南,嫩江支流乌裕尔河、双阳河下游的湖沼苇草地带。扎龙自然保护区包括齐齐哈尔市铁峰、昂昂溪两区、富裕县、泰来县和大庆市的林甸县、杜尔伯特蒙古族自治县的交界区域,总面积2 100平方千米,其中核心区面积700平方千米,是我国最大的以鹤类等大型水禽为主体的珍稀鸟类和湿地生态国家级自然保护区,1992年被列入国际重要湿地名录。此前扎龙湿地不断萎缩,已从原有的700平方千米缩小到2000年的130平方千米,失去几近9/10,岌岌可危。作者做了详尽的调研,可以作为河长调研和制定工作方案的案例提纲。

1. 扎龙湿地的作用

（1）保护松嫩平原生态系统

扎龙湿地最大的作用就是和嫩江以西的湿地一起形成过渡带,保护石油基地大庆和东北粮仓的所在地——松嫩平原。

① 相当于自然水库,调蓄洪水。1998年大洪水,扎龙湿地调蓄水量达20亿立方米,使大庆和松嫩平原不至被淹。

② 保持地下水位,防止土地沙化。扎龙这片湿原,每年可向松嫩平原补充地下水数千万立方米,保持地下水位,挡住了西部荒漠的东侵蚕食。

③ 调节松嫩平原的气候。湿地每平方米可释氧10千克,吸收二氧化碳13.75千克,同时增加空气湿度和调节气温,对松嫩平原的小气候有重要影响。

④ 净化水质。湿地之所以称为地球之肾,就是因为它有净水功能,扎龙湿地的水最终都流回嫩江,对下游,尤其是哈尔滨用水起到了很大的净化作用,可以说是个天然"自来水净化厂",人类不应只依赖于修建自来水厂,还要充分认识到利用天然自来水厂。

（2）为中国和世界保护物种

中国之所以加入《拉姆萨尔公约》即《国际湿地保护公约》,扎龙之所以被列为国际湿地名录,就是因为扎龙湿地有保护物种、保护水禽,尤其是保护丹顶鹤和白鹤等稀有国际水禽的功能。

扎龙湿地是世界稀有水禽——鹤夏季的栖息地。全世界共有15种鹤,中国有9种,扎龙就有6种,特别是丹顶鹤,全世界现存约2000只,扎龙保护区就有400余只。同时,扎龙也是西伯利亚白鹤的栖息地。丹顶鹤东去日本,西伯利亚白鹤北飞俄罗斯,都是国际水禽,既然签了公约,就有义务保护这些水禽,保这片国际重要湿地。

扎龙湿地还有野生植物500多种、鱼类40多种、鸟260多种,其中国家重点保护鸟类35种,在保护物种多样性方面起着重要作用。

（3）经济价值

湿地都有很高的生物生产力,不仅有生态功能,还直接产生经济价值。如扎龙湿地一般年产10万吨芦苇,相当于400公顷森林所产的木材,以森林20年代一次计,相当于80平方千米的森林。每吨芦苇可造纸0.5吨,相当于2立方米木材。

同时,扎龙湿地年产鱼达2000多吨,还有多种药用、食用、饲料和纤维植物产出。

2. 扎龙湿地萎缩的问题如何解决

（1）输水拯救了扎龙湿地

1999—2001年,扎龙湿地及其水源补给地乌裕尔河和双阳河流域遇到大旱,至2000年,湿地发生大火灾,延续多日,芦苇连根燃烧,湿地几乎覆灭。2001年,在水利部指导下,黑龙江水利厅、刚成立不久的齐齐哈尔水务局和水利部松辽流域水利委员会发挥统一管理的体制优势,筹措资金,启动扎龙湿地应急调水工程,当年就向扎龙湿地补水3500万立方米,保住了仍在萎缩的130平方千米湿地。

扎龙湿地调水工程于2002年4月竣工后,2002年全年向扎龙湿地补水3.5亿立方米。2002年8月25日,时任国务院总理朱镕基和时任水利部部长汪恕诚到湿地考察。对补水工作予以表扬。2003年计划全年向湿地补水2.5亿立方米,到7月底已补水1.2亿立方米。两年来总计已补水超过5亿立方米,约占湿地正常蓄水量的70%;恢复湿地核心区达650平方千米以上,占核心区总面积的93%;丹顶鹤种群总数超过400只,较2000年增加30%。每个亲历的人都看到,芦苇新绿,湖沼蓄水,水鸟成群,鹤类可见,扎龙湿地基本恢复了旧貌。在此居住了 5 代、57 岁的农民关青山说:"我们的日子又好过了。"

湿地并没有明显的经济效益,对于补水单位更是只有投入没有产出,连续两年的补水之所以能够进行,主要是实现了水资源的统一管理,只有统一管理,才能从自然生态的大系统看问题,为修复生态系统,实现人与自然和谐而各单位互相协调,共同集中投入。

(2)扎龙湿地为什么需要补水

扎龙是一片历史上一直存在的自然湿地,为什么需要补水呢? 补水的表面原因是大旱,但还有更深层次的原因,主要有以下两个。

① 湿地补水的主要来源是洪水泛滥。按自然机制,200 年来嫩江大洪水有 30 次形成了向湿地补水,近年来由于堤防的兴建,嫩江洪水再也不能进入扎龙了。

② 流入扎龙的乌裕尔河和双阳河上游用水增加。乌裕尔河年平均径流量约 3.6 亿立方米,双阳河年平均径流量约 0.4 亿立方米,都流入扎龙湿地散失,多年平均可入水 4 亿立方米。近年由于上游用水增加,仅有 1 亿立方米的水进入扎龙保护区,削减量近 2/3。

(3)持续向扎龙湿地补水的问题

向扎龙湿地补的水来自 150 千米以外的嫩江,江中取水和渠道维护每年都需投入大量的资金。输水实施单位黑龙江省中部引嫩管理处为扎龙湿地补水的成本目前已高达 3 156 万元,减去水利部和黑龙江省政府 1 000 多万元的资金支持,距实际供水成本还有 2 000 多万元的缺口,负责供水的黑龙江中部引嫩水利工程有限公司难以补足这笔费用。尽管向区内因供水受益的苇农和渔民收取部分水费,但每年不足 100 万元,难敷缺口。

对扎龙如何补水、能不能够持续进行成了重大的问题。解决扎龙湿地的补水问题,首先要分析扎龙湿地是否应持续补水,每年应补多少水。

1)扎龙的年补水量

2002 年向扎龙补水 3.5 亿立方米,2003 年计划补水 2.5 亿立方米,也就是说,在枯水年份年均补水 3 亿立方米左右。

首先,应该抓紧做好扎龙补水的水资源综合规划,测算出扎龙湿地核心保护区 700 平方千米的总蓄水量。据作者估算,核心保护区常年蓄水量大约在 7 亿立方米左右。在枯水年,应当保核心区,除去能入湿地保护区的 1 亿立方米左右水量,应补水 2.5 亿立方米,保证两年内换水即可保证生态功能。平水年和丰水年(丰水年应加上扎龙地区自产水 0.5 亿立方米)可根据情况递减。

其实湿地的自然规律就是随着气候变化丰丰枯枯,湿湿干干。时任扎龙国家级自然保护区管理局局长李长友和 57 岁的当地老农关青山都说,20 世纪 50 年代的干旱比 2000 年这次更为严重,连这次乘船考察,水深达 2 米的大泡子都干涸了,但是由于人为用水不多,后来这里的生态系统又在多雨的年份自然恢复了。

2)扎龙湿地补水从哪里来

要解决向扎龙持续补水的问题,首先要保证补水的来源。扎龙是一块自然湿地,本不需要补水,主要是人为的原因危及湿地的存在,因此需要人工补水。而补水应尽可能采取生态的手段,这才是尊重自然规律;也只有尊重自然规律,向扎龙湿地的补水才可能持续。采取这种做法,需要更深层次的统一管理。

① 在乌裕尔河和双阳河上游退耕还林。乌裕尔河和双阳河上游是较贫困的山区,近年来由于人口增加和生产发展,使得向扎龙湿地下泄的水量从 4 亿立方米左右锐减到 1 亿立方米,上游耗水增加约 2 亿立方米。应对上游实施扶持政策,促进退耕还林;发展沼气灶保护植被;调整产业结构和种植结构,限制高耗水产业。这些措施可保证在平水年向扎龙湿地多下水 1 亿立方米以上,这是保证向扎龙输水的可持续生态手段。

② 通过工程使嫩江洪水能部分进入扎龙湿地。历史上扎龙湿地远不止目前划定的 2100 平方千米,它是由洪水形成的北自乌裕尔河,南抵松花江,东起嫩江,西至通肯河的以大庆市为中心达 2 万多平方千米的

大湿地的一部分。今天当然不可能恢复到历史上的情况。但是,今天的输水必须尊重洪泛区形成湿地的自然规律,修建分流工程让嫩江洪水能部分进入扎龙湿地,使平均年输入达到 0.5 亿立方米,为恢复原有生态系统做贡献。

③ 继续由引嫩管理处向扎龙补水。在枯水年继续由引嫩管理处向扎龙湿地每年输水 1 亿立方米左右。鉴于这一地区的人口增加和经济发展,湿地的保持不能只依靠生态系统的自我恢复能力,在枯水年仅仅用生态手段,还不足以保住扎龙湿地,因此,向扎龙的工程输水仍是必要的。

（4）向扎龙湿地的工程输水由谁"埋单"

为保住扎龙湿地,工程输水的目的是生态用水,但这笔费用长久地由国家公共财政支付,由政府埋单是不现实的,即便专项拨款,也不可能持久。

解决这一问题可以通过统一管理,采取"三个一点"的政策,即"受益者交一点,管理局投一点,国家补一点"。

① 应实行市场经济的原则,由受益者付费。政府投入对生态系统维护所产生经济效益后,由受益者提供对投入的补偿,使政府投入成为有源之水,这是国际通行的做法。据估计补水保持扎龙湿地之后,苇业和渔业可产生 1.3～1.5 亿元的经济效益,应收水费约 500 万元,因此,在补水年份收 200～300 万元的水费是合理的,而现在实收不到 100 万元。

② 调整保护区产业结构,保护区管理局可以适度经营。保护区核心区内有 4 000 人口,已大大超过 2 人/平方千米的自然保护区内生产居民限制的国际标准,目前除考虑由国家一次性投入迁出部分人口外,可使剩余居民转入旅游业,大大降低从事生产业对保护区的破坏程度。以保护区每年吸引 8 万游客计,仅相当于给保护区内增加了 110 人/年的生产人口,但可有近 200 万的收入,经营得好,以 100 万投入补水是可能的。

③ 其他办法。所余 230～330 万元的缺口,可由黑龙江省政府和齐齐哈尔市政府联合解决。可用设立生态基金的办法,按两年一枯水计,

相当于每年 160 万元的投入,即可保证枯水年输水的支出。在生态工程未建成和经济效益未形成的期间,可由政府提供贴息贷款。

三、河长需要依法行政——海河流域 5 000 万吨晋水进北京

作者在海河流域做的工作是最多的,以《21 世纪初期(2001—2005)首都水资源可持续利用规划》的制定和实施为主,将在第六章中叙述。本节主要是提供一个为重大国际、国内事件紧急输水(本流域内称"输水",跨流域称"调水")的案例。

2008 年北京奥运会在即,北京的水资源供需严重失衡,作者任北京奥申委主席特别助理负责解决这一问题,当时做了四件事:

① 全市厉行节水;

② 再生水回用;

③ 从故宫北京降水丰枯周期资料调研估计 2008 年应为风水年,不应过度紧张,不要采取当年东京奥运会让东京居民出去度假、迁出洗浴单位和关闭游泳池等过度措施,办一届居民满意,国际称赞的奥运会。

④ 从山西水库沿桑干河道向官厅水库集中输水,作为工业用水置换自来水。

1. 5 000 万吨晋水进京的前奏

2003 年 9 月 26 日 11 时,随着山西册田水库启动控制钮的按动,50立方米/秒的晋水沿着干涸多年的河道奔腾而下,形成了 30 年从未有过的集中输水,30 年来干涸的桑干河第一次成河,激流直奔首都;经过整整4 天共 96 小时总计 180 千米的行程,进入官厅水库。国庆佳节前夕即 9月 30 日 11 时 06 分,晋水进京了,到 10 月 3 日上午,形成预期的 35 立方米/秒的稳定流量,水质达到Ⅲ类,10 月 7 日晚 8 时册田水库闸门落下,共放水 5050 万立方米,完成了任务。到 10 月 11 日北京收水超过 3 000万立方米,达到了预期的效果。面对地澎湃的激流,作者百感交集。这相当于 15 个昆明湖的 5 000 万立方米的水来之不易。

这 5 000 万立方米的水是 1998 年底开始酝酿,在北京申奥的促进

下,2001 年 5 月 23 日经国务院批准实施的《21 世纪初期首都水资源可持续利用规划(2001—2005)》(以下简称《首都水资源规划》)启动 5 年以来千千万万人的心血凝成的。

2001 年 2 月 7 日,时任国务院总理朱镕基主持国务院总理办公会审查通过并高度评价了按照"先节水、后调水;先治污、后通水;先环保,后用水"精神制定的《首都水资源规划》。2000 年 9 月 25 日,时任国务院副总理温家宝在全国城市供水节水和水污染防治工作会议上指出,作者提的规划的指导思想"以水资源的可持续利用保障经济社会可持续发展"这句话讲得好。2000 年 6 月 15 日,当时的北京市委贾庆林书记和刘淇市长亲自率 20 多位厅局长到张家口市与河北省领导商谈协调,作者任水利部协调代表;在此前后,贾书记曾 3 次向作者专门做指示,刘淇市长也多次询问关注。时任北京水利局局长刘汉桂做了大量工作。山西省田成平书记亲自与大家谈话,对规划大力支持。时任河北省省委书记叶连松到宾馆房间与作者谈话,了解规划,支持规划。时任水利部部长汪恕诚直接指导规划的制订。此后,时任北京市水务局局长焦志忠做了大量的工作。

晋水进京是山西、河北和北京三省市人民自觉打破自家"一亩三分地"的思维定式,顾全大局,舍小河"小家",为流域"大家",在《首都水资源规划》指导下辛勤劳动,完成规划中工程的、生态的和经济的各种项目的结果。山西人民在连续三年枯水的情况下,把上游蓄水容量的一半以上放向了北京。河北人民在河道多年干涸的情况下,各级政府严密组织,清除障碍,坚守巡查,使晋水比较顺利地流向了北京。

晋水进京是山西、河北、北京、水利部、海河水利委员会广大水利职工不辞辛劳、日夜奋战的结果。山西的同志两库联调,在汛期未过时高位蓄水,尽最大努力多放水;河北的同志严密组织,亲身参与沿线的输水保证工作,尽最大努力减少损失;北京的同志严阵以待、全面监测,尽最大努力保证收水的效果;海河水利委员会的同志编制方案,查看水头,监测水量、水质,一直奋战的第一线。

2. 下放 5 000 万吨水的决策

2003 年北京在连续经过 4 个半旱年以后,形不成径流入库。到 8 月底,北京供水储备已不敷 10 个月之需,形势十分严峻。

(1) 集中放水的调研

鉴于首都水资源的形势,作者于 7 月 26—27 日主持召开了首都水资源可持续利用协调小组密云会议,决定分 3 个小组对规划区北京上游的河北承德市和张家口市、山西大同市和朔州市做了全面的检查,实际上山西自 2003 年初以来一直以 1 立方米/秒左右的流量下泄,但如此小的流量经过 180 千米的河道到达官厅水库,可以说是滴水无收了。针对这种情况,作者提出了采用集中输水的措施,确保收水效果的设想,得到了山西省水利厅的认可。

(2) 集中放水的决策

决策形成以后,2003 年 8 月 25 日,作者检查了大同市御河治理工程和御河灌区节水改造工程。与时任大同市副市长马福山及大同市水务局有关领导进行座谈。大同市表示同意协调小组的放水 5 000 万立方米的设想,不讲任何条件全力完成年度目标。确定了东榆林水库和册田水库联合调度,东榆林下泄 1 000 万立方米,册田水库下泄 4 000 万立方米的方案。

(3) 依法行政集中放水的决定

2003 年 8 月 26 日晚,作者到太原,与时任山西省水利厅厅长李英明座谈。李厅长表示,集中输水工作已向范堆相省长做了汇报,山西省领导完全支持协调小组的决定,并表示以前小流量下泄水量可以忽略不计,山西省无偿下泄 5 000 万立方米的水,水质达到 Ⅱ 类。

在决策过程中还遇到桑干河河道长年无水,当地农民在河滩地种植庄稼尚未收割和河道中有阻水建筑等种种问题,河床中的玉米阻水怎么办? 砍! 早收! 在河道中种玉米是违法的,农民种的也要砍,要依法行政。事后,对损失大的困难农户给予了适当补贴。大家在规划指导下顾全大局,使得问题得以一一解决。

3. 5 000万吨晋水是如何放下来的

这次集中输水之所以能够实现和成功,主要是以下几个方面工作的成果。

①《首都水资源规划》初见成效。当时,首都水资源规划项目的农业节水工程已到位投资1.3亿元,部分农业节水项目已经完成并初见成效。如朔州市桑干河灌区节水改造一期工程完成,2003年开始发挥节水效益。以前采用大水漫灌方式,每亩灌溉用水400立方米,经过节水改造后,每亩灌溉水量为150～200立方米,年节水量达到500万立方米,确保东榆林水库向下游册田水库输水1 000万立方米。

② 山西建设节水型社会。山西省年人均水资源量仅为457立方米,水资源量折合地表径流深仅为91毫米,是我国严重缺水省份之一,供需矛盾十分尖锐。但是山西省委、省政府按《首都水资源规划》精神提出了"节水山西"的发展战略,发布了山西省用水定额,计划用水,计量用水。实施工业结构调整,采用先进的技术和工艺,提高节水水平。加强废污水的处理回用工作。提高水价和水资源费,运用经济杠杆调节,实现了工农业增产,而用水量不增反略有下降。

③ 顾全大局,统一调度。大同、朔州市降雨量较前几年相对偏多,项目区水库蓄水量增加。在此基础上,在汛期未过的情况下,高位蓄水,两库联调,顾全大局,挖潜放水2 300万立方米。

④ 精心组织,保证放水。山西省做了大量、周密的准备工作:一是水库提前下闸蓄水,尽量减少用水和损失,确保水库蓄水量;二是对省内输水河道进行整治,确保河道畅通,减少输水损失;三是根据水库及河道条件,制定了放水方案;四是水文部门制定监测方案,为放水工作提供决策依据;五是做好宣传工作,让各界群众和有关部门顾全大局,积极支持,相互配合,确保输水成功。

4. 5 000万吨水是如何输过来的

长达180千米的输水线路绝大部分在河北境内。

（1）河北省输水前的准备工作

2003 年 9 月 11 日，"21 世纪初期首都水资源可持续利用规划协调小组"下发了《关于从册田水库向官厅水库集中输水工作的通知》之后，河北省高度重视，省协调领导小组专门下发了集中输水实施方案，张家口市在县、乡、村各级人民政府均组建了调水领导小组，及时发出了公告，指导当地群众，全力配合输水工作，输水经过的各路口都设立了警示牌，明确了专人 24 小时值班。河滩地种植的农作物除向日葵、水稻不能抢收外，种植的玉米基本抢收完毕；阳原县桑二灌区引水口双层封堵，壅水坝已经拆除。河北涿鹿县城排污封堵工程已经完成，于 9 月 25 日做好了输水前的一切准备工作。

（2）桑干河河北段集中输水过程

山西册田水库从 2013 年 9 月 26 日 11:10 正式开闸放水。

9 月 27 日 16:00 分，册田水库水抵阳原县揣骨瞳大桥，由于河道多年不过水，形成坑洼，比预计时间迟到 4 小时。流量 15～20 立方米/秒，流程达 55 千米。

9 月 28 日 8:00，册田水抵阳原县八马坊，由于河道多年不行洪，主河道不复存在，流水漫滩，前进艰难，流程仅为 62 千米。

9 月 29 日 16:50 分，册田前锋水头进行涿鹿县境，到 19:50 分册田水正式进入涿鹿县境，初期流量为 8 立方米/秒，流程 123 千米，距放水时间 77 小时 40 分。

9 月 30 日 8:00 左右，册田水流出涿鹿县境，到 11:06 分册田水进行官厅水库，距放水时间 96 小时，入库流时为 8.29 立方米/秒，至此，册田水库集中输水全线过流。

5. 5000 万吨晋水进京的启示

5000 万立方米晋水进京，对京晋冀协同创新发展有重要的意义，在节水、水权、管理体制、水价、生态和科技等方面都给以新的启示。

（1）京晋冀协同节水——输水的保证

当时，我国万元国内生产总值的耗水量是世界平均水平的将近 4

倍,而人均水资源量又只有世界平均水平的 1/4,因此,在我国解决水资源短缺问题的首要手段是节水。

从这次输水可以看到,如果山西不有效地节水,水放不下来;如果河北不节水,不控制用水,还可能中途截流,水输不过来;同时,北京的节水措施和水价政策也大大激励了山西放水、河北输水的积极性,如果北京不节水,这 5 000 万立方米水也是杯水车薪。

(2)在城市化的进程中保证水资源供需平衡——水权问题

从根本上说,输水和调水是一个水权的问题,《水法》规定水资源属国家所有。一条河的水,是属全流域居民所有的,上游农民有权用,下游城市居民也有权用。《首都水资源规划》的成功,正在于比较成功地分配了水权,如山西在平水年下泄北京 1 亿立方米的水,而在枯水年下泄 6 000 万立方米。水权的合理分配,是这次输水的前提。

(3)统一管理是输水的保证——体制问题

很明显,没有统一管理,水权是难以分配的,即使名义分配,也难以实施;没有统一管理,没有首都水资源可持续利用协调小组,山西节的水也难以用到下输上;没有统一管理,河北省也无法由政府组织落实输水保证。在这次输水的全过程中,大同市、朔州市和张家口市的水务局起了重大作用,这种新兴的水务统一管理体制展现了它保证水资源供需平衡的优势和活力。

(4)区域协同优化配置水资源——国家导向与水价杠杆

这次是无偿输水,有人问:"上游山西的经济发展相对滞后,不应当给予补偿吗?"回答是:"应当补偿,但补偿的方式是个重要问题。"在制定规划时已经考虑了这一问题,规划总投资 270 亿,上游山西和河北的 72 亿投资全部由国家出,而下游北京的 148 亿总投资,国家仅支持 10 亿。

提倡以这种形式补偿为主,即国家支持经济相对落后地区发展经济、调整产业结构、水资源管理和节水的能力;在水权分配以后,如果上游节约自己水权份额内的水,则可以出售。同时应该在下游经济较发达地区采取更为严格的用水定额和水价政策。

（5）上游应该向下游输水——生态问题

良好的生态系统是保持一条健康有水河流的基础。但是，如果上游把水蓄起来，造成河道长年断流，就会全面降低下游的地下水位，严重破坏生态系统，造成河流断流、湖泊萎缩、湿地干涸、土地荒漠化，最终上中下游都将缺水。

因此，这次晋水进京，是对多年干涸的桑干河流域生态系统的一次修复，受益的不仅是北京，也包括山西境内和河北输水全程的流域范围。应该在规划完成时保证桑干河像半个世纪以前一样，在平水年不断流，让"生态的太阳"重新照耀在桑干河上。

（6）输水为规划完成提供了依据——科技问题

通过这次输水，水利部、山西、河北和北京的全程监测，为集中输水的时机、流量的控制、河道过水能力、输水漫溢范围、输水运行时间、污染治理的效果和生态恢复等情况积累了第一手的数据，据此进行科学分析和研究，为胜利完成规划提供科学的依据。

至今，从山西和河北向北京的集中输水已成规范，基本年年进行，2013 年度集中输水总量 7 041 万立方米，北京市净收水量 4 785 万立方米，不但对维系北京水资源的脆弱平衡起了重要作用，而且使桑干河逐年过水，有一定的生态修复作用。

四、河长要理论创新——黄河不断流关键在留下"生态水"

延续 20 多年，一直到 1998 年大洪水时还断流的黄河，为什么自 1999 年连旱多年而至今不断流，源于一个新概念——"生态水"的建立。

黄河是我国第二大河，也是世界上著名的多沙河流，黄河发源于青藏高原巴颜喀拉山北麓，自西向东流经青海、四川、甘肃、宁夏、内蒙古、山西、陕西、河南和山东等九省区，至山东垦利县入渤海，全长 5 464 千米，流域面积 794 712 平方千米。

由于黄河流域本身的生态系统十分脆弱。上游植被遭到破坏；中游水土流失严重，水少沙多，水沙异源；下游发展成地上悬河，灾害频发，历来以害河著称。加之长期以来水土资源不合理的开发利用,黄河存在洪涝灾害严重,下游断流频繁发生,中游水土流失、下游悬河加剧、水体污染致使生态系统蜕变等突出问题,给人民的生命财产带来巨大损失,极大地制约了黄河流域的资源开发和经济建设的发展。

1. 黄河断流国际影响重大

黄河下游首次断流发生于 1972 年,河口利津水文站累计断流 3 次,共 15 天,断流河长 310 千米,断流始于 4 月 23 日。从 1972 年到 1997 年的 26 年中,黄河下游共有 20 年发生断流,利津水文站累计断流 70 次,共 908 天。1997 年,黄河出现有记录以来最严重的断流现象,利津水文站 2 月 7 日开始断流,全年断流 13 次,共计 226 天,断流河长 700 千米,中游各主要支流控制水文站多数出现断流或接近断流。

黄河断流时间和断流河长呈逐年增加趋势。1972—1989 年,利津水文站监测到共有 13 年总计 191 天断流,平均断流河长 249 千米,断流最早发生于 4 月;1990—1997 年,利津水文站共有 7 年 717 天断流,平均断流河长 426 千米,断流最早发生于 2 月。

黄河——中华民族的母亲河断流,不仅引起全国人民和中央领导的高度重视,同时也引起了国际上的广泛关注。

2. 黄河断流的危害

黄河断流给下游沿黄地区工农业生产造成了较大损失,对黄河防汛也有不利影响。据初步调查分析,黄河下游沿黄地区 1972—1996 年因断流造成工农业损失 268 亿元,减产粮食 99 亿千克。进入 20 世纪 90 年代后,黄河中游连续几年发生高含沙洪水,而冲沙入海的水量大大削减,致使大量泥沙淤积于下游河床,河道行洪能力减弱,造成小水大灾,时时存在决口改道的威胁。

黄河断流严重影响了下游及河口生态系统。由于黄河水量减少,入河废污水量不断增加,水质趋于恶化。由于水沙来量减少,加重了海潮侵袭和盐碱化,河口湿地生态系统退化影响了生物多样性,使得黄河三角洲日益贫瘠。断流加剧所引起的水荒和下游决口改道的威胁并存,影响区域经济可持续发展，因此，缓解黄河断流迫在眉睫。

1998 年，作者去考察时，黄河在大洪水年断流，河口一片沙地，见不到一滴水，几株干枯的芦苇显示这里还有岌岌可危的生命，水鸟没了踪影，触目惊心，真是"君不见黄河在哪里？何以面对中华子孙"。任何一个有良知的水环境工作者都会暗下决心："一定要修复黄河！"

更为重要的是随着断流时间的加长，断流河段的延长，黄河最终要变成一条内陆河，这就完全破坏了黄河生态系统，摧毁了中华民族的摇篮，这一后果尽管是不堪设想的，但却是完全可能的。

3. 黄河断流的原因

黄河水资源贫乏，不能满足快速增长的用水需求是断流的首要原因。黄河流域地处干旱半干旱地区，多年平均径流量 580 亿立方米；人均水量 593 立方米，为全国人均水量的 25%；耕地亩均水量 324 立方米，仅为全国平均水平的 17%。而黄河沿岸年用水量已由 20 世纪 50 年代的 122 亿立方米，增加到 20 世纪 90 年代的 300 亿立方米。目前黄河水资源利用率超过 50%，在国内外大江大河中属较高水平。农业灌溉占黄河用水的 92%，且主要集中在下游，20 世纪 50 年代到 90 年代下游地区用水增长 4.6 倍，引黄灌溉面积增加 6.4 倍，引黄工程设计引水能力 4000 立方米每秒，远远超出黄河可供水量。

近年降水和径流偏少使下游断流现象更趋严重。花园口以上流域年降水量 20 世纪 80 年代偏少 1.3%，1990—1996 年偏少 10.3%。由于上中游广泛开展水土保持综合治理和农田水利建设，起到明显的截水拦沙作用，在同等降水条件下，河川径流相应减少。各主要控制站径流从 20 世纪 80 年代末期开始呈明显减少趋势，致使近年黄河上中游来水量锐减。

缺乏有效的管理体制，难以实现全河水资源统一调度也是断流的重要原因。由于干流骨干工程和大型灌区的运用管理分别隶属于不同部门和地区，没有形成流域统一管理与区域管理相结合的调度管理体制，很难做到全河统筹，上下游兼顾。一遇枯水年份或枯水季节，沿河工程

70

争抢引水,加剧了供水紧张局面,也造成水资源的浪费。

4. 解决黄河断流问题

解决黄河断流的关键,第一是认识问题,第二是管理问题,有了可持续发展的科学认识,再加强实地的分水管理,就可以解决黄河断流的问题。

（1）多了一个"生态水"

黄河断流的原因是客观存在的,人口急剧增加、生产迅速发展、气候趋于干旱等多重因素叠加,黄河流域的确是缺水。但是,如何认识缺水?生活用水不能少,生产用水不能少,"生态用水"就可以少,为什么要让白花花的水流到海里去呢? 这种认识是断流的症结。上中下游都考虑自己的发展,喝光用光,不留生态水,黄河自然要断流。作者在国务院会议上提出了"生态水"的概念,即用水不是"两生",而是"三生",不仅有生活用水和生产用水,还有生态用水,生态用水也是不可或缺的用水。生态水就是维系生态系统的最低用水,没有生态水,生态系统就会退化和崩溃,而生态系统是人们生活和生产,赖以生存的基础,不留生态水就是自毁生存的基础。国务院领导肯定了这种新认识,重新制定分水方案的工作就启动了。

（2）统一管理解决黄河断流问题

1999年,国务院批准作者主持的以"生态水"为指导思想的重新分水方案,黄委会开始对黄河水资源实行统一管理和调度,在基本保证治黄、城乡生态和工农业用水的条件下,在疏浚已淤塞的河道,甚至要在不得不派人把口防止分水的极端困难的情况下,保证生态用水。1999年,黄河仅断流8天,执行这个方案以后,没有断流。2000年,在北方大部分地区持续干旱和从黄河向天津紧急调水10亿立方米的情况下,黄河实现全年未断流。

必须说明的是,自1999年以来,黄河从未断流,但在4年之中有个别时段入海流量只有几立方米/秒,这个流量有时长达一星期。应该承认,这有象征意义,但生态功能是很小的。今天黄河口已是另一番景象,巨流滚滚,湿地修复,芦苇丛生,水鸟成群,生态已基本修复,也成了旅游景区。

五、河长要体制创新——太湖的苏州水乡变了样

自古以来就有"上有天堂,下有苏杭"之说,苏杭之所以称为天堂,最重要的是"水",水既是生命之源,又有天堂之美。一个多世纪以来,苏州又被称为"东方的威尼斯",其原因也是由于苏州是水乡。2001年,苏州人口580万,其中城镇人口315万,江苏的大部分镇实际上已是小城市,城市化率已高达54%,土地面积8 488平方千米,2002年GDP为2 080亿元,人均35 862元,合4 331美元,苏州市的经济总量在全国城市中已经高居第5位。苏州多年平均本地水资源量为人均358立方米,在水量上也属严重缺水,而客水无质量保证,水资源总量折合地表径流深416毫米,可以说是本地资源型缺水,生态型富水,流域富水。因此,苏州水问题的关键在于本地和外来水的污染。苏州水问题在我国南方具有典型性。

2003年7月,作者再次实地考察了苏州水乡。苏州属于"水质型"缺水,也就是好水不够用,污染防治是苏州水务的重点,"节水就是防污"是苏州治水的关键。

1. 苏州水乡的危机

20世纪80年代以来,到过苏州的人都知道与历史上的水乡相比,苏州有很大的变化。一是许多河道被填埋;二是许多河道被淤塞;三是河面上到处飘浮垃圾,有的地方甚至不堪入目;四是以清水浇城著称的苏州,整个水系的水质由于污水未经处理而大量排放而大大下降。美丽的苏州水乡已经今非昔比。

这种状况为什么一直没有有力的措施改变呢?关键在对于涉水事务没有统一的管理,多龙管水责任不清。水资源是一个统一体,填埋一条小小的河道就可能制造一大片洪涝区;建一个排污量大、而又排放不达标的工厂就可能破坏一个风景区。

水是一种资源,水又是一个生态系统,水在系统中循环,因此,必须以资源系统工程的思想指导管理,才能既提高经济效益,又提高资源利用效率,还能保护水生态系统,使之可以永续利用。片面追求经济效益,不重视提高资源利用效率,浪费水资源,就会使连苏州这样的历史水城好水也不够用;只考虑经济效益和资源利用效率,而不保护水生态系统,就不但破坏了水资源,而且破坏了水环境,破坏了中外闻名的苏州水乡。

2. 水务局使苏州水乡在两年中变了样

2001年,苏州市建立了苏州市水务局,什么是水务局呢?简单地说,就是把从"水源地→供水→用水→排水→治污→回用"这一循环的全过程由一个部门来统一订立法规、制订规划,从而对水资源统一监测、统一配置,对水市场统一监督、统一定价,也就是说由一个部门对水质和水量负责。

苏州市水务局成立以后,怎么能在短短的两年之内使苏州水乡变了样呢?

(1) 从淮阳河的恢复看统一规划

淮阳河是苏州城西的一条350米长的小河道,由于沿河居民在河道搭建房屋等原因,不断挤占河道,到2001年,河道平均宽度仅为3米,有的河段甚至被填埋,阻断了水系,严重影响了排涝功能。一遇大雨,沿河几百户居民就受淹。水务局成立后,根据统一规划,共拆迁居民59户、商业点13户和单位2个,共计8300多平方米的建筑。水务局克服了各方面的困难,疏浚了包括部队驻地内河段的全河道,新河道长达450米,宽8米。不但解决了水淹问题,修复了小河水生态系统,还大大提高了沿河地价。

淮阳河只是一个典型的例子。整个苏州市水资源综合治理规划已在2006年完成,总投资达26亿元。其中仅苏州市城市防洪规划一项,就把苏州市的防洪标准提高到百年一遇,中心城区提高到200年一遇。同时,改变了城乡防洪分割的违反自然规律做法,使城乡防洪有机地结合起来。

（2）只有控制污染物排放总量才能恢复水乡

苏州地域狭小、人口集中、经济发达、排污量大；尽管是水乡，但水生态自净能力很小，连客水加在一起，净水远远达不到 40∶1 的稀释污水比例。因此，污水必须全部达标排放。

根据上述情况，水务局统一规划、加速建设污水处理厂。其中位于苏州市区西南福星污水处理厂于 2002 年 12 月建成投产，到 2003 年 6 月平均日处理量已达 1.24 万立方米，进厂水质 COD 406 毫克/升，BOD 157 毫克/升，而排放水质 COD 44 毫克/升，BOD 9 毫克/升，均达到国家排放标准，一期全部完成处理能力达到 8 万立方米/日。娄江污水处理厂位于苏州市东北，二期完工后处理能力 14 万立方米/日。加上原有处理能力，到 2008 年，苏州污水处理能力将达到 39 万立方米/日，达到污水 100% 处理，超过了国家对大城市达到 70% 的要求。

其实，想让污水处理率真正达到 100%，还远不仅是建污水处理厂的问题，管网更为重要，因为许多污水到不了污水处理厂就进入河道污染水体。因此，水务局全面启动污水支管到户工程，要把每家每户的污水无遗漏地收集起来。

苏州是个古城，小街小巷密布，窄的不过 2～3 米，要想支管到户，就要翻修和新建 400 千米污水管道才能形成全面覆盖的污水入网系统，而且开挖给居民生活带来很大不便。但是，这是一项益民工程，受到广大居民的热烈拥护，作者亲眼看到在不便使用机械的狭窄小巷里，在 7 月的酷暑中，民工挥汗如雨。这项工程自今年启动后，以人们事先预想不到的 20 千米/月的速度前进，全部工程于 2005 年完成。

为了使全部污水达标排放，苏州水务局还制定了到 2010 年污水处理能力达到供水总量的要求，真正实现全部污水，包括雨水都进入污水网系统处理，100% 达标排放。在这种严格要求下，苏州的节水自然就提到日程上来了，少用 1 立方米水，就少 1 立方米污水。

（3）只有统一管理才能以生态手段建设水乡

苏州水乡生态系统蜕变的一个重要原因是由于内外多方面因素使

河流流速降低。常言道"流水不腐",苏州水务局全面启动换水工作,把城区河道分成九片,通过水的统一调度,引清冲污,加快水体置换的速度。只有这样才能真正恢复天蓝、水清、岸绿的古城水乡风貌。

给苏州城换水是苏州人民多年的愿望,但是水从哪里来呢?苏州水务局在水利部太湖局的统一部署下启动了西塘河引水工程建设。西塘河引水工程从望虞河东岸珠水桥港引长江水入苏州城区环城河,再通过疏浚,使环城区水质超过景观用水的Ⅴ类水标准。

(4) 1.10元招来了三大路财神

人们不禁要问,苏州水务局做了这么多事情,哪里来的钱呢?尽管苏州的经济实力已雄踞全国地级市前列,但是各方面都要投资,苏州市有这么多钱吗?政府投资固然是苏州水务局资金来源的主要渠道,但是更为重要的是在统一管理下逐步形成的水务市场。

苏州水务局把苏州的污水处理费提高到1.10元/吨,仅这一项政策就招来了三大路财神。把水费中的污水处理费提高的1.10元/吨,这在以前是不敢想的,但水务局吃了这只螃蟹。使苏州水务局自己都大吃一惊的是,大幅提价后居然没有人来信置疑。

从水务局成立之初,就不断宣传这种理念:目前在北方人民面临着是缺水,还是提水价的选择;在南方面临着是用脏水,还是提水价的选择。什么是正确选择呢?显然,提价是正确选择,提水价不是加重人民负担。政府的职责就是引导人民做正确的选择,苏州人民的回答说明了政策的正确性。当然,提水价要适时、适地和适度。

污水处理费提高到1.10元/吨以后,招来了三路财神。一是外资多次洽谈建污水处理厂,而且以BOT的方式签约;二是私人投资要建污水处理厂,甚至还要买老污水处理厂经营;三是苏州市水务局以排污费为抵押,银行竞相贷款。1.10元招来了几十亿资金的兴趣。为什么呢?因为污水处理的成本,包括建厂和运行在内,当时约为1.00元,1.10元/吨的污水处理费,使得污水处理由政府投入的公益事业变成为微利的稳定市场,有了稳定的盈利,就有人投资。同时,污水处理费的提高,也以市场的手段大大促进了节水。

（5）统一管水让居民有获得感

统一管水的目的是更好地为广大人民的利益服务，苏州市水务局在这方面为人民做实事。

1）让苏州人民喝上好水

临苏州的东太湖水质是较好的，苏州水务局已经规划，一方面努力保护饮用水源区；另一方面把饮用水取水口向水质好的湖心地区延伸。

2）让居民住到海平面以上来

苏州市北部是原吴县市撤市设区后新建立的相城区，原来吴县自来水管网不但很少，而且年久失修，居民大多饮用深井水，不但不方便，水质也得不到保证，同时还造成了严惩的地面沉降，使居民生活在洼地之中。几十年来随着地面沉降"窗框变门槛"，发生有些居民生活在海平面以下的奇事，该居民区不得不常年向外排水。

2002年，水务局全面实施北部区域供水工程，总投资4.5亿，主干管到达相城区所有乡镇；二级管网348千米，把水送到大街小巷；三级管网2750千米；把水送进每家每户。日供水6万吨，使相城区38万居民喝上了甘甜的太湖水，并且为全面禁采地下水，逐步恢复地下水，使居民重新生活到海平面以上来，创造了条件。

3）一户一表工程

节水其实也是广大居民自己的要求，在提水价的同时，必须提倡和保证居民节水，这才是真正为广大人民的根本利益服务。苏州居民的一个老大难问题是一个居民楼单元只有一个总水表，吃"大锅水"，不但不利于节水，而且由此产生民事矛盾，以至纠纷不断。

水务局下决心实施"一户一表"的改造工程，决心对市区23万户居民实行水表出户改造，改造了4.2万户，到2004年全部完成。

4）苏州的河面为什么干净了

近年来，不但苏州市民，就是外来游客也感到苏州的河道太脏，有的地方不堪入目。作者2001年来苏州就有亲身体验,连游客都掩鼻而过,生活在水边居民的难处可想而知。过去环卫部门尽了很大努力,但是都不能改观。

苏州水务局受市场运作的启发另辟蹊径,把全市80千米的河道分成16个标段向社会公开进行河道保洁招标,原事业单位职工可以参加,结果招标后450万的环境治理费,仅用了360万,清洁工吃饭都在保洁船上,与过去用事业职工相比,不仅省了钱,还使河面已经基本看不到漂浮物。

六、河长科学决策——长江青草沙水库让上海人民 喝上了好水

生态修复的根本目的是"以人为本",让人民喝好水、吸清气、吃绿色食品。但在2012年以前,上海的饮用水供应存在着严重的问题。上海是全国第一大城市,2014年人口达2425万,近年来城市范围不断扩大,人口还在增加,饮用水供应问题将越来越大。争议较多、迟迟未提上日程的上海青草沙水库是如何建成,而让上海人民喝上好水的?

1. 上海供水水源态势

目前上海城市供水水源主要有黄浦江上游水源、长江口边滩水源、内河及地下深井淡水水源。自20世纪80年代以来,上海以开发利用黄浦江上游水源为主。由于黄浦江处于太湖流域的下游,为敞开式河道直接取水,受上游污染影响,水质较差且不稳定。目前上海城市供水在黄浦江上游的取水总量超过多年平均流量的30%,已接近联合国教科文组织主持制定的40%的国际公认的警戒线。若进一步扩大黄浦江上游水源的取水规模,将导致上游水位降低,加剧中下游污水上溯,使水源水质更加恶化;同时可引起黄浦江河势变化,对黄浦江的水环境造成严重的破坏。因此,对黄浦江上游取水总量还要控制、适度利用。

2012年以前到过上海的人都知道,上海的自来水有较重的漂白粉味,2012年以后突然没有了,为什么呢?

像所有大城市一样,上海人口集中,工业发达,用水量大,但地域狭

小,自产水资源量很小,主要靠过境水资源。长江口淡水资源丰沛,占上海过境水资源总量的98.8%,水体自净能力较强,尤其是长江入海段十分宽阔,距岸3千米以上的中心地带水质相对稳定,基本符合饮用水水源水质要求。而且上海城市供水在长江口的取水总量仅占多年入海最低流量的0.4%,对河口生态系统仅有微扰动,因此具有巨大的开发利用潜力。具体措施是在长江中心建青草沙水库。

青草沙水库是世界上最大的江河中心水库,是上海"十一五"期间投资额最大的单体工程,总投资达170亿元,利用上海附近仅有的长江中心水域优质水源改善上海饮用水水质,是关系上海民生和城市供水安全的"百年工程"。该设想于1990年提出,对于这一出奇的大胆设想,前10年基本处于讨论和准备阶段。2000年时,作者任全国节水办公室常务副主任、水利部水资源司司长,在上海市领导的全力支持下,主持制定上海水利局该组成水务局的水资源统一管理机构创新方案。水务局成立后对建青草沙水库设想予以支持,使该项工作进入实施轨道。2007年,在上海市委和市政府领导下水库终于开始建设。经过建设者3年半的努力,2011年9月已开始投入使用,使上海入自来水厂的原水提高了一个等级,让上海人喝上了好水。北京几乎所有到上海出差的人都说:"上海的水没有漂白粉味了。"工程2012年竣工,2020年将达到设计规模。

青草沙水库依托江中心的长兴岛建在距长江入海口27千米的江心,总面积66.26平方千米,有效库容4.38亿立方米,咸潮期最高蓄水位7.0米,运行常水位6.2米。这样一个大型水库建在江心,在世界水库建设史上没有先例。

2. 关于青草沙水库方案的讨论

青草沙水库是个大胆的设想,其实施更是科学决策的结果,这一为城市保水的创举值得总结和借鉴。

水务局成立后,本着工程建设的第一使命是"以人为本"的知识经济理念对上述设想予以支持。首先,在江心建水库的确在国际上都没有先例,困难可想而知,但是上海人民要不要喝好水?在上海附近还有没有好水呢？如果有,就去那里,如果没有,再难也要试一试;其次,水库可依长兴岛而建,只需建两个坝,工程上还是可能的;再次,岛两侧各留 3 千米,不会影响航运;此外,水库在长江口的取水总量仅占多年入海最低流量的 0.4%,对河口生态系统仅有微扰动,从统计规律看没有生态影响;最后,的确淹没了长兴岛前沿湿地,但岛边浅滩很大,可以扩大建湿地,这对水库起了净水作用。从而使该项工作进入实施轨道。

(1) 工程分析"以人为本"是第一考虑

在一个工程规划的分析中要有施工条件、工程技术、经济成本和环境影响等多种考虑,但在这些考虑中"以人为本"是第一位的,只要对人生活的生态系统在一定周期内不产生大的扰动,人的需求就是第一位的,施工有再大的困难也要克服。根据作者实地考察的莱茵河、泰晤士河和塞纳河的国际经验,要根治长江中下游的水污染(包括地下水)、把水质提高一个等级,至少要 20～30 年的周期,而长江中心的水就是上海附近最好的水源。上海人民以前的饮用水质是众所周知的,所以像这样让上海人民喝上好水的工程是必须建设的。

(2) 多学科综合研究,科学分析生态影响

对《青草沙水源地原水工程规划》的一大质疑是生态影响,作者参与了对此的定量的科学分析。

首先,青草沙水库年设计供水量为 719 万立方米/天,仅为长江入海流量的约 0.4%。实际上长江每年入海流量都不相同,从统计规律看,0.4%完全在正常波动范围内,不至对入海生态系统有影响。

其次,长江在长兴岛青草沙处江面十分宽阔,而本来就有崇明岛和长兴岛把长江分流,建库后,两边水道仍各有 3.5 千米的缓冲区,对航运与与河口生态系统均不会有较大影响。

再次,工程包括在库前建人工湿地,使长兴岛浅滩生态系统只是西移,并未减少,反而扩大了上海市的湿地生态系统。

(3) 城市水资源统一管理是兴建大工程的保证

2000 年成立了涉水事务统一管理的上海市水务局,改变了原有的九

龙治水久议不决、无法达成一致、无法形成合力干大事的局面。没有这样全面职能的水管机构主导,从统一规划、各方协调、统一监测和统一实施等各个方面来看,这样巨大的工程都是难以实施的。这一经验也值得城镇化中的城市管理借鉴。

青草沙水库的建成和运行,也是城镇化使城市健康发展,居民安居乐业的典型事例,人民的满意度是河长是否称职的第一标准。

3. 青草沙水源地原水工程规划

具体措施是在长江中心建青草沙水库。青草沙水库是上海"十一五"期间投资额最大的单体工程,总投资达170亿元,利用长江中间优质水源,是关系上海民生和城市供水安全的"百年工程"。

青草沙水库依托距入海口27千米的江中心的长兴岛而建,总面积66.26平方千米,有效库容4.38亿立方米,咸潮期最高蓄水位7.0米,运行常水位6.2米。这样一个大型水库建在江心,在世界水库建设史上尚无先例,其决策是水利工程上的大胆创新。

规划青草沙水源地供水范围为杨浦区、虹口区、闸北区、黄浦区、卢湾区、静安区、长宁区、徐汇区、浦东新区、南汇区等10个区的全部以及宝山区、普陀区、崇明县、青浦区和闵行区等5个区的部分地区。

2005年12月20日—22日,上海市水务局组织国内9个相关学科26位资深专家对上海市长江口水源地选址方案进行审查论证。审查意见认为,青草沙水源地研究成果符合相关规划,是目前上海市境内地表水水质最优、受周边污染影响风险较小、易于保护的水源地,研究提出的水库圈围工程、取水泵闸、输水泵站、过江管线、陆域输水管线及增压泵站等技术方案均基本可行,建议先行建设青草沙水源地工程。

经过15年的论证,青草沙水源地具有淡水资源丰沛、水质优良稳定、可供水量大、水源易保护、有利北港河势稳定、供水潜力巨大、防海水咸潮、抗风险能力强和规模效应明显等综合优势,符合上海城市发展总体布局,以及上海水源地"百年"战略要求,是上海新水源地的首选方案。

青草沙水源地工程建成后,可充分利用长江口青草沙水域优质充沛的淡水资源,北与长江陈行水库系统相连,南与黄浦江输水系统相接,互为补充和备用。

2006 年 1 月 20 日,建设青草沙水源地被正式纳入《上海市国民经济和社会发展第十一个五年规划纲要》。2007 年 6 月 5 日,青草沙水源地原水工程正式开工建设。青草沙水源地原水工程计划于 2010 年部分投入运营,2011 年 9 月已开始供水,2012 年基本竣工,2020 年将达到设计规模。

七、河长要科学运用工程手段——珠江东深香港供水工程

香港地处广东珠江口东侧,南海北岸,在深圳河以南包括香港岛、九龙和"新界"及附近 230 多个大小岛屿,面积 1092 平方千米,人口 670 万。尽管是亚热带湿润气候,年平均降雨量达 2 200 毫米,水资源总量仅约为 1.7 亿立方米,但每平方千米人口达 0.59 万,人均水资源量为 25 立方米,远远达不到维持可持续发展的最低水量,人均 300 立方米的标准。因此,依靠外来水源是必然结果,来路有两个,一是从大陆供水,二是海水淡化,目前看来从大陆供水水价仅为海水淡化的 1/4,是比较经济的办法。

作者前后四次到香港,深感香港的工作效率之高和经济活力之强,但是土地和水资源是香港可持续发展的制约因素。土地是不可调配资源,只能通过提高单位面积土地的利用效率和效益来解决问题。水是可调配资源,所以除了同样要提高单位水利用的效率和效益以外,补充调水是一个重要手段。不但解决水量问题,还要解决水质问题,东深供水改造工程就是为了这一目标而兴建的重要工程。

香港供水率达到 99.8%,即所有人使用自来水。水厂 19 座,总供水能量 430 万立方米/日,日平均供水约 250 万立方米,即年供水 9.1 亿立方米。人均用水为 135 立方米/年,为全国平均值的 1/3 弱。供水中 75% 来自海水,只有 5% 来自本地自产水资源。

1. 东深供水工程概况

早在 1963 年,香港大旱,时任国务院总理周恩来就直接关心香港的供水问题,1964 年 2 月,东深供水工程正式动工,并于 1965 年 1 月建成,当时每年向香港供水 6 820 万立方米。

所谓东深供水工程,就是引珠江的东支流东江的水源,通过深圳向香港供水。随着香港经济的发展,需水量不断增大。应香港政府要求,于 1974—1978 年进行第一期扩建工程,对港供水量增加到 1.68 亿立方米;1981—1987 年进行二期扩建工程,对港年供水量达 6.2 亿立方米。三期扩建工程于 1990 年 9 月动工,1994 年 1 月全线通水。三期工程建成后年总供水规模为 17.43 亿立方米,其中向香港供源水 11 亿立方米,供深圳源水 4.93 亿立方米,沿线用水量 1.5 亿立方米。工程设计供水能力 80.2 立方米/秒。

这次东深供水改造工程实际上是东深供水的第四期工程,自 2000 年 8 月 28 日动工,至 6 月 28 日全线完工,总投资 49 亿元,节约投资 6.0 亿元。改造后为香港供水 11.0 亿立方米,为深圳供水 8.7 亿立方米,内东莞供水 4.2 亿立方米,工程设计供水能力 100 立方米每秒。

东深供水改造工程并没有增加对香港的供水量,但是水质大大提高,保证向香港供 Ⅱ—Ⅲ 类的原水,符合进入自来水厂的原水的国际标准,把水质提高了一类到一类半。水质之所以有如此之大的改善是因为把过去利用石马河天然河道敞开式的输水,改造为基本封闭式的管道输水,不仅拦截了向输水排放的污染,而且使污水与输水立体交叉,清浊分明。

东深供水改造工程在工程上是一个创举,它采用了多项国际水平的先进技术,如建成总长 3.9 千米的世界同类型最大的现浇予应力混凝土 U 形薄壳渡槽、长达 3.4 千米的现浇环形后张无黏结预应力混凝土地下埋管和液压式全调节立轴抽芯式混流泵等,在工程质量和工程管理上也达到了前所未有的高水平。

东深供水改造工程还带来了什么工程以外的启示呢?东深供水改

造工程是适应先进生产力发展要求,在"以水资源可持续利用保障可持续发展"的资源水利思想指导下,按资源系统工程管理学规律办事的新工程。

2. 东深供水改造工程是第一个以改善水质为主要目的的大水利工程

东深供水改造工程可以说是我国以改善水质为主要目的的最大的水利工程,这本身就有深远的意义。

任何自然资源都有量和质的两个方面,水也一样。过去的水利工程都以防洪和供水的数量为目的,由于当时水资源还不太短缺,水污染也不太严重,在生态系统的自净能力之内,水质的问题还没有提到日程上来。而现在随着水污染日益严重,人民生活水平的提高和生产的发展,水质的问题越来越突出,所以东深供水改造工程为香港 670 万人民、深圳 400 万人民和东莞 150 万人民提供良好质量的供水,使该地区人民有更高的生活质量和发展高技术产业的水资源基础,是有划时代的意义的。

3. 东深供水改造工程就是供给侧结构改革的实例

香港、深圳和东莞都是经济发展程度高,水资源利用效率高的地区,2001 年,香港人均国内生产总值(以下简称 GDP)2.44 万美元,深圳为 1.79 万美元,东莞为 0.45 万美元。

万元 GDP 用水量,日本为 25 立方米,深圳为 60 立方米,美国为 62 立方米,香港为 66 立方米,韩国为 70 立方米,东莞为 72 立方米,天津为 105 立方米,北京为 138 立方米,上海为 215 立方米。由此可见,深圳、香港和东莞都有很高的用水效率。水资源优化配置的原则是"合理需求,有效供给,以供定需,供需平衡",就是要在保证人民生活基本需求的前提下,满足用水效率和效益高的地方的需求,向这些地方供好水,促进先进生产力的发展,带动用水效率和效益低的地区,就是水的供给侧结构改革。同时,以用水效率和效益高的地区的积累来在各地修建东深供水改造工程一类的工程,对用水效率和效益较低的地区给以强有力的支持。

4. 东深供水改造工程促进全流域生态建设和共同可持续发展

在东江供水沿线，广东省本来就已采取了一系列保护水质的法规、政策、经济和生态措施，东深供水改造工程全线封闭更进一步增强了流域3万多平方千米内1200万居民的水资源保护意识，尤其是对无法封闭的上游水源地的水资源保护工作更是很大的促进，从而实现全流域共同可持续发展。

东江的上游在江西南部和广东北部地区，江西寻乌、安远和定南三县的寻乌水和定南水是东江的源头，自20世纪90年代，在那里进行的"猪沼果工程"是保护水源的一个典型例子。所谓"猪沼果工程"就是在这一传统养猪地区办沼气站，植果树林。以猪粪便产生沼气，成为当地农民的燃料，再把产生沼气后的残渣制成优质有机肥料作为果林的肥源。这样，猪粪便集中处理，不再污染水源；农民用沼气，不再砍柴割草做燃料，保住了植被，防止水土流失的污染，沼气残渣肥料又使果林扩大，进行水土保持，自然降解的有机肥，还避免化肥的污染，为水源地保持了良好的生态系统。

"猪沼果工程"完全是一个生态工程；同时，农民扩大养猪和种果树规模，增加收益，不再打柴割草，大大节约了劳动力，使用沼气大大改善了生活条件。同时实施的多种小流域治理措施，有力地促进了包括上下游在内的全流域可持续发展。

八、河长要学用系统论——横断山区三江大坝如何建

目前在横断山地区利用金沙江、澜沧江和怒江三江地区大量修建梯级电站，利用水能，引起环保界和国际上颇多议论，大坝能不能建，水电站该不该修？作者经过详细调研给出的答案是在不对生态系统产生大干扰的前提下，应全面提高水资源、包括其水能部分的利用效率。看来对今天的情况，还仍然是适用的。

2004年5月19日，时任云南省省长徐荣凯在作者《云南横断山三江

流域水利用的资源系统工程分析》的报告上做出了批示:"非常感谢吴司长写出三江并流这么高水平的文章,感谢吴司长的支持。"

云南横断山的河流不仅集中有我国前十条大河中的三条,而且河流自然形态独特,因此开发利用方式也会与其他地区有很大区别,尤其是目前对水电开发有很大争议,值得认真研究。

作者考察过世界的主要大江大河,也到过地球四大自然奇迹,即西藏高原、美国和加拿大之间的尼亚加拉大瀑布、东非大裂谷和美国的科罗拉多大峡谷。作者认为云南横断山的金沙江、澜沧江和怒江三江流域被称为第五大奇迹是当之无愧的。三江并流被列入联合国世界自然遗产名录、香格里拉的神秘传说举世瞩目就说明了这一问题。

作者到达横断山的三江流域时深切地感到自然的震撼力,三江之水以几十米的落差飞流而下,犹如一条巨龙劈开了千山万仞,奔腾不息,峡谷连着峡谷,险滩接着险滩,真是神工鬼斧。科罗拉多大峡谷也有这般气势,但它却只有一条河,而这里是三江并流。科罗拉多河地处荒原,降雨量不到 200 毫米,河谷植被稀疏;而三江流域降雨量在 600~1 500 毫米,整个河谷郁郁葱葱,是世界独特的自然景观。虽然经多年破坏,河谷内外原始森林已十分少见,但生态恢复的生机尚存,只要认识到位,措施得力,在 10~15 年内让世界认识这第五大自然奇迹的可能性是完全存在的。

1. 云南横断山三江流域概貌和特点

云南横断山地区自西向东排列主要有怒江、澜沧江和金沙江三条河流。其主要特点如下。

(1) 河长和年径流量都在我国名列前茅

① 金沙江是长江上游,发源青藏高原,经云南境内流入四川,在云南石鼓断面年径流量为 416.0 亿立方米。

② 澜沧江在我国境外称湄公河,发源于青海唐古拉山北麓,经青海西藏入云南,又从云南西双版纳州勐腊出境,多年平均出境流量 738.1 亿立方米。干流全长 2 153 千米,流域面积 16.4 万平方千米;其中云南

部分干流长 1170 千米,流域面积 9.2 万平方千米。

③ 怒江在我国境外称萨尔温江,发源于西藏北部唐古拉山南麓安多县,从云南潞西出境入缅甸,多年平均出境径流量 709.7 亿立方米,我国境内干流长 2 020 千米,流域面积 12.6 万平方千米;云南境内长 619 千米,流域面积 3.4 万平方千米。

(2) 三江地貌特殊

三条江并流,其中两江最近距离仅 20 千米,在大约 200 千米内三江河最长距离不过 80 千米,顺横断山峡谷奔腾而下,落差很大,蕴藏着丰富的水能资源,但地处高山深谷,难以将水用于农业灌溉。上游地区三江并流,已于 2003 年被列入联合国教科文组织的世界自然遗产名录。金沙江石鼓以上段落差达 3 000 米;澜沧江在我国境内总落差 4 583 米,其中云南部分总落差 1 780 米;怒江在我国境内总落差 4 848 米,其中云南部分落差 1 131 米。这些河流的支流落差几乎都在 1 000 米以上,有着丰富的水能资源。

(3) 三江流域都是经济不发达以至贫困地区

2003 年,金沙江上段(石鼓以上)流域国内生产总值仅为 9.8 亿元,人口约 30 万人,人均 GDP 约 3 000 元;云南澜沧江流域国内生产总值为 290.0 亿元,人口 600 万,人均 GDP 约 4 830 元;云南怒江流域国内生产总值 105.2 亿元,人口约 290 万,人均 GDP 约 3 630 元。三地区均在全国已达到的人均 GDP 小康标准 1 000 美元的一半左右,是我国最贫困的地区之一。

2. 发展水电是地区经济发展的必然选择

三江流域水能资源丰富,又是贫困地区,水能资源的开发利用是必要的,但是如何因地制宜地统筹人与自然和谐发展是问题的关键。

(1) 取用水量很低

云南境内澜沧江流域取用水总量 21.9 亿立方米,仅占年径流量的不到 4.0%;人均综合年用水量 369 立方米,为全国平均水平的 88%。云南境内怒江流域取用水总量为 8.4 亿立方米,仅占年径流量的不到 3.0%;流域人均综合年用水量 288 立方米,仅为全国平均水平的 69%;金沙江流域的这两个指标都更低。

（2）提高水利用率可能性不大

维系河流流域良好生态系统的最高取水率为 40% 以下,而三江流域仅为 4% 以下,而且三江流域人均用水量都低于全国年均水平,存在有水不用的状况。因此,提高用水率发展经济是必要的。

但是,三江流域高山深谷,受土地资源和水位太低的局限没有大规模地发展农业的可能;"地无三尺平",只有小坝子,也没有发展中大城市的可能性,取用水率难以提高。

（3）三江流域无法发展航运业,旅游业也难以大发展

三江落差大、河窄、流急、湾多、滩险,大船无法长距离通航,难以发展航运业。第二次世界大战时,在我国抗日的最紧要关头,急需盟国从缅甸运输物资,也只能沿江修滇缅公路,而无法利用水运。

三江有较好的气候和自然风光,海拔也不太高,现在又有了世界自然遗产。但是,陆路交通不便,旅游点之间又相距太远,利用水资源大规模发展旅游业在近期也是不可能的。

（4）其他产业也难以发展

三江流域没有大宗的易于开采的矿产资源,开发矿业没有条件,同时又属于科技和教育较落后地区,目前更没有可能开发高技术产业。三江流域不发展不仅不符合当地人民的利益,对国家来说也不符合统筹区域发展的科学发展观和可持续发展原则。

综上所述,目前三江流域利用资源发展经济的必然选择就是水能资源,就是以占全国 1/5 的水能资源开发水电。但是一定要遵循人与自然和谐的原则,要有系统全面的规划,不能无度开发,不能破坏我国仅有的健康河流,应科学开发。

在一片净水的三江流域的水电开发必须遵循下一节提出的"四生"原则,建生态水库。

九、河长要创新工作模式——在漓江兴建我国第一组 生态水库

美国发行量第二大报《华尔街日报》记者问作者:"你们组织的桂林漓江水系规划的生态水库是世界第一个吗?"作者回答说:"这样规模的、以生态系统修复为目标的水库据我所知是世界第一个。瑞士有,目标不太明确,而且规模小。"实际上,桂林漓江上游《广西桂林市防洪及漓江生态补水控制性水利枢纽工程》方案在 2003 年 11 月已经提出。

这一次不过是在 2004 年 1 月漓江水系规划中提出生态修复、防洪和发展旅游业多目标体系,但生态修复是第一位的。而且第一次提出了"以生态效益为目标,在科学发展观的循环经济思想指导下,生态规划、生态设计、生态施工、生态运行"的"四生"原则,在桂林节水防污型社会建设试点的漓江水系规划统筹考虑中,对拟建的漓江上游斧子口、川江和小榕江三个水库提出了更明确的生态目标,并据此进行了修改。

1. 什么是生态水库

当前,国际上不少人都把大坝、水库与破坏生态几乎画上了等号,因此,讨论什么是生态和有没有生态水库是十分必要的。

（1）什么是生态系统

所谓生态,国际共识指的是"生态系统"。自 1866 年德国的海克尔（E·H·Haeckl,1834—1999）提出生态学（Ecology）、1935 年英国的坦斯莱（A·G·Tansley,1807—1955）提出生态系统（Ecological System）、20 世纪 70 年代初联合国组织提出"人与生物圈"（Man and Biosphere）以来,生态系统的定义"人与其他生物及其所处的有机与无机环境所构成的系统"也已经是国际共识。

如今,所谓"生态"观点已经发生变化。

① 19 世纪海克尔提出的生态学,演变到今天已经从无人系统发展到有人系统。在世界上已有 72 亿人,平均每平方千米 49 人,在人类可能

居住地区的平均值已达到近百人。在这种情况下,人与生态系统的关系和有人生态系统的研究已成为主流。

② 生态系统研究的目的就是系统中人、其他生物和无机环境的动态平衡,从而实现系统中协调的可持续发展。这个平衡是函数的、复杂的、周期的和动态的平衡,而不是算术的、简单的、瞬时的和静态的平衡。

③ 生态系统的研究应该以最新科学成果系统论、信息论和控制论为指导,全面、统筹地分析问题。

（2）人类活动使自然生态系统失衡

自然生态系统严重失衡后断续发展的现象是存在的,如冰河时期,但是这种剧变的周期长度从几万年到几十万年。人类目前处在自然可持续发展的周期,这正是人类得以产生和发展的根本原因。在自然可持续发展的周期内,也会出现或大或小的失衡,但都在自然生态系统的自修复能力之内。

随着人类的产生、发展直至今天,自然生态系统日益加剧的失衡主要是新因子——人类的活动造成的;当然,不排除短时间的、局部的失衡是由自然造成的,如洪灾、地震等。

举一个例子就可以说明这个问题,在 200 年前,即工业革命完成之前,大部分地区水是清的。那时自然界的食物链循环使污染物很少排出,人类生产活动主要是传统农业,基本附着在自然循环之上,排除的废物在生态系统的自净能力之内,因此水清山秀。今天污水横流,主要是现代工农业生产的排污总量大大超过 40 立方米清水净化 1 吨中等污水的自净能力,破坏了"绿水青山",大大降低了其作为"金山银山"的价值。

（3）生态水库

无论是自然还是人类的活动引起生态系统的变化,都既可能对其动平衡有利,又可能有害。如河流形成入海口三角洲冲积平原这一自然变化,适于人类居住、生产,大大提高人口密度,就对大系统的平衡有利。其实在最古老猿人头骨发现地——肯尼亚的东非大裂谷,正是由于森林面积锐减,猿人需要直立行走和劳动取食,才从猿到人的,显然,这一地区恢复原有森林面积,反而是破坏了今天的生态平衡。

修水库一定会改变生态系统,但并不一定不利于生态系统的动平衡和可持续发展,反之,完全可能有利于这一动平衡和可持续发展,关键在于以什么样的指导思想、在什么地方、以什么样的方式,修什么样的水库。如果一切方法措施得当,完全可能出现"生态水库"。

在桂林漓江修的水库就是要生态规划、生态设计、生态施工、生态运行,从而产生生态效益,因此它是生态水库。

2. 漓江上游修库补水的生态需求

桂林以上漓江干流总长 105 千米,主要由干流上游六洞河,川江、小榕江和桃花江等较大支流组成,集雨面积为 1970 平方千米,占上游总面积的 71%。桂林市区以下至阳朔 86 千米江段是桂林漓江景区,以秀甲天下闻名于世,是仅次于北京、上海和西安的外国游客在我国的第四位选择。2002 年接待境内外游客分别为 997 万人和 98 万人,旅游总收入49.33 亿元,占桂林全市国内生产总值的 14%,如果考虑到拉动产业,则约占桂林国内总产值的 1/3。

桂林地区平均年降雨量高达 2000 毫米,但年内分配极不均匀,80%集中在 3—8 月的 6 个月中,9 月至次年 2 月仅占 20%。年平均流量为133 立方米每秒,多年平均最枯流量仅为 10.8 立方米每秒。

(1) 漓江补水的直接生态需求

漓江断流自古有之,但近年由于人类活动大量取水而显著加剧,人工补水是生态需求。目前桂林以上漓江总取水量常年维持在 9 立方米每秒以上,为解放初的 6～8 倍,使漓江在枯水期几近枯竭。

同时,在漓江枯水期,除游客减少带来的排污减少外,占主要部分的其他排污量不变,因此枯水期漓江污染严重,没有足够的水量冲刷,将积累成本底污染,逐渐形成污染的内源,估计将在 10～20 年内使千年清江变浊,毁掉漓江。巴黎的塞纳河、伦敦的泰晤士河和德国的莱茵河段,在形成污染内源后倾力治理了 30 多年,至今水体仍在Ⅳ类,塞纳河中至今基本见不到鱼,不宜游泳,给漓江敲响警钟。

搬走桂林漓江流域的居民是不可能的,唯一的解决办法是在达标排放、污染处理的前提下修库给漓江补水,恢复和加强漓江自身的冲刷、稀释等生态修复能力。在枯水期应至少达到 50 立方米每秒以上的流量。

(2) 漓江补水的间接生态需求

在 83 千米的旅游航程,漓江每年平均有 5 个月仅能通航 10～20 千米,不仅大大减少了游客数量和旅游收入,还极大地影响了旅游声誉。世界著名旅游胜地如巴黎、威尼斯和新加坡等地都是全年适游,桂林有同样的气候条件,却成了季节性旅游地。据估计,修库给漓江补水后可直接使旅游收入翻一番,使得已有强烈生态保护意见的桂林市政府有财力实施我们协助制定的水资源和生态保护规划。

(3) 防洪也是维系生态系统平衡

桂林漓江流域集水量大、高程差大、降雨集中、控制工程不足,历史洪峰最高流量达 7 810 立方米每秒,平均每两年发生一次灾害性洪水,1949 年和 1998 年大洪水都使桂林市区近一半面积受淹,1998 年受灾人口 48.8 万,直接经济损失达 21.6 亿元。

按目前规划,在上游修库与原有水库联合调度,可使桂林市百年一遇洪峰流量 7 090 立方米每秒削减至现有防洪堤安全泄量 4 850 立方米每秒以下,补堤修库结合可使桂林市的防洪能力达到百年一遇,维系生态系统平衡。

3. 水库的生态规划

所谓生态规划就是以修复被人类活动改变的生态系统为目的,尽可能扩大对生态系统的正效应,尽可能减少和补救对生态系统的负效应。正如水利部汪恕诚所做的科学分析,要对不同流域、不同河流、不同河段和不同坝址做具体分析。人类活动加剧、漓江断流,就应修库补水修复生态系统。拟在漓江干流六洞河上修斧子口水库,多年平均生态补水量为 1.37 亿立方米,在支流川江上修川江水库;多年平均生态补水量 0.67 亿立方米;在支流小榕江上修小榕江水库,多年平均生态补水量 1.11 亿立方米;专门为生态补水。加上原有以灌溉为主要目的的青狮潭水库可用生态补水量0.98亿立方米,总计生态补水量可达4.12亿立方米,可以使漓江枯水期流量达到60立方米每秒以上,实现生态补水复流,使水环境容量增大一倍。但规划要全面考虑各方面的生态因素。

(1) 以生态保护旅游区将移民负效应减到最低

移民是修建水库最大的间接生态负效应,大量移民无论是就地上靠还是迁至他处,都给新地区带来了很大的负生态效应。但三库地区移民量很小,目前总计5541人,而且全部下撤在生态保护旅游区安置工作。

三库兴建后在上游形成600平方千米的生态保护旅游区,下撤5541名农民全部在就近村落安置,加上安置后被占地农民共6000人,其中劳动力全部转为保护区职工,共约3500人,保护区平均6人/平方千米,符合国际标准,每年尚可接纳游客328万人/天,在桂林形成第二旅游区。即使上客率只有50%,年营业额也可达6亿元,足以使3500人就业并大大提高他们的生活水平,而且可以还贷,同时使上游地区得到更好的保护。

(2) 蓄水后流速变化,影响水质

在非泄水期,下游流速会有所降低,水温升高,影响水质,但三河高程差均较大,下游河流仍将保持较高流速,影响不大。水库蓄水存在水温升高水质变差的情况,但可维持在8~12℃,影响不大,而且库区居民全部迁出,污染源消除,正负可以相抵。

(3) 淹没森林引起的大气变化

库区如淹没森林,非但无法进行光合作用,反而释放有害气体,是国外修水库的大问题。但三库地区淹没森林面积很小,总计为30平方千米,且已规划在放水前全部砍伐,可把这种负效应减到最小。

(4) 对洄游繁衍渔业的影响

水库修建截断洄游繁衍鱼类通路,引起物种灭绝的影响,也是修水库的重大负效应。三库工程影响到倒刺鲃,白甲鱼和密鲴等几种鱼类,可用在坝侧修鱼道的方法解决。

（5）泥沙问题

筑坝使库区泥沙淤积,下游泥沙量减少。三库地区由于植被和土质的原因泥沙含量很少,漓江素以水清见称,这个负效应很小。斧子口、小榕江和川江水库在运行 30 年后淤沙分别占死库容的 32.3％、37.0％和 27.7％;水库分别在运行 90 年、80 年和 105 年后死库容才被淤满。

（6）对自然与人文景观的影响

修库蓄水后改善了自然景观,只有茨林口遗址一处古迹未列入文物保护目录,但也已列为专项搬迁。

（7）可能引起的地质灾害

建库可能引起的大规模滑坡等地质灾害的可能性极小。

4. 水库的生态设计

在水库容量、功能和保护区设计上都要本着生态的原则。

（1）水库取水量小于年径流量的 40％减低生态负效应

修坝蓄水的最大直接生态负效应在于大量取水以后,径流量变化,下游地下水位降低,以致植被减少或消亡。据联合国多案例统计平均值,取水小于年径流量 40％则不致有大影响,斧子口、川江和小榕江三个库取水(指蓄满库容的高限)分别为 39％、36％和 31％。加上库区地处降雨量高达 2000 毫米的地区,负效应更小。

（2）水库生态补水功能

三个生态水库与一般水库不同之处在于除泄洪外,还要向下游正常输水,应设计相应的多条输水通道,尽量减少改变河道的生态影响。

（3）采用涵洞连结三库

为增强旅游功能,使三库相连是必要的,但通路不能采取盘山路,要以涵洞相连,可最大限度地减少植被破坏,保持生态系统原貌。

5. 水库的生态施工

目前出现一种偏向,对兴修水库有两种极端的做法,一种是一概否定;另一种是一经批准就不文明施工,当然更谈不上生态施工了。不文明施工完全没有生态考虑,任意修施工道路,扩大施工面,破坏植被、堵塞河道,其实这些问题都是可以通过生态施工来解决的。

对三库的建设,提出文明施工的具体要求:

（1）尽可能少修施工道路

施工应尽可能利用原有道路,或兴修规划中的道路,一举两得;尽可能减少单纯为施工修的道路,保护植被。

（2）尽可能减少作业面

不能一批准施工就满山乱挖,规定作业面;妥善处理碎石,严禁堵塞河道,写入招标条款,违者罚款。

（3）彻底清理库区

在施工中要彻底清理库区,清除一切内污染源,尤其是将淹没的森林。

6. 水库的生态运行

对生态水为来说,更为重要的是建成后的生态运行。

（1）生态保护旅游区的管理

三库之所以能成为生态水库,关键在于对库区的生态保护区的管理。要建立专门机构,订立规章,派懂生态的专家领导,对移民职工要进行严格培训,创建自收自支的、市场经济新型事业单位。

（2）形成六江、四库、四湖、一湿地的漓江水系科学调度

通过三库和一系列工程的建设,在桂林市、兴安县、灵川县、临桂县和阳朔县范围内构成漓江、川江、小榕江、甘棠江、桃花江和相思江六条江,青狮潭（已建成）、斧子口、川江和小榕江四个水库、桂林市内杉湖、榕湖、桂湖和木龙湖四湖,相思江湿地一湿地构成一个水系,通过科学调度和优化配置实现生态效益。

（3）运行的关键是生态补水

对于保护区和水系,运行的关键是以现有的一系列生态标准为指导,科学蓄水、生态补水,保证做到:

① 确保三库全部蓄水为生态用水。

② 下游地区地下水位不降低。

③ 漓江枯水期最低保证 50～60 立方米/秒流量。

④ 六江、四库、四湖和一湿地科学蓄水、科学互济、科学更替,保证江河不断流、湖泊不萎缩、湿地不干涸,水质均达到水功能区划标准。

⑤ 保证粮食种植面积不压缩,产量有所增加,农民收入有所提高。

相信通过在循环经济思想指导下生态规划、生态设计、生态施工和生态运行的保证,一定能最大限度地减小水库建设的负效应,在产生巨大的生态效益的同时产生可观的经济效应,使经济循环与自然生态系统相和谐,并附着在自然生态系统良性循环之上,成为真正的生态水库。

十、河长要让流域居民安居——塔里木河下游英苏村的居民搬回来了

塔里木河下游尾间的英苏村维吾尔族居民因缺水曾一度搬出,村中几乎无人,但是为什么又搬回来了? 这是作者主持沙漠中溯本,在饥渴中求源,在风沙中找路,从而制定科学的规划,力导实施的结果。

作者经过全面的实地调研,在沙漠中追溯生态史,主持制定和指导实施了《塔里木河流域近期综合治理规划》,成效明显,至今塔里木河尾间台特玛湖始终保持着一定湖面,最大时曾达到 200 余平方千米。

1. 追溯沙漠绿洲的生态史

由于没有任何资料可查,而可用水量极其有限,只能采用追溯生态历史的方法制定科学的恢复目标,不让节约下来的灌溉水白白流入无限荒漠。据世代在这一带居住的 109 岁的维吾尔族老人阿不提·贾拉里(2000 年作为世纪老人在京受到时任国家主席江泽民的接见)在村中他家里说,历史上的英苏是一个(典型的)荒漠绿洲,塔里木河在此转弯,形成一个约 3×2 平方千米的小森林生态系统,有 20 多户的维吾尔族英苏小村。

① 植被——乔木:较密的胡杨林;灌木:很密的红柳;草:茂密可

放牧。

② 野生动物——鹿、黄羊、狼、野兔形成群落,长期生存。

③ 地下水位——挖几米即可出水,从胡杨林生长需求看,埋深小于7米。

由此制定了以有限的水在茫茫大漠中修复绿洲的规划。

2. 输水前后情况比较

当按照河流水系统动平衡方程把中游节约的有限的水下输后,英苏村发发生了巨大的变化。

(1) 输水前的情况

① 植被——林区蜕化为半荒漠地区,胡杨干枯,红柳少且干黄,草近绝迹。

② 野生动物——动物群落绝迹,偶尔出现外来黄羊。

③ 地下水位——埋深降到 12~13 米。

④ 居民状况——全部迁离。

据此决定输水的路径、总量、批次与时机,修复生态系统。

(2) 输水后的情况

① 植被——胡杨有新芽,红柳返绿,草在输水河床上成片长出。

② 野生动物——较多见到黄羊、野兔。

③ 地下水位——埋深平均 7.8 米,最高地下水位达到 4.5 米。

④ 阿不来提·贾拉里老人说:"江主席给放水,我们搬回来了"。

这就是生态修复的初步效果。

3. 修复生态系统的效果

由于当地生态史的追溯研究,制定了科学的输水规划,优化配置了有限的水资源。自 2002 年起做到塔里木河至英苏村不断流,到 2005 年底沿河约 2×1 平方千米小森林生态系统已经恢复,取得了明显的效果。

① 植被——胡杨复苏并新生,红柳大大增加,土地沙化被遏制,草地已经恢复。

②　野生动物——除鹿的情况尚需观察，其余均已恢复群落长期生存。

③　地下水位——维持在埋深 5～6 米。

④　居民——20 户的农牧小村已经恢复，至 2016 年已经扩大，而且成为旅游点。

由此可见，一个生态系统的动平衡完全被打破到不可逆转的状态也不是轻而易举的。生态系统，即便是很脆弱的生态系统也有很强的自我修复能力，如果科学地给以外力，没有被人类彻底摧毁的生态系统通过人类建设而逐步恢复是完全可能的。同时，更应该看到，生态系统的恢复不是一朝一夕能够实现的，它是个长期的过程，一般比其被破坏来得慢，其代价也比破坏时的"受益"大得多。因此，维护生态系统，不要"先破坏，后建设"，是人类近百年来经济发展取得的最宝贵的经验。

继续输水至 2011 年共达 12 次，使台特马湖最大水域面积达到了 300 平方千米。湖区周边红柳、胡杨、芦苇等植物面积明显增加，野鸭、野兔、水鸟等野生动物数量也呈增多趋势，水环境得到极大改善，但水深只有几十厘米，远不及当年。台特马湖是罗布泊的一部分，湖北岸就是罗布庄，台特马湖的初步恢复预示着在中国地图上已经消失的罗布泊修复已经开始了。英苏小村人气越来越旺，不少人都前去参观。

第四篇　河长制的科学原理

河流的流域是自然生态系统的科学空间划分,河流的流域也是自然水循环的系统,而这两者的科学理论基础都是系统论。流域是人类文明的起源。特定流域内水资源总量是对经济社会发展永续支撑力的基础。河长的工作就是要以文明与科学把握自然水生态系统的内在规律。

一、以系统论指导尊重自然、顺应自然、修复自然

河长的责任就是把城乡的人工生态系统和谐的叠加在流域的自然水生态系统之上。

1. 水生态学系统论的基础

生态系统中的各个物体或者称为各个元素是相互联系,互相影响的,这个系统是一个非平衡态复杂巨系统,这种互相关系目前还无法建立一个准确的数学模型来表达,由于其参数之多,变化之快也无法用计算机解析。

系统论是美籍奥地利生物学家和哲学家路·贝塔朗菲于 20 世纪 30 年代创立的。自系统论成为一门科学以来,它已经有明确的定义、特征和分类。

系统现代的定义是"由若干元素按一定关系组合的、具有特定功能的有机整体,其中元素又称为子系统"。科学的系统研究必须确定系统的元素,划定系统的边界。

（1）系统的基本特征

一般的系统具有如下几个特征。

① 集合性：系统至少由两个以上的子系统组成，如自然资源可分为土地、淡水、森林、草原、矿产、能源、海洋、气候、物种和旅游十大子系统；

② 层次性：系统可以分解成不同等级（或层次）的子系统，如淡水水资源系统又可分为地表水、地下水、土壤水和高山积雪等二级子系统；

③ 关联性：子系统与子系统间、子系统与系统间、系统与外部环境间都按一定关系相互影响、相互作用，如地表水系统和地下水系统之间相互影响、相互作用，以至相互转换；

④ 功能性：系统具有特定的功能，如地下水子系统实际起到天然水库的功能；

⑤ 整体性：系统是一个有机的整体，如地表水、地下水、土壤水和高山积雪都可以相互转换；

⑥ 有序性：系统内部按一定的规律运行，如水生态子系统按水循环规律运行；

⑦ 平衡性：系统在不同情况下处于平衡或非平衡两种状态，如在多年周期中，水资源总体上处于平衡状态。

（2）系统的类型

从系统论的观点来看，世界上任何事物都可以看作是一定的系统，而任何事物都以这样或那样的方式包含在某个系统之内，系统是普遍存在的。各种各样的系统可以根据不同的原则和条件来分类。

① 按人工干预的情况可划分为自然系统、人工系统、自然与人工复合系统；

② 按复杂程度可分为简单系统、复杂系统、超复杂系统；

③ 按规模大小可分为小型系统、中型系统、大型系统和巨型系统；

④ 按状态可分为平衡态系统、非平衡态系统；

⑤ 按与外部环境关系可分为开放系统、封闭系统、孤立系统。

例如，经济系统和生态系统都是非平衡态的超复杂巨型系统。这些基本知识都是后面讨论自然资源系统要用到的。

以生态学为对象，以系统论为指导思想和分析方法，就构成了现代生态学,或者叫系统生态学,这一个新学科成为被世界认同的人类经济、社会发展新思想——"可持续发展"的理论基础。今天脍炙人口的"节约资源"、"保护环境"、"治理污染"和"修复生态"都是在这一思想的指导下提出来的,"知识经济"、"绿色发展"、"循环经济"和"生态经济"也都是以此为指导思想发展起来的新学科。

河长的责任就是治理好流域的自然生态系统。

2. 自然生态系统的基本概念

综合国外学者和联合国组织对生态系统多次做出的定义,作者认为生态系统应理解为"人与其他生物及其所处有机与无机环境所构成的系统"。生态系统应该有明确的边界,系统应在通过物质和能量循环达到动平衡的前提下发展。生态学研究系统内各因素的关系,同时也研究系统与外界的物质、能量和信息交流。

阳光、大气、水、土壤和矿物资源构成了人类生存的自然环境。为了深入分析环境问题,人们又建立了生态系统的概念。所谓"系统"就是指边界确定以后,由互相关联、互相制约、互相作用和互相转换的组分构成的具有某种特定功能的总体。生态系统的组成如图 4 - 1 所示。

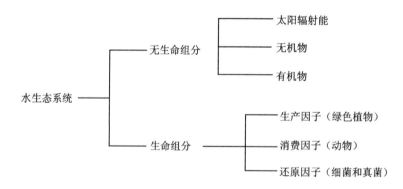

图 4-1 水生态系统的组成

图中河流自然生态系统 6 种组合的内容如下:

① 无机物:河岸与河底岩石、矿物;

② 有机物:河泥与河中动植物;

③ 太阳辐射能：包括形成的河面日照、对大气污染物的吸附和降雨等；

④ 生产因子：指能进行光合作用的各种绿色植物、藻类和细菌；

⑤ 消费因子：指以其他生物为食物的各种水生动物；

⑥ 还原因子：指分解动植物遗体、排泄物和各种有机物的真菌、细菌、原生动物和食腐类动物。

其中河泥是十分容易被忽略的组分，我国南方摒弃了挖河泥作有机肥的传统农业运作，造成大量使用化肥污染河水，而积累的河泥成为河流污染的内源。莱茵河等河的实际表明长此下去清除淤泥将付出高昂的代价，以至无法彻底清除。

3. 自然生态系统的基本规律

生态系统是一个目前尚不能用数学模型准确模拟和计算机来精确解析的仅有的几个系统之一，同样的还有社会经济系统和人的大脑等。

生态系统研究的目的在于认识和正确运用自然规律，正如恩格斯所说："人类可以通过改变自然来使自然界为自己的目的服务，来支配自然界，但我们每走一步都要记住，人类统治自然界绝不是站在自然之外的，我们对自然界的全部统治力量就在于能够认识和正确地运用自然规律"。而自然生态系统是一个非平衡态复杂局系统，其最核心的规律就是生态系统的动平衡规律。

国际研究表明，近十几万年来地球上的自然生态系统是基本稳定的。冰川期过了，造山运动停止了，陆海格局基本稳定；大气温度、降雨量甚至大气环流和大洋暖流都基本稳定；就全球而言，森林、草原、湿地、半荒漠、荒漠和沙漠也基本稳定，这些自然状况就是几万年人类历史得以延续的基础。生态系统是一个远离平衡态的非平衡态复杂巨系统，正是由于自然生态系统没有发生剧烈变化——大扰动，人类才得以生存、繁衍和发展，因此自然生态系统内部的资源循环和动平衡是人类应该认识和正确运用的最基本的规律。

（1）自然生态系统动平衡的基本规律

自然生态系统动平衡的维系有以下三个基本规律：

1）维护生态动平衡

人类发展的历史表明应该维护生态平衡，可持续发展也要求维护生态平衡。实践证明对于现有生态平衡的强扰动、强冲击、大改变、大破坏，只可能带来暂时的经济利益，而不利于可持续发展。

2）生态系统变化的不可逆性

生态系统是非平衡态超复杂巨系统，它的变化是一个十分复杂的过程，如果对它的破坏超过了一定限度，就是不可逆的，或者说是无法修复的，这已经被科学理论和人类实践所证明。因此生态平衡和良性循环只能尽可能维系，而不可能像化学反应一样逆向恢复原状。

3）对生态系统定量分析是维系生态系统的关键

为了进一步认识生态系统，当务之急是生态系统分析的定量化。联合国有关方面为此做出巨大的努力，如确定地表水资源折合径流深150毫米为生态缺水的下限等。当然，这些都是统计分析得出的经验范围，不是理论计算值，但毕竟为研究生态系统提供了必要的参照。

（2）自然生态系统平衡的特点

自然生态系统是一个非平衡态超复杂巨系统，生态系统的平衡有如下特性：

① 生态系统的平衡不是简单的算术平衡，而是超多元的、复变的函数平衡，因此该系统具有自我调节能力。以塔里木河流域的森林子系统为例，不是有多少棵树的平衡，而是乔、灌、草复合森林系统的平衡。降雨少了，胡杨枯一些，红柳长一些，仍达到森林系统的平衡。降雨多了，又会恢复到原来的组合，体现了系统的自我调节能力。生态系统的调节能力使其良性循环得以形成。

② 生态系统的平衡不是瞬时的平衡，而是周期的平衡，因此具有自我修复能力。仍以塔里木河为例，年际雪山融水量和降雨量变化不小，

但从 30 年的长周期来看变化是很小的,塔河自然生态系统甚至自然配置了"一千年不死,(死后)一千年不倒,(倒后)一千年不朽"的胡杨树,它能够在十分干旱的气候条件下长存。在按《塔里木河规划》向下游干枯的胡杨林输水的活动组织过程中,作者亲眼看到枯萎了 30 年的胡杨的新绿,体现了系统的自我修复能力。生态系统的自我修复能力是水生态系统良性循环的基本保证。

③ 生态系统的平衡不是静平衡,而是动平衡,因此具有自我发展能力。生态系统是一个微观非平衡态系统,或者说是一个动平衡系统。几万年内自然生态系统也有较大的变化,例如河流下游冲积平原的形成,但是作为流域自然生态系统有较大的承受能力(河大、冲沙多、冲积平原大、变化大,但流域生态系统大、承受能力大、仍处于总体平衡状态)。动平衡体现了系统的自我发展能力。

二、以协同论探索人与生态和谐的自然规律

生态系统有规律可循吗?有。就是以系统论中的协同论为指导,找出关键的元素——序参量,然后进行模拟,寻求不同生态系统的自然规律,实现人与自然的和谐。

1. 协同论的基本概念

生态系统的科学理论基础是系统论,而地球上的自然生态系统之所以能构成一个持续存在的系统就因为它是和谐的,其和谐构成原因的理论基础就是协同论,协同论是系统论的一个重要分支。

协同学亦称协同论或协和学,是研究不同事物的共同特征及其协同机理的新兴学科,是近十几年来获得发展并被广泛应用的综合性学科。它着重探讨各种系统从无序变为有序时的相似性。协同论的创始人哈肯说过,他把这个学科称为"协同学",一方面是由于所研究的对象是许多子系统的联合作用,以分析宏观尺度上的结构和功能;另一方面,它又是由许多不同的学科进行合作,来发现自组织系统的一般原理。

协同学的创立者是联邦德国斯图加特大学教授、著名物理学家哈

肯。1971年他提出协同的概念,1976年系统地论述了协同理论,发表了《协同学导论》,还著有《高等协同学》等等。

协同论主要研究远离平衡态的开放系统在与外界有物质或能量交换的情况下,如何通过自己内部协同作用,自发地出现时间、空间和功能上的有序结构。协同论以现代科学的最新成果——系统论、信息论、控制论、突变论等为基础,吸取了结构耗散理论的大量营养,采用统计学和动力学相结合的方法,通过对不同领域的分析,提出了多维相空间理论,建立了一整套数学模型和处理方案,在微观到宏观的过渡上,描述了各种系统和现象中从无序到有序转变的共同规律。

利用协同论进行研究,首先是建立系统的模型,其次就要建立一系列的序参量,根据对系统的实地调研和模型的理论分析来确定、决定系统协同有序作用的主要参量,根据这些参量来调节和控制系统达到和谐有序。

作者对水资源系统的研究就是在联合国教科文组织利用大量采集数据的便利和协同论的方法决定了水资源系统的序参量,用"以水资源可持续利用保障可持续发展"的协同论指导思想主持制定了《21世纪初期首都水资源可持续利用规划》、《黑河流域近期治理规划》、《塔里木河流域近期综合治理规划》三个规划,是我国第一批国家级水生态修复规划,不但得到权威专家、中央领导和国际同业的高度评价,其效果至今也得到了三地群众的高度认可。具体成果是:北京在极端困难的条件下,至今保证了水资源脆弱的供需平衡;黑河下游的东居延海从沙尘暴变成旅游热点;塔里木河保住了维吾尔聚集地下游不断流,台特玛湖已经蓄水。

河长的责任就是使流域这个非平衡态复杂巨系统中资源、环境、生态、社会和经济等子系统达到动平衡与和谐。

2. 未知的自然生态系统求解

自然生态系统所遵循的客观规律就是:实践是检验真理的唯一标准,任何专家都要在10～20年后为自己制定的"生态修复"和"生态建设"规划的效果负责,要终身追责。

自然生态系统包罗万象,千变万化,它的许多规律也包括总规律正如"天有不测风云",人们并未掌握。在这种情况下人们如何保护、修复自然生态系统,与其和谐相处呢? 还是有规律可循的,主要有以下几条。

(1) 9000 年来地球自然生态系统自身没有巨变

据考证,距今大约 9000 年前,一颗大彗星在北美撞击地球,自那时以后地球再未经过巨大的冲击。因此,地球的陆地、海洋、山河与湖泊都没有质的大变化,地球的平均降雨量和平均气温没有大变化,动植物的物种也没有大变化。因此,可以认为 9000 年来自然生态系统没有发生质变,9000 年前的自然生态可称为标准的"原生态",可以作为保护和修复自然生态的依据。

今天地球上已经居住了 72 亿人,相当于陆地上平均每平方千米住了 48 人。如果除去沙漠、冻土和极地等不适于人类居住的地区,每平方千米已经住了近百人。人类活动对自然生态系统产生了巨大的影响以至改变,所以恢复到"原生态"已经不可能,但是科学考证(不是主观臆想)9000 年前的原生态应该是保护与修复自然生态系统的最重要的参照之一。

(2) 人为改变自然生态是个不可逆的过程

自然生态系统的变化过程是不可逆的,这已经是科学界的共识。也就是说,人类改变和破坏了自然生态系统,要想原样修复是不可能的。

所以人类与自然和谐就是不要对自然生态系统动"大手术",不要产生大扰动,使之元气大伤。具体来说就是不要滥伐森林,不要不顾降雨量把草原变成农田,不要乱修水库使河流断流,不要跨流域大调水,不要填平湿地等。

(3) 未知自然生态系统也符合统计规律

未知的自然生态系统就无规律可循了吗? 有。它虽然没有可以用数学公式或模型表达的规律,但是它也符合统计规律。作者作为改革开放后第一批出国访问学者,在巴黎近郊的欧洲原子能委员会芳特诺研究所研究受控热核聚变,以蒙特卡洛法(Monte-carto)解决目前数学还无法解决的问题,得出了一个系统发生质变的统计规律。该规律就是,当一个系统的元素发生±15%以上的变化时,就开始发生了质变,对于系统产生较大影响;而发生±25%以上的变化则产生性质的变化,而使系统发生了改变。

气象也是自然生态系统的一个重要子系统,也是个未知的系统。作者曾与我国气象界权威院士进行过探讨,他们说"天有不测风云",天气预报就是用蒙特卡洛法预测的。由于一般得不到完全的、准确的边界条件,准确度一般在70%左右。

再如,一条河流如何用水才可以维系健康河流,也可以通过上述统计规律得出结论,即本流域用水最多不能超过年径流量的40%,因为一些用过的水可回流形成区域地下水;而跨流域调水不能超过年径流量的20%。

85年前的农村调查也符合这一规律,当时毛泽东同志据调查写道:"富裕中农是中农的一部分,对别人有轻微的剥削。其剥削收入的分量,以不超过其全家一年总收入的15%为限度。在某些情形下,剥削收入虽超过全家一年总收入15%,但不超过30%,而群众不加反对者,仍以富裕中农论。"(《中共中央文件选集》第9册,中共中央党校出版社1991年3月版)为什么剥削收入部分不超过15%就是富裕中农呢?看来超过了15%就起了质的变化,但也不排除在特殊情况下可以高到30%。

再如中等身材的成人血液约为5 000毫升,失血15%即600毫升为危险点。当然,这一规律的普适性还待更多的结果证明。

3. 河流水生态系统只能修复,不能再造

作者提出了"生态水"的新理念,水生态修复的第一任务就是为根据水功能区划的不同生态系统保持足够质和量的水——生态水。除江河湖库和湿地外,水生态系统良好的陆地其第一标准就是要能够维系足够浅的地下水埋深。

工业革命后,西方对于经济发展的基本理念是尽全力开发,最大限

度地利用自然资源,来制造产品满足人们几乎是无止境的物质需求(许多是不必要的),想"制造一切"。当看到资源短缺、环境污染、生态系统遭到破坏以后又开始要制造"人工生态系统"。

美国的人工生物圈实验是个证明,1991 年,美国科学家进行了一个耗资巨大、规模空前的"生物圈 2 号"(Biosphere 2)实验。所谓"生物圈 2 号"是一个巨大的全封闭的玻璃人造生态系统,位于美国荒凉的亚利桑那州的奥拉克尔(Oracle),建设共耗资 2 亿美元。底面积为 1.28 平方千米,大约有两个足球场大小。从外面观看,它是一个巨大的玻璃球体,这个封闭生态系统尽可能模拟自然生态,有土壤、水、空气与动植物,甚至还有小树林、小湖、小河和模拟海。1991 年,8 个人被送进"生物圈二号",本来预期他们将与世隔绝 2 年,可以靠吃自己生产的粮食,呼吸植物释放的氧气,饮用生态系统自然净化的水,在固定数量的空气、水和营养物质的循环反复利用下,像在地球上那样生存。

但是,试验开始 18 个月之后,"生物圈 2 号"系统严重失去平衡:氧气浓度从 21%降到 14%,不足以维持研究人员的生命,补充输氧也无济于事;二氧化碳和氮氧化合物的含量都急剧上升;无法模拟碳循环过程。原有的 25 种小动物,19 种灭绝;为植物传播花粉的昆虫全部死亡,植物也无法繁殖。农产品产量大幅下降,无法模拟生态循环。

事后的研究发现:细菌在分解土壤中大量有机质的过程中,耗费了大量的氧气,首先失去氧平衡;而细菌所释放出的二氧化碳经过化学作用,被"生物圈 2 号"的混凝土墙吸收,又打破了碳循环。

"生物圈 2 号"计划设计得巧夺天工,结果都是一败涂地,说明人类对生态系统的知识还实在太少,不论花多大的代价,也不论采用当前拥有的何等复杂、先进的技术都不足以建立哪怕是实验的"人造生态系统"。其后,美国科学家总结经验继续了这一实验,但直至 2000 年作者到亚利桑那时仍没有取得突破性的成功,至今还没有见到成功的报道。

因此,河长对河流只能修复,不能再造,对河流裁弯取直,筑堤占用河道、过度调水和过度用水都是不符合自然规律的,都是对健康河流的破坏。

三、水资源、水环境与水生态三位一体理论

多年来的九龙治水体制,甚至助长了水资源、水环境和水生态是分割的、可以分开管理的非科学理论。

简单地说:水资源指人可以利用的水,主要指生活与生产的利用。水环境指人类生存和生产活动范围内的水体,依人类的活动和感觉而定,人类可以改造和治理。水生态则是指自然界的水生态系统,首先从科学上河流以流域划分,它的存在不以人的主观意志为转移,三者是一体的,不可能分开研究,也不可能分割管理。

从可持续发展的观点来看,水资源的核心问题是水的供需平衡。水环境状态的好坏主要是指江、河、湖、库等水体根据功能区划分对合理排污能否自净。水生态是指在一定的生态区域内,必须保持一定量的空中水、地表水、土壤水和地下水,而该地区的自然生态系统必须具有涵养这些水源的能力。

水资源、水环境与水生态三者之间,水资源是"源",水生态是"基",水环境是"表"。从理论上把水资源与水环境割裂是重大误区,没有水资源哪来的水环境? 这造成了水资源与水环境利用、治理和管理的分割,已经带来巨大的危害。水生态系统是基础,没有一个良好的水生态系统,水资源将无法满足人从量和质上对水的需求;没有一个良好的水生态系统,水资源将失去自净能力,光靠人为治污是无法保证良好的水环境的;所以,系统的、全方位的水生态建设更重要,单纯的水环境污染治理,"皮之不存,毛将焉附",不能只治水环境的"标",而不建设水生态系统之"本"。

对于水资源、水环境和水生态三者之间的关系,由于理论认识的误区造成了管理的部门分割,在厘清理论,达成共识的基础上,应首先统一立法,以法律保证为基础,进行管理体制的改革,改变干部、群众提出多年的"九龙治水",形成科学治水的合力,建立责任制,为国家和人民保住"水安全"。作者在任时提出的"城市水务局"涉水事务统一管理的体制,

今天已在全国一半以上的管水单位实行,但还缺法律保障,应立《水资源管理法》。

四、山水林田湖是一个非平衡态复杂巨系统

山水林田湖是一个非平衡态复杂巨系统,这个复杂巨系统动态平衡的维系和发展除了相互间的作用关系外,其关键在水。水使山青,水使林绿,水使田丰收,水使湖不萎缩,而这个水的主要来源就是河流水系统。

河流水系统的基本平衡是"三源"对"三生"的动态平衡(见图4-2)。

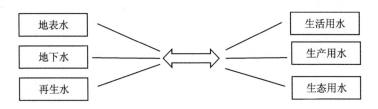

图4-2　"三源"与"三生"的供需平衡

水资源的供求平衡是目前以水资源的可持续利用保障可持续发展的首要问题。

1. 水资源的供求平衡

目前,水资源的供给方主要包括地表水、地下水、外流域调水、污水处理回用和海水淡化,其他还有人工降雨、利用大气水等;水资源的需求方包括人民生活用水,第一、二、三产业用水和生态用水。其关系如图4-3所示。

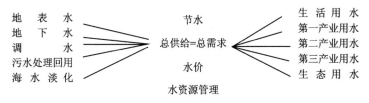

图4-3　水资源供求平衡图

水是人民生活和社会生产必需的基本资源之一。淡水资源的拥有量是一个国家综合国力的重要组成部分,水资源的调控能力和使用效率是一个国家经济社会发展水平和科学技术水平的重要体现。

从总体上看,我国是一个水资源贫乏的国家,人均水资源仅为世界平均水平的30%,在世界银行连续统计的132个国家中居第82位。我国水资源面临的态势是水多、水少、水脏、水浑和水生态失衡。水多是指洪涝灾害和水资源时空分布与经济发展的布局和要求不匹配;水少指水量型和水质型缺水;水脏指水环境遭到破坏,使水源达不到生活和工农业用水的要求;水浑指水土流失,使水资源难以对土壤、草原和森林等资源起保证作用;水生态失衡指江河断流、湖泊萎缩、湿地干涸、土壤沙化、森林草原退化导致土地荒漠化等一系列主要由水问题引起的生态蜕变。水资源状况直接影响经济社会发展和人民生活水平的提高。

保证供求平衡的基本方针是开源节流,以节约为主。因为水是短缺资源,应提高水资源利用率,减少需求;工农业和生活都要节约用水;削减排污总量,节约环境用水;加强水土保持,节约生态用水。同时,要以经济与生态效益为核心科学合理开源;充分利用地下水,努力使污水资源化,科技开发淡化海水,通过系统分析,审慎实施调水。所谓充分利用大气水主要是拦蓄雨水;所谓合理利用地表水就是计划用水;所谓科学利用地下水就是根据补给分析利用浅层地下水,限制利用深层地下水这盆子孙水。遵照以上原则,以水文的科学测报和分析为基础,根据国民经济发展、人口和生态变化,做出近、中、长期的用水规划,以水资源供求曲线为依据来保障水资源的供求平衡。

日前调节平衡的重点是节水优先和供给侧的结构改革。一是为子孙后代多用地表水,少用地下水;二是加大力度用再生水;三是科学论证进行必要的跨流域调水;四是以高技术为先导经济核算海水淡化。这一平衡还包括上下游、干支流、左右岸和库前后的取水、排污、水土和河流形态保持的平衡,在这里就不赘述。

2. 水资源与其他自然资源的关系

从资源系统工程管理学来看缺水,其目的就是要提高水资源可持续利用,保障可持续发展的综合决策水平,因此要从自然资源的大系统来看问题。

（1）水资源本身

从河流水资源本身来看水资源短缺问题,要从流域来分析。例如世界上绝大部分城市都是缺水的,由于城市人口集中、经济发达、用水量大、排污量大,因此城市本身就是缺水的,所以从流域来解决城市水问题,包括在上游修水库等做法,理论上是科学的。但是修水库必须考虑到全流域,流域中不仅是城市居民,还有乡镇和农村居民,而且这些乡镇还可能发展成小城市,中等城市以至大城市。在我国的珠江三角洲和长江三角洲这种现象已经很普遍,珠江三角洲的深圳已经发展成为大城市,小小的东莞县城已经发展成中等城市,长江三角洲江苏苏州的盛泽镇已经是个小城市的规划。

（2）土地资源与水

地表水、土壤水和部分地下水都附着在土上,水土是不可分的,土地资源的良好状况是河流水资源存在的保证。

人们常说的"水土流失"就很能说明问题。水的流失造成了土壤流失,土壤流失又造成了更大的水流失,形成恶性循环;相反,水的保持就保住了土,保住的土进而含蓄保持了水分,形成了良性循环,这就是"水土保持"。

水在土中有个水位,就叫地下水位,或地下水埋深,俗话说就是打多深就能出水,地下水埋深是当地水资源状况的标志,只有保住了地下水位,才能保住地表水,地下水位下降,就造成了湿地干涸、湖泊萎缩、河流断流,以至荒漠化。

（3）森林资源与水

一般河流的上游都有森林,起着涵养水源和水土保持的作用。人们现在争论,一棵树到底是一个小水库还是一台抽水机。这一争论说明人们对森林资源和水资源的关系认识还不很清楚。森林资源是形成水资源的先决条件,水是生命之源,没有水就没有绿,更没有森林,森林要在降雨足够,一般是500毫米以上的地区才能形成。反过来,已经形成的森林通过根系和枯枝落叶层对水资源有巨大的含蓄作用。同时较大面积的森林又能形成小气候环境,使得这一地区易于降雨。

因此,在降雨量不够的土地造林是违反科学的做法,因为降雨不足以使树木成活,树木就深扎根吸收地下水,造成地下水位的降低。地下水位降低到一定程度,为了树木成活,在远离河湖的地区,人们就不得不抽地下水浇树,而越抽地下水就会使地下水位更进一步降低,因此就要抽更多的地下水,形成了恶性循环,最终使得植林死亡,或者形成了稀稀疏疏的"小老树"(永远长不大的树)群。这种现象在我国西北并不鲜见,从而加剧了这一地区缺水。

(4)草原资源与水

许多河流流过草原,草原一般表土很浅,草扎根也很浅,因此草原的生成与维系主要靠天然降水,地下水起补充作用,一般是降雨量在300毫米以上才能形成草原。与森林一样,草原在形成以后,有水土保持作用,如果由于开垦成农田或过度放牧造成了草原的退化或消亡,薄薄的表土将被风吹走,不仅形成沙尘暴,而且使草原荒漠化,失去表土以后,水分不能涵养,即便依然降雨,草原也无法恢复,只能是杂草丛生的半荒漠。

20世纪60年代末至70年代初,作者在新疆做过拖拉机手,对此深有体会。对草原地带的"开荒",实际是破坏荒漠与绿洲之间的过渡保护带的错误做法。把草原犁掉、靠融化的雪水种粮食,有些收成,但第二年融化的雪水较少无法灌溉时,耕作过的土地由于作物吸收使地下水位降低,如果第二年降雨又偏少,就连草也不长了,大风吹走表土层,很快就荒漠化。

(5)海洋资源与水

大部分河流都流入海洋,补充和保持了海水。水资源虽然指的是淡水资源,但是,如前所述,淡水资源与海洋中的咸水资源通过蒸发—大气环流—降水形成了自然循环。因此,海水与淡水是互为因果,互相补充的。

目前,由于陆地淡水的缺乏,人们开始从事海水淡化以补陆地淡水的不足,像沙特阿拉伯和阿拉伯联合酋长国这些淡水极端缺乏的国家,海水淡化已成为其水资源的主要来源。

同时,也应该考虑海水不淡化而替代淡水资源的办法。如把热力发电厂建在海边,冷却水就可以直接利用海水,目前的主要问题是海生藻类缠绕机器部件。再如发展海水养殖,包括动物与植物,成为食品,来替代生产这些食品所用的淡水,目前的主要问题是造成海滩污染。

（6）气候资源与水

气候资源是直接与河水有关的,河水主要靠降雨补充。大气中含有大量水蒸气,由于温度和气流的变化而成雨,是目前淡水的主要来源。降雨形成的淡水资源是可再生资源。但是问题在于地域、年际和年内分布都不均匀,在许多情况下与人类社会经济发展不相匹配,这里就有一个人类发展是"改造自然"为主还是适应自然为主的问题。

同时,高山积雪也是淡水资源,而雪水融化的多少又与气温有关。近年来温室效应造成的气温升高也与水资源密切相关。气温升高的直接后果是蒸发增加（包括海水）,为什么反而干旱了呢？在 2001 年世界水论坛暨部长级会议上作者请教了 8 位国际专家,只有 1 位给出了答案,即蒸发总量的确增加了,但降雨是大气环流的结果,因此雨更多地降到易于成雨的海面,所以形成了把淡水变海水的自然运动。这种说法还有英格兰及其近海的 1989—1999 年连续 10 年监测数据支持。作者认为这是迄今为止最合理的解释。

（7）能源与水资源

河流水资源本身就含水能,因此也是能源,如水力发电站就把水变成了能源。与此同时,能源还可以增加淡水资源。如海水淡化就利用电能把海水资源变成了淡水资源,目前的问题是成本太高,但如果到 2040 年,受控热核聚变能达到商用,极其廉价的热核聚变能源就可以使海水大规模淡化成为可能,从而大量补充淡水资源。

同样,污染处理也需要能源,处理后的中水回用又使水资源循环利用,增加了可用的水资源。

(8) 旅游资源与水资源

俗话说"游山玩水",自然的旅游资源从来就与水联系,人文的旅游资源也多傍水。因此,水量和水质直接影响了旅游资源的质量,如 2000 年河北承德避暑山庄内湖泊的干涸,就使当年游客大减,而旅游景观用水的水质应达到Ⅳ类,才能使游客感受到水美。

所以,旅游收入应当有一部分用来保护水资源,才能使旅游成为一种可持续发展的产业。

五、水污染的机理与治理

所谓水污染就是排入河流中的废污水超过了河流的自净能力,造成了水的质变,不但破坏了水环境,还逐步造成水生态系统的蜕变,治理水污染当然是河长的职责所在,尤其值得注意的是上游污染下游,支流污染干流,左右岸污染河流的巨大差异应如何科学、合理的解决。

1. 水污染的来源

人类活动将大量未经过处理的废水、废物直接排入江河湖海,污染地表水和地下水。人类活动造成水体污染的主要来源有:

(1) 工业废水

工业生产过程排出的废水、废液等,统称工业废水。这类废水成分极其复杂,量大面广,有毒物质含量高,其水质特征及数量随工业类型而已,大致可分为三大类:

① 含无机物的废水,包括冶金、建材、无机化工等废水。

② 含有机物的废水,包括食品、塑料、炼油、石油化工以及制革等废水。

③ 兼含无机物和有机物的废水,包括炼焦、化肥、合成橡胶、制药、人

造纤维等废水。

（2）生活污水

人们日常生活中排出的各种污水混合液,统称生活污水。随着人口的增长与集中,城市生活污水已成为一个重要污染源。生活污水包括厨房、洗涤、洗浴以及冲厕所用水等。这部分污水大多通过城市下水道与部分工业废水混合后排入天然水域,有的还汇合城市降水形成地表径流。由城市下水道排出的废污水也极其复杂,其中大约99%以上的是水,杂质约占0.1%～1%。

生活污水中悬浮杂质有泥沙、矿物质、各种有机物、胶体和高分子物质(包括:淀粉、糖、纤维素、脂肪、蛋白质、油类、洗涤剂等);溶解物质则有各种含氮化合物、磷酸盐、硫酸盐、氯化物、尿素和其他有机物分解产物;还有大量的各种微生物,如细菌、多种病原体等。

（3）农田排水

通过土壤渗漏或排灌渠道进入地表和地下水的农业退水,统称农田排水。农业用水量比工业用水量大得多,但利用率很低,一部分要经过农田排水系统或其他途径回到地表、地下水体。随着农药、化肥施用量增加,大量残留在土壤里、溶解在水中的农药和化肥,会随农田排水进入天然水体;大型饲养场的兴建,使各类农业废弃物的排入量增加,给天然水体增加污染负荷。水土流失也造成大量泥沙及土壤有机质进入水体,这些都是水体的面污染源。此外,大气环流中的各种污染物质的沉降,如酸雨等,也是水体污染的来源。这些污染源造成性质各异的水体污染,并产生不同的危害。

2. 水污染的类型

目前把水污染分成点源污染、面源污染和内源污染。

（1）点源污染

点源污染指有确定空间位置,污染源面积较小的污染,一般指大的工矿企业、大的养殖场,目前甚至把一座城市都视为点源污染。

（2）面源污染

没有确定空间位置的污染源称为非点源污染,也叫面源。非点源污染分散、范围大、难于监测和控制,具有不能用排放标准来衡量的特点。

面源污染和点源污染比较,差别在于:

① 面源污染的数量随时间变化很大,而点源的变化较小。

② 面源污染在暴雨或暴雨后对水质的影响最大,而点源的影响却主要在水体流量较小时。

③ 最经济有效的控制面源污染的方法是搞好水土保持、土地管理和水环境保护,而控制点源则主要是进行污水处理。

随着点污染源的严格控制和全面治理,面源污染问题将日益突出。如美国面源污染造成的水质问题占全部水质问题的一半以上,每年排入江河的泥沙一半来自农田,有 80% 的氮和 90% 的磷是随土壤进入水体的。因此,在考虑水体污染控制时,面源污染的控制是一个不容忽视的方面。

面源污染的载体主要集中在地表径流,污染物质主要是氮磷等营养物质和农药。因此,非点污染源的控制应从改进农业产业耕作布局、合理灌溉、合理施用化肥、尽可能多施有机肥与科学实用农药等方面入手。

（3）内源污染

内源污染指污染物进入水体后,通过长时间的积累沉淀和附着(一般是数年),在水体内产生二次污染的污染源,这种污染来源较面源更难以控制和消除,一般要进行河道和湖底清淤,代价高昂,像德国这样的发达国家想对莱茵河清淤都困于经费。因此,及时防治污染,防止污染物在水体中形成内源是发展中国家的当务之急。

3. 水污染的治理

水污染的点源治理已为大家所熟悉,主要是点源的达标排放和建污水处理厂,污水处理厂应以按统计分布的小型厂为主,不能瞎指挥,乱建设。建大型厂必须使污水收集管理配套。

重点是污染的面源治理,我国的水与土壤污染问题,以前集中在城镇大型工矿企业的点源,自20世纪80年代以来,由于化肥与农药的大量使用和乡村企业及养殖业的高速发展,广大农村地区的面源污染迅速增加,目前已达我国水污染总量的40％以上,值得高度重视。

治理面源污染是循环经济农村建设的当务之急,否则历史上的青山绿水和鱼米之乡将不复存在,主要有以下具体措施。

① 大力促进有机肥料的使用。在有条件的地区,适应提高化肥价格,促进人畜粪便和河泥等有机肥料的使用。尤其是要推广沼气灶代柴草,不仅保护植被而且生产有机肥料,在农村形成生态的良性循环。

② 将提高化肥价格的收益投入到少污染和无污染化肥的研究和开发中去。

③ 提倡家畜、家禽的规模饲养,统一处理粪便,不仅减少污染,而且可以生产有机肥料。

内源污染治理必须立即着手,否则将遗患无穷。

六、河长制与作者的新经济理论及高科技

作者在联合国工作期间创立了知识经济学,继而又拓展循环经济为新循环经济学,都得到国际认同,可以统称为新经济理论。河长的任务是经济与河流两手抓,抓河流主要也是为发展经济。所以两种理论都对河长有些参考价值。

1. 知识经济学

河长都是管经济的首长,所以新经济学与河流的现代管理是密不可分的。

(1) 联合国对知识经济最早的系统研究

有如联合国环境署工业局局长德拉瑞尔创立"循环经济理念",对知识经济最早的系统研究来自于作者主持的联合国教科文项目(Unesco)——多学科综合研究应用于经济发展。在1985年—1986年,由联合国教科文组织和世界高级研究所联盟(International Federation

117

of Institutes on Advanced Study ，IFIAS)安排,作者考察了美国、日本、法国、英国、瑞典、荷兰和丹麦等 7 个国家的世界著名大公司和研究所,并与他们探讨了知识经济的相关问题。考察结束后,联合国教科文组织以英文发表了题为《发展中国家和发达国家研究与发展的决策和管理人才比较》的项目报告,1987 年在《人民日报》摘要连载了 5 篇。

此后,作者一直继续这一研究,1992 年起还担任了联合国教科文组织科技部门高技术与环境顾问,在《国际社会科学杂志》(International Social Science Journal)1992 年 3 月号上发表了《自然科学、技术和社会科学在中国发展决策中的作用》(The Role of Natural Sciences，Technology and Social Sciences in Policy Making in China),在联合国系统内产生了一定的影响。此后,经合组织(OECD)在以联合国教科文组织为主的研究成果基础上提出了"知识经济"的概念。

作者在自己研究的基础上于 1998 年 3 月出版了《知识经济——21 世纪社会的新趋势》一书,这是为国内全面介绍知识经济概念的第一本书。该书出版后,《人民日报》于 1998 年 3 月 24 日发表消息:"作者吴季松教授是技术经济学博士,曾先后在 3 个国际组织工作,参与了'知识经济'概念的创意。"世界《国家创新体系》概念的主要创意人、世界著名经济学家、英国苏塞克斯大学荣誉教授 C·弗里曼先生为本书作序说:"对于世界经济学来说,这本书做了不同寻常的、启蒙性的贡献。"我国科学泰斗王大珩院士写序说:"对于'知识经济'是有幸遇到吴先生方领会其深远意义的。吴先生之所以有这样远大的眼光,也是由于他的特殊机遇。"至今,这本书已行销 28 万多册,居经济学著作之前列,并于 2001 年荣获第 12 届"中国图书奖"。

（2）知识经济找到了可持续发展的途径

传统工业经济是建立在自然资源取之不尽,环境容量用之不竭的假设基础上的,甚至以向自然掠夺为目的。工业经济对自然资源的过度依赖和消耗,严重地耗竭了自然资源,污染了自然环境,破坏了生态系统的平衡,使人类经济正在走向增长的极限。而知识经济是建筑在人的智力资源取之不尽,知识创新用之不竭的假设基础之上的,以智力资源的无尽开发为目的,这一假设和目的显然是合理的,是与自然生态系统相协调的。因此,知识经济从根本上回答了"增长的极限"的问题,可以保证"可持续发展"的实现。原因如下:

1) 无限的智力资源将成为经济发展的第一要素

1987 年,联合国世界环境与发展委员会撰写的总报告《我们共同的未来》中提到了人力资源,开始了新资源的探索,然而,人力资源包括体力资源和智力资源,当时还没有认识到智力资源是第一要素。后来的研究开始提出"智力资本",把智力资源上升到生产要素的高度,但仍然不是第一要素。

知识经济认为,知识经济与农业经济、工业经济的最大不同在于:在农业经济中劳力是第一要素,土地是第二要素;在工业经济中稀缺自然资源的表征——资本是第一要素,劳力是第二要素;而在知识经济中,智力是第一要素,资本是第二要素。智力资源是可以无穷开发的,知识是可以多人共同使用的,使用的人越多,其价值越高,因此,以智力资源为第一要素的知识经济是可以持续发展的经济。

2) 开发富有自然资源来代替稀缺自然资源

尽管智力资源是知识经济的第一要素,但知识经济的发展离不开物质,也就离不开自然资源。宇宙是无限的,自然资源也是无限的;就是在有限的地球上,多种自然资源,如岩石、海水对于可以预见的人类未来,也可以说是近乎无限的。之所以会发生工业经济的悲剧——增长的极限,是由于掠夺性的工业经济把人们原以为丰富的自然资源——土地、水和森林,以至煤、铁、石油,经过 200 年的无情浩劫都变成了奇缺自然资源,甚至把人们以为上天赐予,享用不尽的空气进行了污染,连空气这种资源也改变了品质,遭到了破坏。

与此相反,知识经济不仅要集约使用短缺资源,更为重要的是,利用富有资源和可再生资源如海水、风能、太阳能和受控热核聚变能等。智力资源开发高技术利用,把人类发展基础从日益稀缺的自然资源转移到富有的、可再生的自然资源上来，因而增长的极限将被突破，可持续发展将成为可能，一种新的经济应运而生。

3）知识产品也可以提高人民生活水准

知识经济实现可持续发展的第三方面就是不断提高人民生活中知识产品的比重，由于知识产品物质消耗少，显然可以持续增长。软件就是一种知识产品，它只需录在软盘上，软盘的物质价值只占总价值的1/100，以至 1/10 000，几乎可以忽略不计，而制造软盘的原料又是富有资源。又如上网，除消耗少许电能外几乎不消耗物质，但是极大地改变了人们的生活，代替了报纸、书籍等许多较高物质消耗的相应产品。

4）知识引导理性消费

在国内外都有一种说法，"土财主"才穷奢极侈，这里说的"土"就是缺乏知识。当消费者的知识素质不断提高，尤其是有了更多的环境、生态和可持续发展的知识以后，就会自觉地节约物质消费品，以此为荣，以此为乐。而建设学习型社会，普及知识本身就是知识经济的一个组成部分，所以从这一方面来讲，知识经济也促进可持续发展。

简单地说，知识经济就是充分利用人类各学科的综合知识，真正优化配置自然资源，用知识开发高技术以富有资源来替代稀缺资源，以知识引导人类的合理需求，知识也可以直接成为产品，部分地满足这种需求。

知识经济对河长最重要的作用是用知识优化配置河流水资源，用海水补充河流水，引导人民对水的理性消费——节水。

2. 循环经济是知识经济的第一阶段

知识经济以高技术产业为主要产业支柱，以智力资源为首要依托，要求尽可能以智力资源替代自然资源。在高技术产业不能成为支柱产业、智力资源不能充分替代自然资源的今天，实现从资源经济到知识经济的变革，首先是要以新知识和高技术实现自然资源利用的循环——循环经济。在知识经济实现之前，自然资源的利用仍是经济发展的决定性因素，循环经济是自然资源高效利用的最高境界，是知识经济的第一阶段。

（1）循环经济的由来

自 20 世纪 60 年代美国经济学家 K·波尔丁提出循环经济以来，循环经济的理念较以前有很大的发展和变化。

1）宇宙飞船经济学阶段

"循环经济"一词是美国经济学家 K·波尔丁于 20 世纪 60 年中期在《宇宙飞船经济学》一文中提出生态经济时谈到的，他受当时发射的宇宙飞船的启发，并引之用来分析地球的经济发展。他认为，宇宙飞船是一个孤立无援、与世隔绝的独立系统，靠不断消耗自身的资源存在，最终将耗尽资源而毁灭。唯一使之延长寿命的方法就是实现宇宙飞船内的资源循环，如将呼出的 CO_2 分解为氧气，从尚存营养成分的排泄物中分解出营养物再利用，尽可能少地排出废物。当然，最终宇宙飞船仍会因资源耗尽而毁灭。同理，地球经济系统有如一艘宇宙飞船，如不借助太空帮助，尽管地球资源系统大得多，地球寿命也长得多，但是也只有实现对资源循环利用的循环经济才能得以长存。

波尔丁做了一个很好的比喻，但没有进一步深入而使之成为一种经济学说。尽管如此，这种新经济思想还是起了巨大的作用。

循环经济的最重要的观点是把传统工业化的链式生产变为循环生产，如图 4-4 所示。

从自然界提取原料 → 生产 → 向自然界排出废物

图 4-4　传统工业的链式生产

这种生产方式把自然界既当取料场，又当垃圾场，显然是不合理的。

如图 4-5 所示，循环经济依附于自然循环的环式生产显然是科学合理的。

2）生态经济学阶段

1972 年，英国生态学家爱德华·哥尔德·史密斯出版了生态经济学的早期著作《生存的蓝图》；1976 年，日本经济学家坂本滕良出版了《生态经济学》。

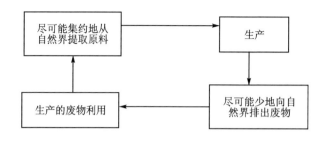

图 4 - 5　循环经济的环式生产

生态经济拓宽了 20 世纪 80 年代的可持续发展研究,把经济与生态系统相联系。在 1987 年联合国世界环境与发展委员撰写的总报告《我们共同的未来》中,专门写了"公共资源管理"一章,来探讨通过管理来实现资源的高效利用、再生和循环。

此后,发达国家的后工业化可持续发展中广泛地应用了循环经济的概念。20 世纪 80 年代,联合国环境规划署工业发展局把美国杜邦公司在 20 世纪初总结的清洁生产 3R 原则提高推广,在发达国家中广泛实施。1990 年 5 月,国际生态经济学会成立。2001 年,美国学者莱斯特·R·布朗出版了《生态经济》。

3)新循环经济学阶段

波尔丁在提出循环经济的理念以后,并没有做系统的经济学研究,而生态经济又过于偏重经济的生态方面研究,相对忽视了对知识创新和高技术的研究。因此,新循环经济学应运而生。

(2)新循环经济学的创立

2005 年 3 月 26 日—3 月 30 日,在阿拉伯联合酋长国首都阿布扎比举行了世界"思想者论坛",包括 10 位诺贝尔奖获得者和作者在内的 28 名思想者与会,会上作者以知识经济学的观点提出了国际循环经济理念从 3R 向 5R 转变的新规范,得到一致认同。2007 年 9 月 11 日—9 月 16 日,在 2007 诺贝尔奖获得者北京论坛上,作者再次演讲,又得到诺贝尔奖获得者的称赞。

3. 新循环经济学的 5R 理论

作者提出的循环经济从 3R 向 5R 的转变,实际是以知识经济的观点把循环经济的理念从单纯的工业生产向社会经济系统推广,因此,可以称为一种创新的循环经济学。

(1) 再思考(rethink)——以科学发展观为指导,创新经济理论

新循环经济学理论的重点是不仅研究资本循环、劳动力循环,还要研究自然资源循环;生产的目的除了创造社会新财富以外,还要修复与维系被破坏的最重要的社会财富生态系统——创造第二财富。上述内容可简称"三个循环,两种财富",其关键是不能以自然财富的减少为代价来片面地增加社会财富。当社会财富迅速增长,而自然财富减少时,就应投入社会财富修复自然财富,当自然财富被修复,承载能力增加时,在新的自然财富条件下,再生产社会财富,实现两种财富之间的循环,互相促进,共同发展。这样的发展才是可持续发展,才能实现人与自然和谐。

经济的发展不等于用水成正比的增加,我国"十二五""十三五"规划已提出了万元 GDP 用水逐年下降的要求。

(2) 减量化(reduce)——建立与自然和谐的新价值观

原有的"减量化"的含义是:最大限度地提高资源的利用效率,减少工程和企业的土地、能源、水和材料投入,这些观点都是正确的,并已经在西方的后工业化中实施。但是这是狭义的减量化。

新的价值观认识到,不能把地球既当取料厂,又当垃圾场,要把减量化的概念延伸到提高人类理性需求的层面上来,合理地减少人类的物质需求。它所要满足的是需求,而不是欲望。最大的减量化是要把传统西方经济学中"拼命生产、拼命浪费"地满足欲望,转变为满足广大民众的理性需求,例如豪宅区要节水。

(3) 再使用(reuse)——建立优化配置的新资源观

原有的"再使用"观念主要是尽量延长产品寿命,做到一物多用、废

物利用,也强调资源的综合利用。这是很正确的,并已在西方的后工业化中实施。

新的资源观要把减量化延伸到企业和工程充分利用可再生资源,可再生资源能够循环使用,这是最根本、最大和最有效的"再利用",要把以短缺和不可再生的自然资源为依赖的传统产业资源需求,逐步转化为依赖可再生的或富有的自然资源,只有这样才能真正做到资源循环。

在用水方面,最重要的就是利用再生水,按作者主持制定和指导实施《首都水资源规划》北京的再生水利用已从2000年的零提高到2016年占用水总量的1/3。

(4)再循环(recycle)——建立生态工业循环的新产业观

原有的再利用观念主要是企业生产的废物利用,即在生产流程中形成资源利用的循环,主要是在企业内部建立循环。这更是十分必要的,也已在西方后工业化中实施。

新的产业观认为,所有的废物都是把资源在错误的时间以错误的数量放到了错误的地方。要建立不同于传统产业体系的循环经济的新的技术体系与产业体系,如再生水生产、输送和利用的技术与产业体系。

(5)再修复(repair)——建立修复生态系统的新发展观

自然生态系统是社会财富的基础,是第二财富。因此,必须以生态建设工程不断地修复被社会财富生产和其他人类活动破坏的生态系统,在自然生态系统承载能力提高以后再增加社会财富生产,形成良性循环,与自然和谐。水资源和水环境的保护基础都是修复水生态系统,要建立水生态修复产业。

5R理念的创新在于以科学发展观为指导,增加了再思考(rethink)与再修复(repair)的新理念,并把原有清洁生产3R的理念进行了延伸与拓展,形成了新循环经济学的理念。

4. 高科技能根本解决缺水问题——受控热核聚变能的商用

河长制的重要依托当然还有高科技,包括各种工业节水技术、农业的滴灌和精准灌溉技术、水量水质的实时监控技术和管理信息系统等,在这里就不一一陈述了。有没有彻底解决缺水的技术呢？有，就是受控热核聚变技术的商用。

海水淡化不仅是维系地球上的淡水和海水之间的平衡，也是解决陆地淡水短缺的最根本的方法。但是，海水淡化要大量耗能，占成本的40％以上，而且如果用碳氢能源淡化海水，又造成了大量 CO_2 的释放，加剧了温室效应。一种未来的新能源——受控热核聚变能同时解决了这两方面的问题。一是受控热核聚变能极其廉价，可使海水淡化成本降低1/3以上，即从目前的6元/吨下降到4元/吨，使得海水淡化实用性大大提高；另一方面是受控热核聚变能是与水电能一样的清洁能源，不产生温室气体。

（1）受控热核聚变是最终解决水资源问题的最重要手段

地球上的一切能量都来自太阳，太阳向地球辐射的能量用之不竭，人类为什么不能像太阳一样产生能量呢？可以，这就是受控热核聚变反应能的商用，太阳上无休止地进行的正是热核聚变反应。

1千克氘和氚的混合物进行热核聚变反应可以释放出相当于9 000吨汽油燃烧的能量，是同重量铀进行核裂变反应释放能量的大约5倍。氘和氚可以取自海水，可谓"取之不尽，用之不竭"，1千克海水中可心提取34毫克氘，即如果受控热核聚变能商用实现，1升海水可以替代300升汽油，就是所谓的"海水变汽油"。同时，热核聚变也不产生放射性污染，它还是一种清洁能源。大规模商用以后，所产生能源的成本只有水电的1/10，可以为人类最终解决能源问题。

自然界在无休止地进行水循环，与自然和谐，人类为什么不能参与其中呢？这就是海水淡化。

自然界在无休止地进行江河淡水入海，海水蒸发进入大气环流，在陆地降雨汇入江河，再流入大海的水循环。海水淡化产业正是加入了这个水循环，从全球气候变迁看来越来越有必要。

受控热核聚变还能最终解决缺水的问题，利用受控热核聚变的商用能源，海水淡化的成本就可降低1/3以上；海水淡化的另一个主要成本——过滤膜的成本,随着新材料科学技术的发展,到 2030 年也将下降 2/3(包括价格的降低和寿命的延长);届时海水淡化的成本可以降到 2 元/吨以下,使大规模海水淡化成为可能,从而大大低于调水的实际价格,而且水质好得多。

（2）受控热核聚变能商用的可行性

受控热核聚变利用的是氢或其同位素核聚变所释放的能量,实际上就是太阳释放能量的反应。目前实验反应利用的是氢的同位素氘（D）和氚（T）在特定的高温和约束条件下进行的可以控制的核聚变反应,聚合成较重的 He 原子核并释放出巨大的能量,反应简式如下:

$$D+T=He+能量$$

作者作为改革开放后首批出国访问学者,在国内外从事过 10 年受控热核聚变研究,为欧洲大环（JET）设计了中性注入器的真空装置。1991 年,在作者离开欧洲原子能联营 9 年之后,欧洲大环（JET）的实验证实了劳森判据,即实验有了正能量输出,核聚变能的商用理论上成立。当时已经离开的研究人员在世界各地互相致电,激动之情难于言表。

2005 年 6 月 28 日,包括中国在内的 ITER 国际计划六大伙伴国在莫斯科签署联合声明,正式确认 ITER 落户在法国罗纳河口省的卡达哈什（Cadarac）。经过 6 年的努力,模拟商用堆将于 2019 年运行,如果模拟实验顺利,将于 2030—2040 年建成 2 000～4 000 兆瓦的示范性核聚变电站,相当于一座大型火力发电站。预计 2040 年前受控热核聚变能可能商用。

对受控热核聚变能商用时间的预测,目前差异较大,从作者 10 年研究的亲身经历和 2012 年对我国现在合肥的受控热核聚变装置的实地调研来看,如果从现在起加大投入（美国由于页岩气开采的成功已延缓了进程）,尤其是我国加大投入,联合攻关解决材料等问题,2030—2040 年受控热核聚变能可能进入商用阶段。如果受控热核聚变能能够商用,这种新能源价格可较现能源低 3/4,大规模海水淡化就成为可能,人类就真正加入了江河淡水入海、海水蒸发降雨、雨水入江河的自然循环,真正做

126

到了人与自然和谐的可持续发展。

（3）海水淡化产业与技术

目前提出，2015 年我国海水淡化能力达到 220～260 万立方米/日，以上限计为 9.5 亿立方米/年。

1）在 2030 年前保持"十二五"的增长速度

到 2030 年前的三个五年规划应保持这种增长速度，使海水淡化能力达到 80 亿立方米/年以上，对于补足我国水资源缺口起到一定作用。

2）加强关键技术研发，提高工程技术水平

目前海水淡化产业发展的关键在于成本，应该加强关键技术研发，使之在 2030 年以前的成本（包括输送管线）低于调水成本（如以曹妃甸输京与南水北调进京相比较）。

应加强高效长寿海水淡化膜研究，有效降低成本；还可以利用海冰淡化，可预先脱盐 80% 左右有效降低成本。

3）准备迎接 2040 年前后海水淡化产业的大发展

海水淡化的根本缺陷在于大量消耗能源，不仅成本高，而且污染大。如果 2040 年前后受控热核聚变能可以商用，成本可降低约 40%，而且不因海水淡化耗能产生大气污染，那么海水淡化产业可以在几年内扩大到制水 200～300 亿立方米/年的水平，从根本上解决我国缺水的问题，实现人类参与自然水循环的循环水产业。

4）海水淡化产业发展中宜注意的几个问题

① 在海水淡化成本未低于调水之前，不宜急于扩大规模；

② 应研究淡化水与江河湖库水、地下水的水质差异，不致缺少某种成分（如矿物质）影响用水人健康；

③ 在某些地区，如渤海等与公海水交换速度不高的浅滩海域，应研究大规模抽海水的近海生态影响。

传统工业化给人类带来了巨大的财富，从衣食住行上提高了生活水平，但是同时带来了严重的资源短缺、环境污染和生态退化，而且愈演愈烈,从生存环境上又降低了人类生活水平,而且发展不可持续,如何两全其美,可持续发展呢?唯有科技创新,使之成果产业化让科技成为第一生产力。

(4)其他高技术

河流的治理中还有其他多种高技术,在这里只简单介绍几种。

1)实施监测技术

为保证河流水质,河长最需依靠管辖范围入出境水流断面的水质实时监测技术。

2)PVC新材料技术

河岸,尤其是江南的河岸不断出现塌岸问题,目前已有轻便、坚固的PVC材料可以护岸,大大减小筑坝的生态影响。

3)内源污染治理技术

河流的内源污染治理是大难题,目前西欧已有治理莱茵河、塞纳河与泰晤士河内源污染的成熟技术可以引入。

5. 知识经济学和新循环经济学在河长制水资源管理中的应用

知识经济学与新循环经济学在河流水资源管理中的应用,可供河长参考。主要有以下几点:

① 世界经济发展到今天,全球的淡水资源已经成为一种短缺资源,尽管有的国家水资源十分充沛,有的国家的某些地区水资源十分充沛,但从全世界来看水资源已经成为可持续发展的严重制约因素。这一点已经被2002年8月在南非约翰内斯堡召开的可持续发展世界首脑会议所确认。

② 在局部地区,存在着居民缺乏足够或合格的饮用水和卫生用水的情况,这一情况正在发展,如不从现在着手,有力地解决这一问题,到21世纪中叶将威胁1/3的人类生存。可持续发展,最根本的是人的可持续发展,因此这一问题的解决是全球可持续发展的关键之一。

③ 陆地水生态系统的蜕变，从可持续发展的观点来看，已成为比制约经济发展更严重的对人类生存环境的威胁，使人类失去合格的经济发展和生活用水来源。水生态系统保护和建设已经成为当务之急。

④ 从知识经济学的观点来看，必须改变传统工业经济发展中水的供求关系，不能以总需求决定总供给，因为就总体而言，至少在我国，不存在总供给过剩的问题。水资源经济学表现出一般市场经济学不同的自身特点，必须用总供给制约总需求，在特别缺水的地区要以供定需。

⑤ 应该提倡建立节水型社会的新型水消费观，以科学用水来提高人类的生活质量，彻底改变以用水多少来衡量生活水平高低的陈旧消费观念。

⑥ 对水资源要以流域生态系统为基础，进行建筑在应用系统分析基础上的现代管理，统一解决水的开发、利用、治理、配置、节约和保护问题。

⑦ 水是一种不完全商品或半公共用品，水资源的利用有经济、社会和生态效益，其生态效益基本是传统市场经济的盲区，要建立、保障人民生活和生态系统的国家宏观调控的不完全市场，优化配置水资源，促进水资源的开发、利用、节约和保护。

⑧ 在上述认识的基础上，通过水资源保护、水权分配、取水许可、节约用水、新型水务管理体制的建立，水资源的参与管理，保证水资源的供需平衡，建立水市场和建立合理的水价机制等一系列手段来进行科学的、全面的、系统的管理。

七、河长制与水权、水税、水价和水市场

河长是省长、市长、县长和乡长，是管经济的首长，管河与管经济是分不开的，因此有必要讨论水权、水税、水价和水市场的问题。

1. 河长履职的关键是依法行好分配水权

要从界定并明晰水的使用权入手，逐步建立水资源的宏观控制和微观定额体系，形成总量控制与定额管理相结合的水资源管理体制。政府

宏观调控与市场机制有机结合,建立水权交易市场,实行水权有偿转让,实现水资源的优化配置。要改革水价形成机制,逐步建立不同来水、季节、地区、用水量、水质、行业的差别收费制度和政策。通过调整水价,调动全社会节水的积极性。

(1)水权的概念

要解决水权问题,首先要研究什么是水权。水权就是水资源的所有权,所有权在不同情况下表现为两种性质,第一种性质是"物权",水与空气、土地一样,是基础性的自然资源,大部分水又是可再生资源,在不缺水和有能力的情况下,国家可以不收税费地无偿转让,此时物权并不表现为产权。当有偿转让时,所有权表现为产权,这就是所有权的第二种性质。2002年8月29日,全国人大常委会通过《中华人民共和国水法》第三条规定"水资源属国家所有",这里指的是物权,即所有权。在社会主义市场经济条件下,水权是有价的,可以有偿转让;但是,必须注意到由于水资源是人民生活的必需品,在很多情况下已是短缺资源,水权并不等于水资源的产权,国家和政府有权在战争、特大干旱、严重水污染事件等情况下或对特别贫困的地区实施所有权,包括强行改变水资源产权关系。这些要特别说明的是一般指水权是取水性用水的权利,还有一种情况是向水中排放的权利,这是退水性用水的权利,原则上与取水性用水相同。

当水权表现为水资源的产权时,研究水权首先要搞清产权问题,产权就是可利用物表现为财产时的拥有权,是生产关系的重要组成部分。马克思认为,财产关系是生产关系的法律用语,产权是生产关系的法律表现,而所有权是所有制的法律形态。生产关系是人们在生产过程中形成的社会关系。生产资料是生产工具和劳动对象的总和,因此,要分析的是社会主义市场经济条件下的水资源与水生产工具的所有权,社会主义市场经济是以公有制为主体,多种经济成分共同发展的经济。我国《宪法》第九条规定:矿藏、水流、森林、山岭、草原、荒地、滩涂等自然资源属于国家所有,即全民所有。《水法》第三条中规定了水资源属于国家所

130

有,即全民所有。由法律规定属于农业集体经济组织的水塘和由农村集体经济组织修建管理的水库中的水,归各该农村集体经济组织使用。

产权是一组权利,产权是可以分解的,它可以分解为开发权、使用权、经营权和管理权,对于有限或者稀缺的自然资源而言,上述权力都是排他性的,两个不同的拥有者不能同时拥有定质和定量的一份资源。

（2）水权的分配

水资源的产权可以分解为开发权、使用权、经营权和管理权。

1）水资源的开发权

开发权又可细分为取水性开发和非取水性开发两种形式。非取水性开发是指工农业和生活排污、水力发电站用水、运输和水中养殖等用水。这些活动基本没有改变水量,但改变了水质、水环境和水生态,这些活动都是用水,也就是说获得了水的使用权。

2）水资源的使用权

获得了水资源的开发权以后就可以进行取水性使用和非取水性使用,开发权的获得者还可以把它的权力转让给使用者。

3）水资源的经营权

所谓经营权就是在获得使用权之后进行不同类型的生产经营。对经营的具体管理被称为管理权,在许多情况下经营管理是一个主体,在这种情况下可称为经营管理权。

水资源的开发使用和经营都是经济活动,国家理应收费,目前已按国际惯例将水资源费改为水资源税是十分必要的。

（3）水权的配置原则

1）基本用水优先原则

水是人民生活的必需品,必须实行基本需求用水优先的原则。即人民生活用水优先,保证粮食安全用水优先,在水生态系统恶化到影响人民生存环境的情况下,生态用水优先。

2）时空优先原则

以占有水资源使用权时间先后作为优先权的基础。在一般情况下,与下游地区和其他地区相比,水源地区和上游地区具有使用河流水资源的优先权,距离河流比较近的地区比距河流较远地区具有优先权,本流域范围的地区比外流域地地区具有用水的优先权。

3）开发优先原则

在一地区已有引水工程从外流域或本流域其他地区取水的条件下,一般应承认该地区对已有工程调节的管理拥有水权。

4）效率与效益原则

在基本用水优先的情况下,水权的分配应充分考虑用水的合理性、用水的效率和用水的效益,能使用水有足够的积累投入节约、保护与管理,形成良性循环。

5）留有余量原则

由于不同地区经济发展趋势不同,需水发生时段会发生变化,人口与气候也会发生变化,流域水资源配置要适当留有余地,中央政府保留部分预留资源的水权,不能分光吃净。

6）再分配的原则

一方面水权分配要相对稳定在尽可能长的周期（如 5～10 年）,按比例分配,另一方面中央政府保留在较长周期内重新分配的权利。

（4）水权的转让

根据上述水权理论,水权的转让应遵循以下原则。

1）开发权转让原则

由于水资源属于国家所有,对取水性开发,由国家水行政部门转让开发权给国营单位,具体实施手段是根据流域或区域水资源规划,发放取水许可证,同时征收水资源费（税）。取水性开发权的转让基本上不是市场行为。

2）使用权转让原则

水的使用权转让有两种情况:一是获得开发权的单位可以有偿或无偿转让水的使用权,二是水行政主管部门可以有偿或无偿转让自然水资源的直接使用权(非取水性开发使用)。这两种转让是政府宏观调控力度很强的市场行为,原则上是有偿转让。

3) 经营权与管理权转让原则

在取得使用权以后,经营权和管理权的转让可在符合有关法律规定的情况下按市场行为进行。

(5) 不同用途水使用权的转让

不同用途水使用权转让主要有下述情况。

1) 居民生活用水

对农村居民生活用水无偿转让,对乡镇居民生活用水低价,对小、中、大城市居民生活用水实行适宜价格的有偿转让,对于贫困地区或居民实行政府补贴。

2) 农业用水

农业用水实行低价,对贫困地区和农户实行政府补贴。

3) 城市环境用水

环境用水实行低价,对于贫困地区实行政府补贴。

4) 生态用水

对于生态用水,因为其不产生直接经济效益,采取无偿转让使用权,但应科学确定用量予以保证,也要节约用水。

5) 工业和第三产业用水

对于工业和第三产业使用水权的转让,实行有价转让。应根据行业万元国内生产总值用水定额,通过价格杠杆来促进产业结构调整。

6) 对河流排污

允许排污也是水权的转让,这种转让应是有偿转让。应根据排污定额对农村的面源污染、农药、化肥和饲养场征污染税,对城市生活和工业的点源污染实行排污权有偿转让。

从这里可以明显地看出水的使用权转让是一种明确规定用途的、带相当垄断性的不完全市场行为。

2. 水价

水价可以分为资源水价、环境水价、工程水价和形态水价四个部分。

（1）资源水价

资源水价是体现水资源价值的价格，它包括对水资源耗费的补偿；对水生态（如取水或调水引起的水生态变化）影响的补偿；为加强对短缺水资源的保护，促进技术开发，还应包括促进节水和保护水资源技术进步的投入。

考虑对促进节水、保护水资源和海水淡化技术进步的投入是必要的，因为对水资源耗费的补偿能力和对水生态改变的补偿能力都取决于技术（包括管理技术），这项费用实际上是少取于民，而大益于民。

1）资源水价——水资源税

资源水价应通过征收水资源税来体现，政府按照以基本用量为标准的生活用水（如 8 吨/户）、以万元国内生产总值耗水为标准的生产用水（效益高者优先，必要产业可实行补贴）和必要的生态用水来规定分水定额，优化配置水资源。任何用户通过交纳水资源税，获得取水许可证来取得水资源的使用权。此时水尚未进入市场，而是按行政命令进行分配。

对于生活用水和环境用水必须予以保证，不得进行任何变相的市场调节，也就是说富有的大公司自愿交多少倍的价钱也不能买走基本生活用水和必要环境用水的水权。但生产用水部分，可以考虑模拟市场运作，在保证适当用量的前提下，在分配定额内交易，作为分配定额行政手段的市场补充，也作为政府调整分配定额的依据。

2）分水定额的制定

分水定额是取水许可的依据，应依以下原则制定：

① 分水定额是一个比例，水量依丰枯年和客水来量；

② 分水定额应一定，3～5 年内不易频繁变动；

③ 分水定额应保证必要产业正常生产，禁止靠买水权经营（如已出现的靠买地权而不生产的现象），可据地实施阶梯水价。

3）水资源税的征收原则

水资源税是法定价格,不随市场变化,但其定价也要考虑到:

① 要加大水资源税的征收力度,逐步提高征收标准;

② 提高征收标准要适时、适地、适度。要考虑征收对象的承受能力及其所利用的水资源的状况,考虑到城乡差别、地区差别和气候变化;

③ 提高水资源税要建立预警制度,使用水户尤其是企业有所准备,有时间调整。

（2）工程水价与环境水价

所谓工程水价就是通过具体的或抽象的物化劳动把资源水变成产品水,进入市场成为商品水所花费的代价,包括勘测、设计、施工、运行、经营、管理、维护、修理和折旧的代价。其具体体现为供水价格。

所谓环境水价就是经使用的水体排出用户范围后污染了他人或公共的水环境,为污染治理和水环境保护所需要的代价。其具体体现为污水处理费。

工程水价和环境水价是在政府通过特许经营管制的不完全市场中的水价,它的确定大致可遵循如下原则。

1）实行容量和计量两部制水价

对于水利工程和治污工程,实行容量和计量两部制水价都是必要的,所谓容量水价就是对净水、给排水和治污工程设施成本的补偿,这种补偿应根据用户的定额或预定量确立和收取,与用户实际上用不用水和用多少水无关,否则由于水市场是不完全市场,根据水资源的特性,大多用户用水量变化很大,净水、给排水和治污企业就不敢投入,也无法经营了。实际上用户的定额或预定量就是商业契约,在市场中就应该有付出。

2）实行阶梯式水价

所谓阶梯式水价就是用量越大,价格就越高,对于超定额用水阶梯加价,主要目的是促进节水和减少污染量,以保护短缺的水资源。如果给排水量实现了自动监测,还可以实行累进水价。

3）对地下水的保护价

地下水是储备水资源，较深或深层地下水还难以或不可能再生，根据优先利用可再生资源的原则，应该优先使用地表水，对地下水实行保护性的高价。

4）跨流域调水水价

跨流域调水要逐步改变国家无偿投入的情况，实行工程建设和经营管理的股份制，进入市场，要进行科学、准确的调水水价预测，没有可承受预测调水水价的主要用户承诺，跨流域调水不能开工。

5）污水处理价

目前，污水处理费征收尚不普遍，已征收的仅为 0.2～0.3 元/立方米，没有到位，不仅不能补偿污水处理工程建设的投入，甚至不能保证污水处理设施的正常运行，出现处理一吨亏一吨的情况，使筹资不易建设起来的污水处理设施不能正常运行，普遍利用效率低下。污水处理价的确定相对简单，一般情况下在 0.5～0.6 元/立方米。

应该把污水处理价格逐步提到包括工程投入和运行费用在内，实现保本微利，污水处理才能进入市场。以后在监测条件可以的情况下对于大企业用户也应根据污染率实行阶梯式的污水处理价。

6）海水淡化价

海水淡化目前看来是淡水资源短缺前途无量的补充，问题是代价太高，目前国家的先进技术达到原水 5 元/吨的水平，国际上已达到 0.6 美元/吨的水平。对于有条件的地区政府应实行补贴，使之达到和其他水源相近的价格，参与市场竞争，并出台其他鼓励性措施，以促进海水淡化技术的开发。

3. 水市场是不完全市场

初始水权是由政府分配的；同时，水价也是政府宏观控制的。因此，水市场是个不完全的市场，或称为"准市场"。水市场的构成如图 4-6 所示。

以北京的水源地密云水库为例，密云水库的原水通过京密运河的输

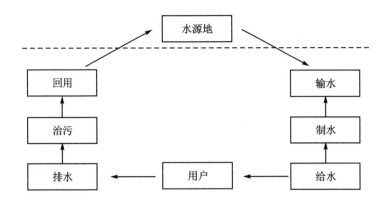

图 4-6　水市场的构成简图

水,进入自来水厂制水,成为自来水后通过供水网输送到千家万户,用户使用后又通过排水网,排到污水处理厂收集,经过处理为中水,如果回用就构成了新水源(目前是非饮用)。这利用过程形成了一个符合水自然循环过程的人类用水循环,北京已依此建立循环水产业。

(1)投资市场

从图 4-6 可以看出,在虚线以下的各个环节都可以市场运作。从输水、制水、给水、排水、治污直至回用都可以由民营资本或外资经营,都可以以非公有资本为主体,但都宜有公有资本参股。这样将大大拓宽投资渠道,大大增加投资总量。有了充足的资金就可以实施工程,扩大和保护水源地;可以把明渠改为管道输水,保证水质、减少损失;可以改善水厂设备,采用高新技术,提高自来水的质量、降低制水成本;可以重修自来水管网,保证水质,大大减少漏失率;可以增设污水处理厂,提高污水处理比例;可以更新污水处理设备,采用高新技术,提高排污标准减少污染;可以增设回用设备,增大回用比例,增加水量,从而全面解决缺水问题,给全面小康社会建设和可持续发展提供保障。

(2)水权市场

除投资市场外,水权交易也是水市场的重要内容。

1)同用途水权交易

获得某种用途水的使用权后,可以有偿转让使用权。在农业用水中,生产效益低的用户可以把自己的使用权转让给效益高的用水户。这样不仅节约用水,而且提高了经济效益。

2)不同用途水权交易

获得某种用水的权利后,可以有偿转让作他类使用。如目前在内蒙古和宁夏黄河干流进行的从灌区节水到水电站的水权交易,又如从工业节水后到用水效益更高的第三产业的水权交易。这类交易不但节约用水,而且改变了产业结构。但是应限制对居民生活、城市环境和生态用水等基本用水进行交易。

3)排污权的交易

同类生产的排污权,也可以进行交易,促进对污染的治理。但由于有排污定额的规定,应限制不同类生产排污权的交易。

由此可见,水市场仍然有许多限制,不是一个完全市场。原因很简单,水是一种性质特殊的短缺资源。

通过水权转让的"不完全市场"机制,交换双方的利益同时增加,一个地区在用水总量不变的条件下,通过市场配置使地区内各区域之间、各部门之间用水得到优化。一个流域上下游之间的用水也增加了约束机制:上游多用水意味着要损失水权交易带来的潜在收益,用水付出了机会成本;下游地区多用水要付出购买水权的直接成本,却产生了节水的激励机制。农业灌溉用水转让到工业上去,可以增加产值,获得更大的经济效益。但这种水权的转让并不是减少农业灌溉,而是通过水权交易的收益发展高效节水灌溉的设施和加强管理,保证原来的播种面积和产量,做到双赢,使农业和工业协调发展,形成互补的良性循环,发展循环经济。

（3）水市场建立的规范原则

鉴于水市场是不完全市场,水市场规范更为必要,其规范的建立应遵循一定的原则进行。

1）水是有价的,政府宏观调控

首先,要认识到水是有价的,是不完全商品,而不是任意提取的;其次,水权是有价的,向水中的排放权也是有价的,两者都是可以交易的。水在许多地区和许多情况下都是短缺资源,水的价格不应背离价值,不能太低;同时水又是人民生活的必需品,价格也不能太高;水价应由政府宏观调控。

2) 市场准入制度

水资源不仅是短缺资源,还是难于大量大范围调配的资源,它是人民生活的保证,也是经济和社会发展的基础;不同地区、不同用户之间的差别很大,所获得信息不对称,也不可能进行完全自由的条件下竞争。因此,对进入水市场的企业要从知识、技术、资本和信誉等各方面确定资质,要根据资质实行市场准入制度。

八、其他基本原理

河长对水资源的配置和管理还应遵循一些基本原理。

1. 跨流域调水

城市地域狭小、用水量大,一般都不能以自产水资源达到供需平衡,所以要利用上游水资源,一般称"过境水",学术上称"客水",这是在同一流域的水资源配置,在水科学上不是"调水"。调水是指跨流域的水资源配置,大城市多缺水,人们自然想到要调水。所谓"人与自然和谐"就是人利用自然资源时尽量不要对自然生态系统产生大扰动,与开采煤、铁和石油不同,跨流域调水——大规模移动水这种自然生态系统的基础性资源,就是对自然生态系统的大扰动,比在本流域修水库严重得多,许多后果是10年、20年无法明显看到,而几十年后将影响深远并持续,所以一定要慎之又慎。

原则上可以向自然水生态不平衡的、人类生存环境附着的生态系统,即水资源总量折合地表径流深小于150毫米的地区调水;此外可以向水资源总量减去居民最低耗水量(300立方米×居民总数)后,折合地表径流深小于150毫米的人口密集区,如城市调水。

科学调水应综合考虑调出地区人均水资源量应高于1700～2000立方米的警戒线,调水量为调出生态系统水资源量10%左右较为适宜,不应高于20%。调水还要综合考虑全球气候变迁,调出地区的经济社会发展,对调出地区的生态与环境的影响,调入和调出地区水资源分布在时间上的匹配程度,调水在工程和经济上的可行性,调入地区各类用户对水价的承受能力,调水沿线的地质情况,调水工程建成后的运行机制,调水沿途对水质、水量保护的代价和可能性等等因素。在节水到位,治污到位,生态考虑到位,水价到位四到位的前提下,精心设计,科学选比。

对于区域水资源不能维持生态平衡地区,如确有需要利用,像发现了大石油矿等,水资源供需平衡问题只能靠调水解决。对于区域水资源量仅能维持原始自然生态平衡,而人类几千年经济活动已形成巨大人口压力的地区,只靠节水是不行的,也应考虑调水。根据上面的分析,调水的原则如下:

① 对水资源不能维持自然生态平衡或历史形成的人口压力使水资源不能维持生态平衡的地区,应该调水,更为重要的是,不要再人为制造新的这类地区;

② 科学系统地分析调出水量地区水资源的自然生态平衡,分析由于调水可能发生的变化,同时考虑这些地区未来人口增长与经济发展的需求,不要拆东墙补西墙;

③ 调水与否的最重要判据之一是该地区水价能否提高到拟调来水的水价;

④ 科学地分析目前日益明显的全球气候变迁,保证在足够长的时期内有水可调;

⑤ 考虑到调入地区雨季或水灾时调水的去处;

⑥ 科学分析、比较调水和进一步节水的经济效益,如调水水价是否能为调入地区所承受(即便工程由国家投入,水价起码要保证工程运行经济自持)。

对于上述因素及工程、地质等诸因素进行全面的系统分析,才能形成调水的科学决策。

2. 城市河道建设

城市的河道整治与建设是个在国际上都有争论的问题,这里仅举两个作者参与的实例来说明。

(1)京密运河要不要衬砌

国内外城镇中都发生砌衬河道或运河是否破坏生态平衡的争论。这类问题的解决要做定量的应用系统分析,计算城镇中有百分之几的河道衬砌是不会影响水生态平衡的。国外在许多人工运河这类人工生态系统中都做了衬砌,因总量很小也不会影响生态平衡。同时,城镇地表不能全面硬化,水底更不能全面硬化,要严格控制硬化的比例。日本京都在公元9世纪建设护城河已经明白了这个道理,在河底实行了分段局部衬砌。

(2)福海要不要衬砌

北京曾就圆明园水面恢复是否要衬砌引起争论,当时作者是全国水资源管理的具体负责人,多家电视台力邀作者发表看法,作为行政官员作者谢绝了大部分邀请。但有一次被"逼",不过做了回答如下:"实际上以生态工程的理论分析,这个问题不难解决。和北京城区一样,海淀区地下水位下降严重,如果不衬砌就向园内的福海注水,等于以小小的福海来回补海淀区的地下水,显然是不合理的,圆明园作为一个企业来说更不可能承担。但是,如果砌成水泥底,那就不是恢复圆明园,而是造游泳池,显然不符合生态原理。所以,最恰当的办法就是建成略夯实的黏土底,既恢复了水面,又使圆明园可以经营,从另一方面说明了对生态工程的理解及其意义。"

此前没有看到过在公共媒体上发表过类似的言论和文章,事后几个月有单位做出的工程方案正是这样做的。

3. 分质供水的理论与实践

1996年,我国第一个"管道分质供水"系统在上海浦东新区锦华小区

141

率先实施。此前,浦东新区供水水质明显偏低,饮用水安全性难以有效保障。锦华小区率先将居民的饮用水和一般生活用水分管供应。其中,饮用水经过处理后,水质达到欧共体标准,可直接生饮。该工艺系统采用臭氧氧化、活性炭吸附、预涂膜(采用硅藻土为预涂助滤剂)精滤、微电解和紫外线杀菌等多项新型技术。净化过程中不加任何化学药剂.可有效地去除自来水中残存的对人体有害的有机污染物,特别是致癌、致畸、致突变物,同时又保留了水中对人体健康有益的矿物和微量元素。自此,深圳、宁波、广州、青岛、大庆、天津、北京等相继建设了此类系统,很大程度上解决了居民对洁净饮水的需求。

直饮水也就是打开龙头可以直接饮用的自来水,目前在我国不能做到自来水大部分直饮的情况下,以分质供水的方式,设立独立回流循环系统,将净化后的优质水输送给用户直接饮用的。在发达国家和城市,直饮水早已深入寻常百姓家。

与各种瓶装水、桶装水和净水器相比,利用管道把经过深度净化处理的纯净水输送到各家各户,具有更好的经济性、可靠性和环保性,具有取用便利、节约能源、卫生等优点。正因为其具有规模效益和利于居民健康等优点,因此在许多地区得到了推广。

从缺水的城镇大系统来看,应提倡分质供水,促进水利用良性循环的实现,实际上需要达到饮用水标准的只有饮食用水和洗浴用水;大量冲厕、洗车和浇花用水再生水就可以满足,居民小区利用再生水回用就要求分质供水,因此建设分质供水系统是合理的。目前的问题是改造供水系统投入太大,可采取新区新系统,老区老系统的办法解决。老人、小孩容易混淆使用的问题,实际上通过宣传教育可以解决。

"分质供水""分区供水"在技术及经济效益上皆是可行的,从长远的观点看,集中分质分区供水,经济上可以为广大居民所接受,符合我国国情,不失为解决城市居民饮用水问题的有效途径。

从科学上讲,喝纯净水不如喝质量高的自来水。因为纯净水通过深度提纯,在除去污染物的同时,将许多对人类有益的物质,尤其是矿物质全部过滤掉,所以,长期喝纯净水会影响身体健康。要解决百姓的饮水安全问题,关键是走出误区,治理好水环境,保证饮用水安全是政府的职责,不是个人或个别企业能解决的。

国外现有的分质供水系统,都是以可饮用系统作为城市主体供水系统,而另设管网系统用于低质水、中水或海水供冲洗卫生洁具、清洗车辆、园林绿化、浇洒道路及部分工业用水等,这种系统统称为非饮用水系统,通常是局部或区域性的,是主体供水系统的补充。设立非饮用水系统,是着眼于合理利用水资源及降低水处理费用。

我国目前分质供水,不少是以自来水为原水,把自来水中生活用水和直接饮用水分开,即把自来水中5%左右的水再进一步深加工净化处理,使水质达到洁净、健康的标准,供应给家庭用户,达到直饮的目的。

应该说这种做法不太符合国际惯例和潮流,因为虽然每人每天喝的水只有两升,但是人类对其他用水对水质的要求也是很高的,有研究表明,洗澡水当中的污染物进入人体的要占1/3,如果只是处理了喝的水,而不处理洗澡水和煮饭、做菜的水,也不能保证人的健康。

目前我国实行国际惯例的分质供水的主要问题是如何保证非饮用水系统,即再生水的水质。目前已出现再生水发黄、腐蚀管道;水有气味,冲厕所都不好用。但这不是国际惯用的分质供水方法的问题,而是对再生水没有严格的标准要求,没有检测和监督的问题。德国自20世纪80年代末做到自来水直饮,柏林1/3的再生水回到主体供水系统供饮用,完全由一套严格的制度保证。2014年5月,在北京生活污水净化首次达到饮用水标准,其实这是在德国35年前就已做到的事,而且价格可以为今天的北京居民接受。所以,只要水环境的专家、技术人员和管理人员齐心协力,把失去的时间追回来,自来水直饮是完全可以做到的。

当然国外的主体供水系统直饮也发生过一些其他问题,如在伦敦试行分质供水系统时就有小孩淘气、老人糊涂喝非饮用水系统的水,导致个别小区拆除了非饮用水系统,但这类问题都可以并已经通过宣传和习惯解决了。

第五篇　河长制的职责

河长的职责就是要管好河的水多、水少、水井、水浑。要按三条红线控制总量,按水功能区划控制分段修复,维系和利用一条健康河流。所谓健康河流,一是要在不同时段保持适当的水量,使用水供需平衡,且不泛滥;二是要有水质保证,使各类用水达到安全且不产生内源污染;三是要保持河流的自然形态,包括:长——不能改道和裁弯取直,宽——不能占用自然河道如切割河床造坝、河滩造田等,高——要及时清淤、处理塌岸;四是维系河流原生态动植物系统;五是发展沿河经济。在河长制以前近似功能的机构已经有河流流域管理委员会和创新的水务局体制,河长制的职责与两者有何异同呢?

一、河长制的职责与流域委、水务局职责的异同

作为一种新体制,河长的职责与现有的流域委和水务局的职责既有相同之处又有不同点。

1. 流域及其管理职责

水的管理是政府行为,政府要依法行政,《水法》第十二条规定"国家对水资源实行流域管理与行政区域管理相结合的管理体制。"流域是自然形成的管理主要反映的是自然规律,区域是人划的,主要反映的是政治、经济与社会规律。在这一科学基础上,《水法》中规定:"国务院水行政主管部门负责全国水资源的统一管理和监督工作。""流域管理机构在所辖的范围内行使法律、行政法规规定的和国务院水行政主管部门授予的水资源管理和监督职责。"

（1）流域的概念

流域的概念可以界定为：水系包括地表水和地下水形成的一个地理区域，区域内的水流向一个共同的终点。在流域内，地表水和地下水之间，水量和水质之间，土地和水之间，以及上游和下游之间，都存在着密切的关系。这些相互关系把流域由一个地理学的地理区域变成一个生态学的自然生态系统的概念。

流域是一个开放的体系，它的边界有时是很模糊的。系统内的河流可以拥有一个共同的三角洲，流域的分水线在平原地区一般是很模糊的，有时是人为划分的，例如依行政区划边界划分，而且流域常常与地下水层的范围不完全一致。同时，流域持续不断地与大气（降水，蒸发，大气污染）以及水源（包括海水或湖水）相互作用。此外，流域水的利用如调水工程也往往超出流域界限的范围。

尽管流域具有开放和有时界限不甚明确等特性，但目前它是共识的、非常重要的生态系统。该系统发挥着许多重要作用，是人类生存和可持续发展的基础。

（2）流域系统中的资源

流域系统中的资源主要包括以下几种，流域委和河长管流域就要管好这些资源。

1）自然资源

自然资源包括：土地、水、森林、草原、矿产、能源、小气候、物种和自然遗产等。

2）人力资源

人力资源包括人、科学技术、法规、机构和组织等。

3）财产

财产包括农田及其灌溉系统、水坝、堤防、城市、工矿企业、医院、学校、娱乐设施和人文遗产等。

（3）流域与区域系统划分的原则

以流域为管理的母系统，如这一母系统中包括几个行政区域，再按行政区域划分子系统,对按区域划分的子系统依城市人口比例、经济发达程度和行业耗水的情况分类。

1)区域服从流域的原则

在流域母系统内,区域的水管理服从流域水资源管理。在水资源管理体系中,流域水资源管理高于行政区域的水管理,流域水资源管理体系对区域实行统一协调和分类管理。与此同时,流域管理也应充分重视区域历史形成的、现实存在的和发展带来的具体情况。

2)行业服从流域的原则

在流域母系统内,部门的专业性水管理要服从流域水资源综合管理,流域水资源管理体系,对行业进行以区域为基础的分类管理。流域管理应以产业结构调整的原则鼓励高新技术产业的发展,促进生态型农业和工业的形成。

3)流域与区域相结合的水管理

以流域为基础的水资源管理目前已经成为国际上的共识,联合国的一系列有关会议与文件,区域性的国家集团和大多数国家政府,都认同这一管理原则。同时,鉴于目前一个流域有若干个不同国家、一个国家的省区经常在不同流域的现实情况,实际上,又只能实行流域与区域相结合的水资源管理办法。

只有实现了上述三个原则,才能使流域水资源系统尽快达到,并较好地维持系统的良性动平衡,以水资源的可持续利用保障可持续发展。

2. 水务局及其管理职责

水务局是作者任水利部水资源司司长时借鉴国际管水创新的一种城市涉水事务综合管理的体制。成立水务局就是要对水资源实行统一管理,为城市可持续发展提供水资源保障,不仅包括持续的水资源供需平衡,也包括抵御突变破坏——防洪,还包括水环境与生态的维护。

在统一管理的前提下,要建立 3 个补偿机制和 3 个恢复机制。补偿机制为:谁耗费水量谁补偿;谁污染水质谁补偿;谁破坏水生态环境谁补偿;同时,利用补偿机制建立 3 个恢复机制:即保证水量的供需平衡,保证水质达到需求标准,保证水环境与生态达到要求。水务局就是这 6 个机制建设的执行者、运行的操作者和责任的承担者。

水务局是城市水资源可持续发展水资源保障责任机构,水资源相关法规的执行机构。自来水厂、污水处理厂等单位则根据缺水程度等具体情况,可以是公用事业机构也可以是水务局宏观调控的企业。水务局可按系统的矩阵管理法进行管理。

图 5-1 所示为矩阵管理法及其影响因素的示意图。据此调控城市水资源供需平衡。

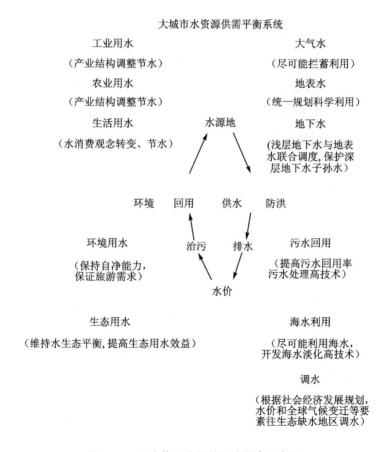

图 5-1　矩阵管理法及其影响因素示意图

水务局局长对市长负责,保障城市水资源可持续利用和发展,具体职责如下。

① 水源地的建设与保护:负责本地水源地的建设与保护,负责监测上游供水的水质与水量,负责提出与上游水源地优势互补,共同可持续发展的方案。

② 供水(输水)的保证:负责市内输水沿线的水质、水量监测与保护,保证达到水质要求的水量进入自来水厂,达不到就进行来水的再处理。

③ 排水的保证:保证城市排涝,保证污染物达标排放进入河道或污水处理厂,排水是供水的延伸,供水和排水统一管理是现代化城市水管理的基本经验。

④ 污染处理:根据污染总量合理布局建立污水处理厂,并根据水供需平衡有偿提供达标的污水回用量,提高污水利用率,使污水处理厂经济自持运行,大力开发治污技术,尤其是生物治理等高技术。

⑤ 防洪:堤防建设达标,根据来年水平衡综合考虑决定弃水,此外,还应考虑在保护水源地的前提下,提高水库的经济利用效率。

⑥ 水环境与生态:依据水功能区划分要求,保护水环境与生态,对航运、旅游、养鱼等所有改变(破坏)水环境与生态的活动建立补偿恢复机制。

⑦ 节水:制定行业、生活与环境用水定额,使之逐步达到贫水国际大都市标准,大力开发节水技术,尤其是高技术。

⑧ 水资源论证与环境影响评价:对市内所有重大项目和工程进行水资源论证和水环境影响评价,据此发放取水许可证,不达标的一票否决,同时作为城市产业结构调整的一项重要衡量指标。

⑨ 水价:适时适度提出水价提出方案,做到优水优价,累进水价,不同用途不同价格,其中主要考虑水资源费、自来水厂成本利润、节水投入、污水处理厂运行费用。以水价为杠杆调控水资源优化配置。

⑩ 法规:及时提出水资源的法规或管理条例草案,重点在于适度的罚则,经人大或政府批准后依法行政。

水务局是一种创新的管理体制,形成"一龙管水,多龙治水"的局面才能法规配套,有法可依;明确主体,有法必依;机构合理,执法必严;具有权威,违法必究;责任到人,究办必力。具体机构设置完全可以因地制宜。

3. 河长制要有新作为

总体来说,河长制与流域委的职责近似,问题是流域委的行政级别低于所在省、市、自治区,又没有《流域管理法》可依,所以很难真正行使职权,因此也就无法真正负责。除了应对突发事件外,在很多情况下,流域委逐渐成为一个协调、研究和咨询机构。河长制增加的就是权威性和责任感。

水务局体制的创新就是解决"九龙治水",进行统一管理,其职责是全面的,但水务局一般是以城市为中心的体制,对广大农村地区覆盖不足,有的水务局成立后由于各种原因也没有做到涉水事务统一管理,极个别有穿新鞋走老路的现象。这些都是通过河长制来改变的。

二、水资源利用

河长对水资源利用的依据就是要严守三条红线。

1. 用水的三条红线

水资源利用的基本原则是守住三条红线。这三条红线是对全国讲的,每个河长应据此分解出流域的三条红线。

水资源管理三条红线是我国水安全的底线。2011 年 7 月 8 日至 9日,党中央召开的全国水利工作会议上提出了水资源管理的三条红线,总书记在会上要求尽快确立三条红线,有如交通信号灯的红灯是交通安全的保障一样,红线是水安全的保障。作者在中国循环经济研究中心主持了这项研究,提出了数量标准,并在年底上报中央,具体标准如下。

（1）水资源开发利用控制红线

水资源开发利用控制红线确立的基本指导思想是实现"可持续发

展"，要求"以人为本"并且"充分考虑水资源的承载能力"。

进入 21 世纪以来，世界人均水资源使用量约为 550 立方米/人。我国现在人均水资源使用量为 440 立方米/人，水利部提出到 2020 年水资源使用总量控制在 6 700 亿立方米，即约 465 立方米/人，比目前世界平均水平低 15%。鉴于我国届时已成为中度缺水国家，低于世界平均水平是必要的；略高于 15% 的统计规律正常波动范围，应不影响可持续发展。

同时，要看我国水资源总量是否有可能支撑这一需求。我国 60 年平均水资源量为 27 700 亿立方米，据联合国教科文组织的多国统计平均研究，取用水量应在总水资源量的 25% 以下，才不会对生态系统有较大的影响。我国预计的 2020 年取用水量相当于总量的 24.2%，已经达到可取用的极限。

因此，水利部提出的 2020 年水资源开发利用控制红线是科学的。

（2）用水效率控制红线

确定用水效率控制红线的指导思想是转变经济发展方式，从资源利用方面实现科学发展。我国经济要发展，而且处于依赖自然资源的快速发展阶段，所以必须要有用水效率控制。

2010 年，我国每立方米水的产出是 10.0 美元，而 2007 年世界平均水平是 17.2 美元，也就是说我国的用水效率仅及世界平均水平的 58%，如果 2020 年能把我国的用水效率提高到世界平均水平，那么我国就完全能以 6 700 亿立方米的用水使 GDP 再翻一番，此后用水将进入不与GDP 线性相关阶段。

这就要求我国自 2011 年起到 2020 年，每年把单位 GDP 水耗降低7% 以上。

（3）水功能区限制纳污红线

水功能区限制纳污红线的确立其基本指导思想是"人与自然和谐""充分考虑水环境的承载能力"。

作者在任内全力进行了水功能区划定的工作，到 2011 年才全部完成。水功能区限制纳污的依据是水域纳污总量的概念，如 2009 年我国废污水排放总量为 768 亿吨,为我国水资源总量的 2.9％,其自降解污净比为 1/34.7,一般水域地表水自降解能力约为 1/40,即每年多排废污水 220 亿吨。

因此,要达到我国水域纳污限制,以 2009 年为基准要减少 220 亿吨/年的废污水排放;或者对 440 亿吨废污水进行一级处理(处理后降解污净比可达 1/20)后达标排放,即全国废污水一级以上的总处理率应达到 60％以上。

"水资源开发利用总量控制"的概念是作者具体主管全国水资源时提出的,当时没有用"三条红线"这个词,主要是考虑对我国水资源短缺的程度还未达成共识。

"三条红线"的提出科学地反映了我国水资源的匮乏程度,向全国敲起了用水的警钟。其中"两条半"是在作者任上提到这种高度的,"另半条"也是在作者任上开始实施的。

关于第一条红线,即水资源开发利用红线,作者在任上不但提出,而且在电视台、广播电台、包括《人民日报》等大报和包括《瞭望》等杂志上一再发表讲话、文章和访谈,反复宣传这一数量概念,使公众对水资源的利用从笼统的缺水,认识到具体的程度与数量,从而对节水起到推动作用,也为水资源优化配置的政策提供了科学基础。

关于第二条红线,即用水效率控制红线,用水效率提出来已久,也有一些相关数量概念,如农业灌溉用水有效利用系数和工业用水重复利用率等,但是都没有与国民经济发展的整体联系起来,因此仅仅成为行业指标,对全国性节水的约束力不太大。

针对这种情况,作者在各种会议(包括水利部部务会)上,并通过上述媒体提出了万元 GDP 用水这个国际上刚开始采用的指标。这一指标提出后引起了一定争论,有一种意见是:"中国人口众多,粮食需求量大,用水多,但附加值小,提高了万元 GDP 用水,因此不宜进行国际比较"。这种考虑有一定道理,作者做了回答:"中国农业用水占到 70％(现已降到 60％),但这也是世界用水的平均水平。我们的国际比较不是与种粮很少、风调雨顺的英国比,也不是和节水灌溉做得好的以色列和日本等发达国家比,而是与世界平均水平比,如果大不如世界平均水平,那就说明我们的农业搞的不是现代化农业"。这一诠释使大家基本达到了共识,认同了这一理念。随着经济发展,这一理念也大大推进了喷灌与滴灌等先进技术的使用,使得我国的农业用水占总用水比例,在 10 年之内降低了近 10%。

关于第三条红线,即水功能区限制红线的理念是作者在就任以前就提出的,但是具体工作是在作者任内开始的。自 2001 年,作者就主持了《全国水功能区划分》的工作,经历任共 10 年的努力,至 2011 年完成。这一工作的理论十分简单,但要在所有江河湖库科学划分,工作极为繁重。

划分水功能区的指导思想是:污染治理既无必要也不可能把全国的污水都处理到 IV 类以上,而是要把全国水域按功能划分成区,根据不同的需要和实际的可能把区内的水治理到规定的合理类别,使水环境治理走出"久治不愈"的理论误区。从而提出了污水治理要分类、分区、分级、分批治理的政策方针,也提出了要按此提倡适宜技术,而不是脱离实际情况,一味追求高技术的误导技术路线。

2. 水资源利用节水优先的原则

在三条红线的底线上,水资源利用节水优先是基本原则。

(1) 节水可以使多数缺水流域以至我国不缺水

近期西方国家的一些机构和专家一再预测,10 年后的中国将是世界上发生严重水资源短缺危机的国家之一。我国水资源禀赋不足,近 10 年我国人均水资源量 1 975 立方米/人,按作者在联合国主持制定的生产、生活、生态用水标准,属于中度缺水的国家。我国华北、西北(主要是生态水)处于重度缺水状态;南方情况较好,但也不充裕,由于用水多、污染重,不少市区处于"水质型"缺水状态。因此,解决我国水资源供需平衡的总方略应为:善于运用系统系思维,创新水理论,使开发、利用、治理方式科学化、合理化,切实提高我国水安全水平,我国不应发生水危机。

从国际比较看,我国是有可能以节水为主达到水资源、水环境和水生态"三生"的供需平衡的。我国年人均用水 454 立方米/人,德国人均水资源量 1 306 立方米/人,人均用水仅为 391 立方米/人。我国万美元 GDP 用水 743 立方米,而德国仅为 155 立方米。如果说德国已经完成后工业化可比性差的话,西班牙人均水资源量 2 422 立方米/人,万美元 GDP 用水 438 立方米,应是可以比较的。同时,我国不能走西方传统工业化的老路,必须加速转变生产方式,尽快越过改革深水区,早日破解面临的水难题,实现中国梦。

以 2012 年为基准,我国总用水量为 6 131.2 亿立方米。

第一产业用水 3 900 亿立方米,占总用水量 63.6%,灌溉用水为 2 730 亿立方米,占其中 70%。2012 年有效灌溉利用系数为 0.516,通过喷灌、滴灌、痕量灌溉、渠道保水等新技术和用水定额等管理制度,到 2020 年完全可以把该系数上升到 0.58,即可节水 175 亿立方米。发达国家有效灌溉利用系数一般可达到 0.6～0.7。

第二产业用水为 1 380 亿立方米,占总用水量 22.5%,工业用水重复利用率仅为 55%。到 2020 年通过开发各种工业节水技术,推广节水设备,建立定额用水管理制度,建立合理水价机制,可以把工业用水重复利用率提高到 65%,即可节水 138 亿立方米。发达国家工业用水一般可以达到 70%～80%。

居民生活用水为 742 亿立方米,占总用水 12.1%。其中 70% 用于城市,即 519 亿立方米。目前我国城市输水管网漏失在 15% 左右,加大投入修整城市输水管网,使漏失率减低到 5% 的水平,即可节水 52 亿立方米。发达国家城市输水管网漏失率一般低于 5%。另据发达国家测算,实施合理的阶梯水价,在城市中一般可以减少 10% 的水浪费,在我国即可节水 52 亿立方米。

舌尖浪费是生活用水浪费的最主要方面。中央电视台反复报道每年浪费的粮食(包括肉菜)够 2 亿人吃 1 年。如果浪费的 80% 可避免,以人年均用粮 150 千克,即可节粮 2 400 万吨,如 70% 粮食由灌溉生产(肉菜用水量更高),即可节水 118 亿立方米。

粮食储存和运输环节也有巨大浪费,至少每年浪费 1500 万吨粮,也按 80％可避免计算,每年可节水 59 亿立方米。

以上五方面总计每年可节水 594 亿立方米。

此外,第三产业也应节水;以科学的生态理念植树造林保证成活率(不能年年死、年年种)可以节水。即不在不适于种树的地区种"小老树"等;还有其他节水措施,基本上可以补上到 2020 年我国每年 600 亿立方米的水资源缺口。

（2）节水的其他作用

节水不仅能满足水资源的供需平衡,还在宜居环境和生态文明建设方面起重大作用。

1）为居民提供更好的水环境

增加城市水面,不仅让居民实现历史上的临水而居的中国梦,而且有吸附大气污染物和降低城市热岛效应的实际作用。

2）节水将有力地维系生态平衡

不少北方城市(以前目前越来越多的南方城市)靠抽取地下水供水,使得地下水水位不断降低,破坏了这个"天然水库"。尤其是不少北方城市已经要打 100 米以上的深井才能取到水,喝的是"子孙水",是不可持续发展的行为。过度抽取地下水,不仅严重影响地表植被,破坏生态系统,而且已开始造成地面沉降,直接威胁居民生存。

3）系统思维理论创新,少建污水处理厂

建污水处理厂的指导思想在我国存在较严重的误区。首先,在认识上有误区,认识到建厂处理污水减轻污水对人的危害本是好事,但建污水处理厂是不得已而为之。科学理念绝不是随便用水,污染了就建厂处理,甚至计入 GDP,这是"黑色 GDP"。要知道污水处理厂不仅占地、投钱、耗能,而且大量释放二氧化碳,加剧温室效应。同时,在现有技术条件下,污水处理厂净水能量有限。我国处在发展时期,适当增建污水处理厂是必要的,但必须注意到不能随 GDP 增长成正比增建污水处理厂,正像给低效、过剩的钢铁厂和水泥厂大量投入建除尘设备一样不合理。

这样怎么能把转变生产方式落到实处？怎么能实行新型工业化？绝不能走西方"先污染，后治理"的老路。

4）树立节水理念，提高人的素质

树立节水理念可以促使公众提高素质，正像不能随地吐痰，公众场合不能吸烟一样，不浪费水是人文明素质的体现。对各级专家和水利工作者来说，树立节水优先的理念，可以促进他们学习生态学、系统论、协同论和水资源学等新知识，缺什么、补什么。专家要出主意，也要负责任，要对水资源、水环境和水生态有与时俱进的认识，更好地为提高我国水安全水平服务，对人民的需求负责。

应该借城镇化、新型工业化和农业现代化的新机遇破解水问题对经济社会发展构成的严重制约。

河流水资源的利用还有：

① 保证居民生活用水优先；

② 按水功能区划要求利用；

③ 生产用水效率的原则，即吨水的万元 GDP 产出；

④ 必须留足生态水等。

这里就不赘述了。

三、水资源保护

人类要生存必须占用森林、湿地来发展农牧业，但是必须有限度，保持人与自然和谐，保护人类赖以为生的生态系统，不能过度，失去平衡后大自然会"报复"人类。目前在我国的实际情况是对自然生态系统的空间侵占过多，所以必须部分退回，这就是"退耕还林、退田还湖、退牧还草"，这一政策与水资源密切相关。

1. 退耕还林

退耕还林的一个重要意义是保证水资源的供需平衡，在缺水地区应缩减耕地，恢复原始次生态的森林。要特别注意是"退耕还林"，不是"退耕造林",即在原有森林的地区,恢复原始次生林,才有科学的生态功能。

时任北京市市长王岐山同志请作者就其对《北京市水资源与粮食种植问题研究》的研究报告的批示进行评价。该报告对北京的水资源和粮食生产做了较深入的研究。报告中提出:目前,虽然我市的林木绿化率和森林覆盖率比较高,分别为50.5%和35.5%,但是林木分布不均,森林主要分布在西部、北部山区,平原林木绿化率和森林覆盖率只有23.6%和19.1%,大大低于全市的平均水平。如果将朝阳、海淀、丰台、顺义、通州和大兴这六个平原区县的粮食作物种植全部实施退粮造林,将新增林地6.2万公顷,平均地区的森林覆盖率可提高至27%左右,城市生态环境将会得到显著改善。

作者做了专门研究予以回答:退出粮食生产,对首都市场粮食供给影响不大,有利于促进农民就业与增收,公共财政也能承担'退粮造林'的投入。

(1)退粮造林对首都粮食供给的影响

首都市场粮食供给并不依赖于本市的粮食生产。我市粮食产需缺口很大,粮食自产量在全市粮食消费总量中所占比重很小,绝大部分粮源依靠从产区购入或进口解决。在产量最低年份,自产量仅占全市粮食消费量的8.8%;即使在粮食直补政策作用下,扩大粮食生产规模后,粮食自给率也不足20%。从粮食加工企业来看,加工的小麦绝大多数来自河南、河北、山东等粮食主产区,如古船食品公司2005年共消耗小麦30万吨,95%来自国内小麦主产区。

(2)退粮造林对农民收入的影响

根据市农业局和统计局有关数据计算,2005年,农民人均售粮收入为272.4元,占人均现金收入的3%;农民人均粮食种植收益仅204.4元,占农民人均纯收入的2.6%。虽然在少数以种植粮食为主的纯农业村,农户粮食种植收益在家庭总上入中比重较大,但从整体上看,退出粮食生产对农民收入影响并不大。

如果实施退粮造林,参照现行的城市绿化隔离地区政策,农民拿到的生态林补贴达到 1 050 000 元/平方千米(占地补偿费 750 000 元/平方千米,养护费 300 000 元/平方千米)。而在当前粮食直补政策下,平原地区粮食种植收益为 900 000 元/平方千米,山区半山区优质耕地收益 8 400 元/平方千米。两相比较,'退粮造林'将有利于提高农民收入。

(3) 退粮造林对农民就业的影响

北京有 300.5 万农民,从事第一产业的约 58 万人,直接从事粮食生产的农民更少,而且由于粮食种植季节性等特点,多数种粮农民处于兼业状况。如果退出粮食生产,农民就业将发生新的积极变化:一部分农民从事林木管护工作,成为护林工人,按照每人看护 13.3 公顷左右的生态林计算,可安置 9 900 名农民就业;随着森林观光旅游、林木加工等产业发展,更多的农民将直接转移到这些二、三产业就业。特别重要的是,由此可以促使那些兼业的农民从粮食种植中解脱出来,彻底走出传统农业,实现身份和生活方式的根本转变。

其中"北京市森林分布在西北部山区,平原森林覆盖率仅 19.1%,达不到国际上温带森林覆盖率约 25% 的良好标准,应在平原适当造林"是作者向北京市领导提的建议。所以作者专门抓紧完成了《退粮节水、中水回用,回补地下、植树造林,修复生态系统、实现人与自然和谐是北京的当务之急》的报告上呈。

2007 年 3 月 9 日,王岐山同志对报告的批示为:"此乃季松同志应我之请所作,对我们去年课题相吻合且在更大范围提出了好的意见,值得参考。"

2. 退田还湖

退田还湖或湿地的目的主要是恢复自然系统的原有生态功能。

(1) 保证生态水量

在围湖造田停止之后,湖泊被破坏的最重要原因是由于工农业的需要从湖中取水,使浅湖也就是湿地干涸。因此,必须保证生态用水,禁止在非涨潮时期从浅湖取水是十分必要的。新疆的罗布泊实际上是一片湿地,由于灌溉等一系列取水,使得罗布泊在 30 多年中逐渐干涸,化为乌有。

（2）控制对湖泊的污染和淤积

目前工业废水、城市和农村污水对湖泊的侵害以及泥沙淤积日益严重，把湖泊当成污水排放地，大大超过了湖泊的自净能力，使得湖泊成为一潭污水，非但失去生态功能，反而成为二次污染源，正像人的肾一样，进入的毒物超过了其排毒的能力，就毁坏了肾。这是还湖后必须重视的问题，因此必须科学计算湖泊的自净能力，严格控制超量排污。

湖泊是应该利用的，如捕鱼、养殖和采泥炭等，但必须按照规划合理开发，应立法制止盲目过度开发，污染破坏湖泊生态系统的行为。

（3）扩展湿地

在有必要而且有条件，也就是有土地和有水的地区，扩展湿地是十分重要的生态系统建设措施。如在外界排污严重的水库周围造人工湿地、净化水源，国外有不少这种例子，北京的官厅水库西缘也考虑建设人工湿地净化来水。

（4）引水净湖

退田还湖后另一个生态系统建设措施是引水净湖，湖水也是更换的，因此尽管流速很低，也是流动的，提高湖水的流动速度可以大大提高湖泊的自净能力。因此，引水入湖可以从增加生态水量和提高流动速度两个方面改善湖泊生态系统。2000年实行的引长江水入太湖就是首例这类大规模生态建设措施，已经取得了明显的效果。

作为全面的生态修复政策，还应加上退牧还草和退用还荒。

之所以提出退牧还草，是因为作者到过的我国多个牧区都过度放牧，关键是单位面积草场的牲畜数量超过了其承载力，地下水无法支撑牧草的再生，造成草场退化，形成恶性循环。呼伦贝尔大草原小草刚过脚踝，再也见不到"风吹草低见牛羊"的景象。作者住过两年半的新疆草原情况类似，连地旷人稀的青海草原也出现了过度放牧。所以必须修养生息，退牧还草。

至于退用还荒，前面已经讲到，沙漠与绿洲之间的荒漠不是可以开垦的荒地,它是沙漠与草原之间的生态过渡带,有着保护绿洲的重要生态功能,不能开垦,已经开垦的要退用还荒。

这些生态修复实际上都取决于水生态系统,也是对河流水生态系统的修复。

四、防洪、排涝和保护健康河流形态

防洪和排涝是河长的重要职责,对于传统的工程手段要有创新思维。同时,河长有责任保持健康河流的形态,不仅是河床、河岸,也包括水流的形态,即不能过度载流、随意造地。

1. 防洪工程措施

防洪、排涝和保护河流健康形态也是河长的重要职责。

防洪工程即缩小洪水泛滥范围,减少洪水灾害损失的工程手段。兴建防洪工程就是在河流的中上游山区、丘陵区兴建山谷水库,滞蓄洪水,防治山洪;在中、下游的平原地区修筑防堤防,以防漫城;整治河道,以利泄洪;并利用湖泊洼地滞蓄洪水或兴建分洪工程。

防洪工程措施包括:筑堤防洪、蓄洪、分洪、泄洪、滞洪垦殖、水土保持等。

（1）筑堤防洪

筑堤防洪是平原地区历史最悠久的防洪措施,也是目前防洪的重要措施。堤防的作用主要是保护河流两岸平原洼地内的农田、村庄和城市免受洪水淹没。防洪堤一方面扩大河道的过水断面,增加泄洪能力,另一方面也增加了河道本身的蓄水容积。它还可约束水流,稳定河床。但筑堤一般是侵占河道,改变河流形态。

（2）蓄　洪

利用山谷水库和湖泊洼地调蓄汛期洪水叫蓄洪。在河流的上中游兴建水库,拦蓄汛期部分或全部洪水,待汛期过后,再将库中水有计划地下泄。在发电、灌溉、航运、养鱼等方面也有效益。对洪水大的河流在中、下游利用河流附近的湖泊洼地兴建平原水库调蓄洪水。

（3）分 洪

堤防防御洪水的能力是有一定限度的，对大洪水要采取其他防洪措施来确保堤防的安全，分洪就是其中之一。分洪工程是在河流的某一处或数处分泄部分洪水直接入海或入其他河流或入附近的湖泊或入预筑的分洪区。以削减通过河流的流量，减轻洪水对堤防的威胁。

（4）泄 洪

扩大河道过水能力，使洪水能畅通下泄所采取的措施是泄洪。这些措施包括加整治河道、扩大行洪区等。

（5）堤防与蓄滞洪区建设的经济核算

在城市的水规划之中，必须有新的指导思想，投入新知识。既要考虑传统的工程措施，也要考虑生态的非工程措施。例如城市防洪，由于原来的河流行洪区被用作建筑住宅区、农田或绿地，与农田占用湖区一样，是占用了河区，也应退出，恢复原生态系统，或者叫作留出蓄滞洪区。

要在安全保障程度相同的情况下进行经济投入的比较，国外一些城市为了解决城市防洪问题，并不是一味地加高堤防，而是在筑堤和最大淹没可能的损失之间做比较，在预测预报确有把握的情况下，汛期转移居民，保障人身安全，汛期过后赔偿转移居民的财产淹没损失。因为洪灾是一个低概率事件，在保障人身安全的基础上，只为保障财产而筑堤，应该把筑堤投入与可能的最大财产损失做比较，选择成本低的投入，这也是生态经济学的原则。

因此，另一种考虑是不筑堤而建立蓄滞洪区，同样可以避免洪水危害，同时，这些蓄滞洪区与城市功能可以紧密结合，洪水季节作为蓄滞洪区使用，保证行洪，而在枯季作为高尔夫球场，还能得到经济收益。日本东京近郊就采用了这种做法，收到了很好的效果。

2. 非工程防洪措施

非工程防洪措施既主要是利用自然和社会条件去适应洪水特性，减少损失,通过加强管理和制定政策来实现。

（1）对洪泛区进行科学的规划与管理

造成洪泛平原洪水风险增大的主要原因,是人们对洪泛平原长期无序和过度的开发,是人水争地的结果。基于这样的认识,从而加强洪泛平原管理也是减轻洪水风险的措施,如减少居民,耕种快熟作物,不建永久性企业。

（2）建立洪水预报与警报系统

洪水到来之前,利用水文气象遥测系统,将所收集到的数据,进行综合处理,准确做出洪峰流量、洪水总量、洪水位、流速、洪水到达时间等洪水特征值的预报,绘制洪水风险图,及时对洪泛区发出警报,并组织人员、财务的疏散撤离,做好抗洪抢险准备,以避免或减少重大的洪灾损失。

（3）希拉克任巴黎市长时防洪的非工程做法

作者在联合国教科文工作时认识时任法国巴黎市长的希拉克先生,他在不断学习中文,有时对作者说:"今年我又多识了 300 中国字。"他当年在巴黎防洪时的一种非工程做法值得借鉴。巴黎东部小片底洼地,大洪水时被淹没,群众到市政府抗议,但他仍不修堤,而是依靠高质量的洪水预报系统通知当地居民撤离。洪水最长也就持续两天,退回居民返回政府发高额款项补偿居民损失,"灾民"个个欢天喜地,刚好把房屋重新装修。作者去考察时居民居然问:"是不是又要来洪水了,我们今年正好要装修房子。"

五、水污染防治与水环境治理

水污染物的防治先要认清污染物的种类。

1. 污染物的分类

（1）无机污染物

无机污染物主要是重金属。重金属污染系指各种金属元素及其化合物对水体的污染,其中汞、镉、铅、铬以及化学性质与金属相似的砷等是主要污染元素。

重金属污染物最主要的特性是,在水体中不能被微生物降解。影响重金属在水体中浓度变化的理化反应主要有:沉淀和溶解、吸附与解吸、氧化与还原等作用。重金属生成硫化物、磷酸盐、碳酸盐等难溶的物质而沉淀,大量聚积在排污口附近的底泥中,成为长期的二次污染源;重金属能被水中大量存在的各种黏土矿物、腐殖质等无机和有机胶体吸附随水迁移或随悬浮物沉降;重金属污染一旦形成,就很难消除。

重金属污染对生物和人体的危害主要表现在以下三方面。

① 饮用水中只要含微量重金属,即可对人体产生毒性效应。一般重金属产生毒性效应的浓度范围大致是 1~10 毫克/升;毒性较强的金属,如汞、镉等产生毒性的浓度为 0.01~0.1 毫克/升。

② 经过食物链的生物放大作用,重金属可以在较高级的生物体内成千上万倍的富集,然后通过食物链进入人体,在人体某些器官内积累造成慢性中毒。20 世纪 50~60 年代,日本富山县神通川流域出现的"骨痛病",便是由于上游炼锌厂排放的废水中含有较多的镉,镉通过河水、稻米和鱼虾等食物链进入人体,引起肾功能失调,骨质中钙被镉取代所致,患者骨骼软化,极易骨折,全身疼痛难忍。这种公害病在当地流行 20 多年,造成 200 多人死亡。

③ 水体中某些重金属可在微生物或外界环境的条件作用下变成毒性更强的化合物,对人和生物造成极严重的威胁。20 世纪 50 年代,日本九州熊本县的水俣镇流行的"水俣病",先是疯猫跳海,接着是病人神经麻痹、全身震颤,狂叫而死,其原因是镇上一家合成醋酸的工厂,用汞作催化剂,大量含汞废水排入水俣湾。汞是一种毒性很大的重金属,在水中微生物及其他因素作用下,继而转化成毒性更大的甲基汞。甲基汞通过食物链进一步累积,进入人体后又很难代谢出去,聚集在肝、肾和脑中,损害神经系统,造成了可怕的"水俣病"。

（2）有机污染物

有机污染物主要是指具有生物毒性的有机污染物质,它们不仅对生物和人类具有明显的毒性,能引起急、慢性中毒,有些有毒物质还能导致癌症、畸胎和细胞遗传基因突变。大多数有毒有机污染物都是人工合成有机物,由于它们分子大,结构稳定,在自然环境中很难被微生物降解,残留时间长,因此对水环境存在长期潜在危害。有机毒物主要包括以下几类。

① 酚类化合物,酚类化合物又分为挥发与不挥发两大类。由于挥发酚的毒性远较不挥发酚大,故通常多测定挥发酚含量用来衡量酚类化合物的影响。浓度很低的酚类化合物就能使水带酚味,并直接有害于鱼类和鱼类饵料生物,造成鱼类逃逸甚至引起鱼类死亡,因此,要严格控制生活饮用水和渔业用水酚的含量。酚类化合物主要来自煤和木材的干馏、炼油厂、化工厂和牲畜饲料场的废水、生活污水和农药等有机物的水解、氧化和生物降解;酚的氧化需要消耗大量的溶解氧。

② 有机农药,如杀虫剂、杀菌剂、除草剂等,按其化学结构可分为有机氯、有机磷和有机汞等三大类。其中有机氯和有机汞类农药由于其结构稳定,在环境中残留时间长,不易生物降解,对环境造成较为严重的不良后果,已经被限用和禁用。有机磷农药尽管较易分解,但对人畜有剧毒性。近年来,氨基甲酯类等低毒低残留的化学农药正得到越来越广泛的应用。

③ 其他有机有毒物质,如多氯联苯、多环芳烃、芳香族氨基化合物及各种人工合成的高分子化合物(如塑料、合成橡胶、人造纤维等),它们进入水环境后,由于自然界本不存在这些物质,环境对它们的代谢能力十分有限,加上其结构的稳定性和含有许多有害的基团,易在水环境中积累,造成对生态系统的威胁和破坏。

（3）溶解氧、BOD 和 COD

溶解氧、BOD 和 COD 是防治水污染,保护水环境的几个基本概念。

1）溶解氧

天然水体表面与大气接触,在气水界面不断进行气体交换,大气中的各种组分即可进入水体,亦可逸出水面。同时,水中的生物作用和化学反应也可产生气体。水中最重要的气体是氧、二氧化碳和氮。

溶解于水中的分子态氧,称为溶解氧(DO)。水中的氧主要来自水体与大气的气体交换和水生植物的光合作用,它是水生生物维持生命的基础,水中溶解氧的多少,直接影响水生生物的生存、繁殖和水中物质的分解与化合,是维系水生态系统的重要因素,也是水质的重要标志。

水中溶解氧的含量与大气中氧的分压和温度、水体曝气过程的强度,水生生物光合作用及呼吸作用的强度以及水中耗氧有机物的数量有关。

在标准大气压下,水中溶解氧含量随水温升高而降低;在恒定温度下,随压力增加而上升,并随水中含盐量的增加而降低。增加水气交换面积,也可增加水中溶解氧的数量,故流水比静水的溶解氧含量高。

此外,水体中水生植物的光合作用可产生氧,增加水中溶解氧的浓度;而水生生物的呼吸作用会消耗水中的溶解氧,水体中的有机物分解时也会消耗溶解氧。水中溶解氧的含量取决于上述各种复氧和耗氧过程的平衡。水体受污染时,其溶解氧量逐渐减少,因此,水中溶解氧的浓度是表明水体污染的重要指标之一。若水中溶解氧被大量消耗,将直接威胁水生生物的生存,当地表水中溶解氧含量减少到 4 毫克/升时,便会发生死鱼现象。

湿地和池塘是静止水体,大气复氧速度较慢,若水中有机物含量多则耗氧速度加快。夏天气温高,饱和溶解氧量比冬天要低一些;白天水体中光合作用强烈,表层水体氧含量较高;晚上水体中呼吸耗氧作用加剧,使池塘里早上溶解氧含量最低,故死鱼现象多发生在夏日的早上。在北方的冰冻期,由于复氧作用受阻,水中的氧会比较低,加上污染物的耗氧作用,使缺氧更加严重,也常造成死鱼的现象。

2）生物需氧量

生物需氧量（Biological Oxygen Demand，简称 BOD）又称为生化需氧量，因为生物过程实际上是一个生化过程，是指在好气条件下（DO≥1 毫克/升），微生物分解有机物质的生物化学氧化过程中所需要的溶解氧量。微生物分解水中有机物质的过程缓慢，若将可分解的有机物全部分解，大约需要 20 天以上的时间。目前国内外普遍采用 20℃培养 5 天所需要的氧量作为指标，称为五日生化需氧量（BOD），也写作 BOD，以氧的毫克/升表示。

生化需氧量的测定采用生化培养的方法，这是一种生物检验法，规范的实验步骤是：取两份水样分别置于溶解氧瓶中，测定一份水样中的溶解氧，另一份放入 20℃培养箱中恒温培养 5 天，再测定水样中的溶解氧，根据二者之差即可求出微生物分解水中有机物质所消耗的溶解氧量。此法可测量有机物生物降解所需要的氧及某些无机还原物质如硫化物、亚硝酸盐、亚铁等所需的氧。通常用生化需氧量来表示水被可生物降解的有机物质污染的程度。

3）化学需氧量

化学需氧量（Chemical Oxygen Demand，简称 COD）是指水样在规定条件下用氧化剂还原处理时，水中溶解性或悬浮性物质消耗该氧化剂的量（毫克/升）。还原性物质包括有机物，也包括一些无机物，如硝酸盐、硫化物等。通常以化学需氧量（COD）作为有机污染的综合指标。测定 COD 时所应用的氧化剂种类不同，测定的结果也不同。应用高锰酸钾作氧化剂，测定结果记作 CODMn，即水质标准中的高锰酸盐指数；而应用重铬酸钾作为氧化剂时，测定结果为 CODCr，即水质标准中的 COD。

BOD 和 COD 都是通过测定可以与水中的有机物反应的氧的数量，来间接反映水中有机污染物的含量，称为氧的指标体系。此外，总需氧量（Total Oxygen Demand，简称 TOD）也属氧指标体系。一般说来，对于同一个水样，其 BOD＜COD＜TOD。

2. 水的富营养化

在自然条件下,水体中的氮、磷等营养物质主要来源于陆地,土壤中含有的植物营养物质通过地表径流汇入水体,供给水体中的浮游植物发育、生长和繁殖。水体中氮、磷的含量水平决定水体的营养状况,水体由贫营养到富营养的自然演替过程,往往需要几千年、几万年甚至更长的时间。

随着人类活动的日益增加,农业上大量施用化肥,生活污水和工业废水大量排入水体,致使水体中营养物质急剧增加。水体过分肥沃,藻类植物便迅速过度繁殖,在阳光和水温最适宜的季节,藻类的数量可达每升 100 万个以上,往往以蓝藻、绿藻居多,这时,水面就会出现一层很厚的绿色藻层,开成一片片的"水华"。这种现象发生在海洋,就称为"赤潮"。这些藻类能释放出毒素——湖靛,对鱼类有毒杀作用。藻类大量死亡后,在腐败、被分解的过程中,要消耗水中大量的溶解氧,使水体严重恶臭。"水华"不仅破坏水产资源,还会影响水体的景观。

在湖泊、湿地、水库、内海、河口及水网地区发生"水华",是水体富营养化的结果,这是水体衰老的一种表现。水体一旦出现富营养化就很难恢复正常,因此富营养化是一种严重的水环境污染。造成水体富营养化最重要的营养元素是氮和磷,起主要作用的是磷,也就是说,只有限制水体中的磷含量,才能防止水体发生富营养化。水体中磷的主要来源是生活污水,洗衣粉中的磷化合物用来降低水的硬度,提高洗涤去污效果,因此,限制使用含磷洗衣粉,可以有效地控制水体富营养化。

目前,我国每年约有 45 万吨磷酸盐排入江河湖海,许多湖泊和近海都处于富营养化状态。如太湖因含磷过多,蓝藻大量滋生;云南滇池含磷废水的排入,导致水质严重恶化;20 世纪 90 年代渤海发生了数十次赤潮,海里鱼类锐减。磷类化合物还会引发多种恶性肿瘤。

一些国家在 20 世纪 80 年代已制定出了洗涤剂"禁磷"的法规,日本、加拿大、瑞典等国均已实现了洗涤剂的无磷化。在我国,太湖、杭州等地也从 1998 年开始"禁磷"。

3. 水污染的主要指标

水中杂质的具体衡量尺度称水质指标。各种水质指标表示出水中杂质的种类和数量,由此判断水质的好坏及是否满足要求。水质指标分为物理、化学和微生物学指标三类。常用的水质指标主要有以下几项:

① 水温、悬浮物(SS)、浊度、透明度及电导率等物理指标,pH 值、总碱(酸)度、总硬度等化学指标,用来描述水中杂质的感官质量和水的一般化学性质,有时还包括对色、嗅、味的描述。

② 氧的指标体系,包括溶解氧、生化需氧量、化学需氧量、总需氧量等,用来衡量水中有机污染物质的多少,也可以用碳的指标来表示,如总有机碳、总碳等。

③ 氨氮、亚硝酸盐氮、硝酸盐氮、总氮、磷酸盐和总磷等,用来表征水中植物营养元素的多少,也反映水的有机污染程度。有时还加上表征生物量的指标叶绿素 a。

④ 金属元素及其化合物,如汞、镉、铅、砷、铬、铜、锌、锰等,包括对其总量及不同状态和价态含量的描述。

⑤ 其他有害物质,如挥发酚、氰化物、油类、氟化物、硫化物以及有机农药、多环芳烃等致癌物质。

⑥ 细菌总数、大肠菌群等微生物学指标,用来判断水受致病微生物污染的情况。

⑦ 还可根据水体中污染物的性质采用特殊的水质指标,如放射性物质浓度等。

总之,有的水质指标是水中某一种或某一类杂质的含量,直接用其浓度表示,如某种重金属和挥发酚;有些是利用某类杂质的共同特性来间接反映其含量的,如 BOD、COD 等;还有一些指标是与测定方法直接联系的,常有人为任意性,如浑浊度、色度等。

水质指标能综合表示水中杂质的种类和含量,是不断发展的。如何拟定最合理的指标,有待根据生产和环境科学的发展逐步完善。

4. 防治水污染

防治水污染保护水环境,从质量上保证水资源的可持续利用是保障可持续发展的另一关键。

(1) 节水就是防污

建立节水型经济和节水型社会是防污的重要手段,节水减少水被污染的总量就是防治水污染。我国目前工农业生产的耗水量十分惊人,节水潜力很大。采用先进工艺技术,发展工业用水重复和循环使用系统;改进灌溉技术,采用新型耕作技术和作物结构设计;发展城市废水的再生及回用;加强管理,杜绝浪费是建立节水型工业、农业和第三产业,最终建立节水型社会,缓解水资源紧张,减少废、污水排放量的有效措施。

(2) 全面开展水污染治理

当然,尤其是在目前,预防并不能彻底消灭污染源。人类生活过程中必然会排放各种类型的水,这是无法预防、无法消灭的,只有妥善治理。工业生产即使大力采用了清洁生产技术、达到了资源循环的水平,也不可避免地仍要排放一定量的废水,必须妥善治理。

目前造污水处理厂是治理污染的主要手段,已为大家熟知就不赘述了,但污水处理厂建设的位置、技术和级别必须通过全流域的应用系统分析来规划。

我国水体污染的主要特征是有机物污染,为控制水体的有机污染,普遍采用二级生物处理流程,尤以活性污泥的应用最广。美、英、瑞典等国普遍采用以活性污泥法为主的生物处理污水后,水环境的质量有了明显的改善,证明此种方法是有效的。日本和韩国采取有卵石减低流速,增强生化作用的处理方法也是有效的。

(3) 统一管理、充分利用水体的自净能力

污染物进入水体后,经过一系列的物理、化学、生物等方面的作用,污染物的浓度会逐渐降低,水体往往能恢复到受污染前的状态。水的这种自我调节能力,称为水体的自净功能。建设污水处理厂前必须先充分

利用河水的自净能力。

1）河流的净化

① 稀释与混合。污水中高浓度污染物,由于清洁水的稀释与混合作用,使其浓度降低,最终达到完全均匀混合。对河流来说,当流量一定时,参与混合稀释的河水流量与污水流量之比(称径污比)越大,达到完全混合所需的时间越长。

② 沉淀。随着水流流速减低,其挟带悬浮物质的能力减弱,水中的悬浮物陆续沉入底质中,使水质得以改善。

2）通河湿地净化

湿地被称为"地球之肾",更确切地说是"健康河流之肾",因此对通河湿地必须保护和修复,其净水机理如下。

① 吸附和凝聚。水中的污染物被固体,即湿地中的石块、悬浮的黏土矿物、泥沙及腐殖物质等吸附,并随同固相迁移或沉淀的现象,为物理净化。其中胶体的物理化学吸附作用是使许多污染物,特别是各种重金属离子由水中转入底质的重要方式。

② 化学净化。河水在湿地中滞留,污染物与水体组分之间有充分的时间发生各种化学反应,使其浓度降低或毒性丧失的现象,称为化学净化。最常见的化学反应有分解与化合反应、酸碱反应及氧化还原反应等。

③ 生物净化。水中污染物经湿地特有的各类生物和生理生化作用,或被分解,或转变为无毒或低毒物质的过程,称为生物净化。

④ 我国江南传统的控河泥做肥料是顺应自然的做法,既清理了河道,又少用了化肥,应予以恢复。

六、沿河水经济的发展

河长最大的责任是要使沿河居民有获得感,看得见绿水青山,记得起乡愁,此外还应有实际获得。

① 沿河房地产开发。在不侵占河道的条件下,利用沿河的优美环境有限开发房地产用于居住、餐饮和娱乐业是必要的。2000 年,福建福州

市水利局在闽江下游结合堤防建设整治了周围环境,北江滨大道的地价已从 20 万元人民币/亩提高到商业服务用地 210 万元/亩,住宅建设用地 130 万元/亩;南江滨大道的地价已从 15 万元/亩提高到商业服务用地 90 万元/亩,住宅建设用地 80 万元/亩。粗略估计以上述土地的一半获得收益,其增值部分的 1/4 投入水利部门,就大大超过国家两年内给福州水利部门包括堤防建设的全部投资。上述收益不能全进入房地产部门,水利部门应该获益,显然是合理的,关键在于政策调节。这种房地产开发除因环境高价外,还必须建设向河中污水零排放的排污处理水设施,这种高端污水处理设备可摊入房价,就是用经济手段保河。

② 在不侵占河道的条件下,沿河发展生态休闲、科学养态和现代康复等高端知识产业,产值高、排污少,保护河流。2002 年,作者指导、规划、设计,并批款在北京饮用水源地——密云水库边建了一个污水零排放的培训基地,利用了周边环境,又保住了饮用水源地,随后大多数各单位的招待和培训基地都做到了这一点,但也有例外。

③ 利用河滩建沿河公园、草地足球场和高尔夫球场,平时开放,在丰水时段关闭,利用过水浇灌。由于利用自然,可低收费,不但有利于发展群众体育运动,节约了土地,还节约了水资源。

④ 开展生态文明旅游。一般城市的发展史,也就是河流的变化史。在纽约的哈德逊河、巴黎的塞纳河和伦敦的泰晤士河都有游船,不仅介绍景观,更为重要的是讲述城市的发展,让本国人记起乡愁,让外国人了解历史。游船一定是电动船,不能排油污染,承包公司要保证游客不向河中排废物,违者重罚,以至更换承包商。

⑤ 组织横渡、划艇和龙舟等体育比赛,赛前后由第三方监测水质,超过允许标准罚款。可组织全沿河马拉松赛,在黑龙江、长江、珠江和太湖都有湖心岛,可组织环岛马拉松,在世界上是创举,也可以显示治河的成绩。

七、水生态系统修复与生态补偿

水生态修复是河长的重要职责,修复标准如下。

1. 生态系统的建设与恢复标准

生态系统既是可以建设的,在一定程度上也是可以恢复的,水生态系统建设的目的就是保持可持续发展的五个层次的水资源需求,即饮水安全需求、防洪安全需求、粮食生产用水需求、经济发展用水需求和环境与生态用水需求。因此,建设和恢复都是有科学标准的,应依据这些标准进行管理。这里仅以水资源来说明问题。

（1）河流流量指标

河流的流量是水生态系统优劣的基本指标,一般情况下,河道内应保证 60% 的水质达标水量,流量减少会直接影响其生态功能。极端情况是干涸,干涸的河道就完全丧失了其原有的生态功能,河道干涸长度反映了河流水生态系统恶化的状况。人类为维持生活、生产和生态的河道外用水,一般不应超过河流径流量的 40%。必要的跨流域调水,调出地区的水资源总量折合地表径流深应大于 200 毫米、人均水资源量应在1700 立方米/人的警戒线以上。

（2）湖泊的面积与水量

城市河湖水体是体现城市生机的重要因素,是现代城市文明发展的标志,城市水体面积的比率直接关系到城市空气的湿度和温度,是城市生态的重要指标。采用河湖占城区面积比来反映城市水生态状况。

（3）湿地指标

湿地是河湖与陆地的过渡带,有多种生态功能,更是鸟类和各种水生生物的乐园,具有补给地下水的重要功能。湿地总面积大小,体现了其发挥调节气候等能力的大小;湿地面积比率反映了湿地影响的大小。以湿地面积、湿地水体面积和湿地比率作为衡量湿地状况的指标。

171

（4）地下水指标

地下水位直接反映了地下水储量,如果地下水位很低,不仅不能补给地表水,而且就像一个大漏洞,湿地和河流就很难蓄住水,地表植被也难以生长。生态恢复要求达到历史上生态系统较好的水平。抽取地下水后,地下水位应不低于保持原植被的水平,更不能造成地面沉降。

（5）入海水量

河口地区是咸淡水交替的地方,许多生物在此繁衍生息,具有很高的生态地位,入海水量的大小决定了河口地区的生态质量。入海水量应达到河流径流量的 10％,内陆河流域输入尾闾的水量也应达到河流径流量的 10％～15％。

（6）水质指标

水质状况决定了水体发挥什么样的功能和发挥功能的大小,污水只能危害生物的生存,降低水的生态功能。水体水质是反映水体好坏的定量体现,COD 是水污染的主要污染物,其排放量决定着水体水质,是实现"总量控制"的重要指标;污水处理率反映了污水治理的程度,决定着进入水体污染物的总量。流域排污总量,应在河流径流量的 1/40 以内,以达到自然稀释,超量的一定要达标排放。

（7）植被

植被覆盖率反映了绿化美化的程度,影响着其涵养水源、调节气候和防止水土流失的能力。生态系统中的非人类居住和生产区内应保持 80％以上的原自然生态系统的乔、灌、草植被和物种结构。

（8）动物群落

在人类生存环境附着的生态系统中,较大面积的森林和草原地带应保持 60％以上的原自然生态系统的动物群落。动物群落是生态系统蜕变的重要标志,在森林和草原中,如果动物迁移或灭绝,说明系统蜕变了,接着才是树死草枯。

（9）调水

在有条件的情况下,原则上可向自然水生态不平衡的、人类生存环境附着的生态系统，即水资源总量折合地表径流深小于150毫米的地区调水；此外可向水资源总量减去居民最低耗水量（300立方米×居民总数）后，折合地表径流深小于150毫米的人口密集区，如城市调水。

2. 河流生态水的计算方法

目前，生态水的概念已经被广为接受，许多流域、地区和城市的规划都提出了要预留生态水的问题，但生态水的定量计算方法还鲜为人知，这是亟待解决的问题。目前国际上流行多种生态水的计算方法，以下做简单介绍。

（1）目前国际上流行的计算方法

1）河流最小环境流量的计算方法——特纳特（Tennant）法

特纳特法是1972年提出，以提出者特纳特（Don Tennant）的名字命名。特纳特法根据水生生物生存环境与流量的关系，提出了三条结论：一是保持水生生物生存要求河流最低流量不低于河流正常流量的10%；二是保持水生生物有良好的栖息条件并进行一般的娱乐活动要求河流流量不低于正常流量的30%；三是为水生生物提供优良的栖息条件和进行多数娱乐用途要求河流流量不低于正常流量的60%。

根据上述三个条件算出取定的河流流域生态系统的生态需水量。这种算法的优点是比较简便，缺点是仅从河流来推算流域，而没有考虑整个流域系统的非平衡态问题。

2）河流最小环境流量的计算方法——7Q10法

7Q10法提出于20世纪60年代，主要是通过计算污染物允许排放量来计算保持生态系统自修复能力的生态水量。该法确定最小环境流量的原则是采用连续最枯7天平均流量作为河流的最小流量。

3）其他方法

除上述方法外，还有在美国6个州采用的湿周法，即用水面以下河床的长度作为水生物栖息地的质量指标来估算河流内生态水的流量值；Rzcross法是一种建立数学模型的计算方法；此外还有河道流量增值法

(Instream Flow Incremental Methodology)即 IFIM 法、栖息地物理模拟法(Pnysical Habitat Simulation Model)即 PHABSM 法、同类生态系统比较法和历史良性生态系统追溯法等几种方法。后两种方法都是作者参与提出的,优点是更符合实际情况,因此也更为准确;缺点是需要大量数据,发展中国家生态监测的历史太短,资料积累太少,应用起来比较困难。

(2) 吴氏算法

这是作者于 1991 年在联合国教科文组织工作时,总结上述算法创立的一种新的算法。其基本概念是对于一个划定边界的河流水生态系统,其生态用水要保证以下几个方面。

① 保证入海水量(对入海河流而言)或散失水量(对内陆河而言),不少于河流流量的 10%~15%。经案例统计分析表明,10%的入海水量是保证河口生态系统的最低生态水量,而 10%~15%的散失水量是保证内陆河不逐渐缩短和尾闾生态系统的最低生态水量。

② 对河流的调水,调出本流域的水量不能超过河流流量的 20%,对河流的退水型用水总量一般不能超过河流流量的 40%;对河流的总用水量(包括非退水和退水用水量)不超过河流流量的 60%。

③ 第一、第二、第三产业和居民生活废污水如达标排放(退水)可为生态用水。

在上述基础上就有公式:

$$\sum Q_E(i) = 0.15S - \left[\sum Q_s(i) + \sum Q_t(i) + \sum Q_i(i)\right]$$

其中,$Q_c(i)$为维系生态系统所需水量,即生态水量。$Q_s(i)$为河流入海流量,应大于河流流量的 10%,或为内陆河尾闾散失流量,应大于河流流量的 10%~15%。$Q_t(i)$为调出流域的河流流量,应小于河流流量的 20%。$Q_i(i)$为用水后非退水量,应不超过 30%。以上水量单位均为立方米。

S 为被分析的生态系统的面积,单位是平方米。

i 为时间,可以视为每 1 秒,但这对生态系统没有意义,此式中将 i 定义为天,即 i 为 1 到 365,根据具体情况也可以定义为周或月,即 i 分别为

1 至 52;或 1 到 12。

同时应建立世界良性生态系统数据库,用这种算法得出结果后,与资料比较齐全的同类良性生态系统的生态水量比较,用以校核;还要对被计算生态系统进行历史追溯分析,与本生态系统呈良性时的生态用水进行比较,予以校核。

用作者提出的这种算法对海河流域生态用水量进行了计算,与海河水利委员会 2002 年 5 月提出的《海河流域生态环境恢复研究(初步报告)》用特纳特法的计算结果吻合。此前也与阿尔及利亚对谢利夫河流域用其他方法的计算结果进行比较,也是一致的。

3. 河流水生态系统修复重在修复水中动植物系统

修复河流水生态系统不仅体现在水量、水质与河流形状上,河水中的动植物生态系统同样重要,要尽可能维系修复原生态动植物系统。决不能任意引入外来物种,我国南方河流引入水葫芦(学名凤眼莲)和北京密云水库引入日本小鱼都有经验教训。

4. 如何进行生态补偿

河流水生态修复有这么多工作要做,投入从哪里来?人力、物力、财力和技术从哪里来?除了政府投入还有什么其他办法?

实际上,很多亟须对河流水生态修复的地区,都是老少边穷地区,地方政府没有人力、物力、财力和技术投入或投入不足怎么办?应当由上一级政府和中央解决。问题是投入要有效益,投入的效益要有定量的指标体系衡量。

这个指标体系就是下一节要讲的绿色 GDP,有投入就要有产出,这个产出不是 GDP,而是创新的绿色 GDP,就是如何用度量保证"绿水青山"这座"金山银山"。河长的责任就是科学指导、具体实施如何产生绿色 GDP,不是做"减法",而是做"加法"。把应该生态补偿地区的 GDP 加上绿色 GDP,而这一部分 GDP 可以减税,上一级政府或中央政府根据实绩和年度财政状况(生态修复不是一蹴而就的工作)部分或全部支付。绿色 GDP 也是考核河长的重要指标。

八、运用经济学实施绿色 GDP

河长一般都是负责经济的首长,河长的工作并不是一份与经济无关的工作,这样的认识既不全面,也不符合事实,而且不利于工作的开展。其根据就是"绿水青山就是金山银山",但是这个"金山"有多高,"银山"有多大,如何度量,就要靠市场机制,要靠绿色 GDP 的创新。

1. 河长的经济手段用——市场

河长制也应利用市场机制调动企业界,尤其是民企的积极参与。

在英国、法国等国家,私人公司可以参与供水等商业领域。刚开始,这类私人公司的业务主要是提供管道输送服务,从水源地将水输送给客户,不负责水源的保护。但是,这些公司在服务中渐渐地认识到,无论他们的服务质量如何,当供水不足或水质不达标时,客户会把矛头直接针对他们,于是这些公司就不得不花费巨额成本来提高水质、降低污染。这就说明从流域的源头控制水质对这些公司来说具有重要的经济意义。

河长要将市场的力量与流域保护结合起来,激励公司去保护流域,那么人们对流域的生态保护的认识将更为全面,获得的资金更充裕,使流域的很多生态功能通过市场来调节。流域污染会对当地社区造成非常大的负外部效应,应动员全流域社会力量来解决。

流域保护和供水的主要问题是外部效应,可以通过建立明晰的产权来加以纠正。以流入北京密云水库的潮白河为例,如果有关政府机构得到流域的产权,就可以采取措施阻止流域周围的污染行为。解决问题的途径可以从两个方面考虑:一是通过税收或补贴来减小私人成本与社会成本、降低私人收益与社会收益间的差距;二是通过确立财产权成立水权交易公司(水利部已建了这样的公司)将外部效应引入到交易的框架中解决。

应付费给流域内农民,鼓励其放弃在流域两岸种植庄稼或养殖牲畜,从而使得私人成本与社会成本、私人收益与社会收益均衡。流域附近土地休耕所带来的社会收益要大于私人收益,但休耕会减少农民的收入，政府必须对农民进行补贴，确保农民能从土地休耕中获得私人收益，也就是生态补偿。

流域面临着当地居民生活和工农业污染的威胁。但是，许多区域性乃至全球性的污染对流域的影响更大。例如，气候的变化会改变降雨的分布，进而改变流域中水资源的可利用程度，这实际上破坏了流域的稳定水流量功能；其他如酸雨增多和肥料中的硝酸盐扩散也会威胁到土壤和水质。这些问题不是某个流域单独可以解决的，需要多方合作，要从国家层面以至用全球视野去通盘考虑流域保护问题。

流域生态系统对人类的活动来说，就是一种"公共设施"，是大自然为人类建造的"基础设施"。流域生态系统自身能够稳定水流量和净化水资源，这两种生态功能蕴含着无穷的经济价值，在数量上远远超过将流域用于农业生产或发展工业所带来的价值，因此应当积极保护流域。但是，流域的经济价值在现实中往往被忽视，其中最主要的原因是水资源不受市场调节，因此解决的方法就是将市场机制引入水资源利用，进而使流域保护的过程体现出更大的经济价值。通过将流域的保护和产权明晰，就可以使水资源的供应权进入市场并赋予某些公司。

2. 河长要实现绿色 GDP 创新

按照循环经济的观点，从理论上说，工业排出的污染及其给自然资源和生态系统带来的负值（即破坏）应该为零。但传统工业经济生产与这一理想假设的差距是巨大的，因此，如果按传统西方经济学的理论统计自然资源和生态系统破坏的成本，这一成本几乎是任何一个企业都难以支付的，换句话说，就是使几乎所有企业将破产。如何解决这一问题呢？应该按新循环经济学的理论承认第二财富，就是说生产创造社会财富，而对环境的治理和生态的修复则创造自然财富。如果一个企业只生产产品，那它就只创造社会财富；如果它也参与水资源节约、水污染治理和水生态修复，那它就也创造了自然财富。所谓绿色 GDP 就是既考虑社会财富的创造，又考虑自然财富修复，使社会财富与自然财富达到均衡，使"绿水青山"真正成为"金山银山"，GDP 等于两者之和。

（1）绿色GDP考虑自然财富的增量

新循环经济学认为生产有两个目的：既创造社会财富，又修复自然财富。考虑绿色GDP，就要考虑创造自然财富的三个新生产成本，一是资源节约的成本，二是污染治理的成本，三是生态修复的成本。按新循环经济学的观念，这些成本的投入创造了自然财富，绿色GDP等于社会财富的增量和自然财富的增量之和，改变了亚当·斯密认为"国民财富就是一个国家所生产的商品总量"的传统西方经济学理论。

1）达到提高资源利用效率的指标相当于创造自然财富

达到"十三五"规划中资源利用效率提高的约束性指标和预期性指标，节约了自然财富，相对于传统的增长模式而言，形成了自然财富的"增量"，等于"创造"了自然财富。这一自然财富的增量目前可以用达到提高资源利用效率约束性条件的投入来度量。

"十三五"规定全国用水总量控制在6 700亿立方米以内，非常规水源利用量显著提升。规定万元国内生产总值用水量、万元工业增加值较2015年分别降低23％和20％，农业灌溉水有效利用系数提高到0.55以上。达到这些指标的投入，原则上就是"自然财富增量"的度量。

2）环境污染的治理相当于自然财富质与量的提高

环境污染的治理相当于自然财富质与量的提高，目前，国内外多家权威机构估计我国环境污染给GDP带来4％～6％的损失。也就是说，社会财富9％的GDP增长率，实际上只有3％～5％。对于污染治理的有效投入，就是减少这部分损失，使GDP实际增加，或者说使绿色GDP增加。

以水污染治理为例，如果城市排放的劣Ⅴ类废污水处理达标到Ⅳ类水，就可以提高水的质量，作为城市景观用水，改善城市水环境，增加城市的自然财富。北京目前就将以中水用于城市景观用水的更替，保证良好的水环境，增加城市人工生态系统的自然财富。这一财富的增量可以由中水的价值来度量，如北京有9.5亿立方米经处理的中水回用，约占北京市供水量的30％，中水价格2元/立方米，即创造了19亿元的自然财富。

3）生态建设维系和增加自然财富

2000 年,作者曾主持制定了《黑河流域近期治理规划》和《塔里木河流域近期综合治理规划》,这是我国最早的、有投入并限期完成的生态治理规划。这两个规划的目标都是为了河流不断流,从而保护沙漠中的沿河绿洲。而河流能否不断流,取决于河流的下泄水量和流域的地下水位。这些都是自然财富,其维系可以由对河流下泄水量的保证与对地下水位降低的遏制来度量,为达到这些目标的投入,就是自然财富的产出。

例如,《黑河流域近期治理规划》投入 23 亿元,达到了维系黑河下游绿洲、保持黑河下游地下水位和局部地恢复已干涸近 30 年的东居延海的目的,今天成为旅游热点,则这笔投入就是自然财富的产出,生态旅游的收入也是产出。

（2）绿色 GDP（GGDP）公式

由资源节约投入、污染治理投入和生态修复投入创造自然财富的概念就是绿色 GDP 投入产出的基本概念。应用上述概念就改变了传统西方经济学总供给的公式。

传统西方经济学总供给公式为:

$$AS = I_1 + I_2 + I_3 + I_i$$

其中:AS 为总供给;I_1 为第一产业增加值;I_2 为第二产业增加值;I_3 为第三产业增加值;I_i 为总进口。

新循环经济学总供给公式为:

$$As = I_1 + I_2 + I_3 + I_i + I_p + I_R + I_e$$

其中:I_p 为污染治理的投入;I_R 为资源节约的投入;I_e 为生态建设的投入。

又有:

$$Gg = I_p + I_R + I_e$$

其中:Gg 为绿色 GDP 较 GDP 增加的部分,为有效污染治理投入的环境改善产出,有效资源节约投入的维系生态系统产出和有效生态建设投入的生态系统修复产出之和。

新循环经济学的总需求公式为：

$$AD = C_u + G_u + F_i + I_e + R_e$$

其中：AD 为总需求；C_u 为个人消费；G_u 为政府的商品和劳务开支；F_i 为固定资产的购置；I_e 为总出口；R_e 为环境与生态修复的开支，即广大群众对生存环境改善的需求。

因此，新循环经济学的总供给与总需求均衡有：

$$I_1 + I_2 + I_3 + I_i + I_p + I_R + I_e = C_u + G_u + F_i + I_e + R_e$$

（3）绿色 GDP（GGDP）的统计指标体系

综上所述，就可以得出绿色 GDP，即 GGDP 的统计指标体系，它分为三个部分：

1）人居环境改善产出的度量

人居环境改善的产出原则上等于污染治理投入的有效部分，即通过治理使大气、水体和固体废物处理等相应指标有提高的投入部分。应根据环境标准建立子指标体系，予以定量衡量。

2）维系生态系统产出的度量

维系生态系统的产出原则上等于有效地实现能源、水、原材料等资源利用效率提高的投入。应建立子指标体系，根据以后每个五年规划的预约性和预期性指标建立子指标体系定量衡量。

3）修复生态系统产出的度量

修复生态系统产出的度量原则上等于由于生态建设投入而产生的生态系统有效恢复。主要依据地下水位的恢复、森林覆盖率的提高、草原牲畜承载力的恢复和矿山复垦建立子指标体系定量衡量。

（4）绿色 GDP（GGDP）的统计指标

1）万元 GDP 水耗（W/单位 GDP）

万元 GDP 水耗是循环经济水资源利用的主要指标，它可以说明一个国家农业发展耗水增加，所走的是否为循环经济农业现代化的道路。目前，中国万元 GDP 水耗是世界平均水平的 4 倍，应该降到 2 倍，才表明中国走的是农业现代化的道路,这也是中国可以不缺水的基本依据。有人说,中国情况特殊,人口众多,要保证粮食安全。但是,中国要实现现代化,不与以色列和日本比是可以的,与世界平均水平相比是必要的。

2)工业水重复利用率(Wind2)

工业水重复利用率是第二产业水资源利用的最重要指标。中国工业水重复利用率仅为50%,而日本则达到了500%,即一份水重复利用了5次,差距之大令人吃惊。

3)农业灌溉水利用系数(Wind1)

农业灌溉水利用系数是第一产业水资源利用的最重要指标。中国部分农田需要灌溉,而农业灌溉水利用系数仅为0.43左右,而发达国家高达0.7~0.8。由于中国69%的水用于农业灌溉,因此,灌溉系数每提高0.1就可节水380亿立方米,相当于2020年南水北调总量的1.5倍。

4)千克粮用水(W/kgF)

千克粮用水与农业灌溉水利用系数有许多共同之处,之所以再列这个指标是因为中国毕竟有相当比例的粮田主要不依靠灌溉。同时,这项指标的控制也考虑到了中国的气候条件,使保证粮食安全的指标体系更科学。目前,中国的千克粮用水平均值约为0.65吨,如仅考虑灌溉区域约为1吨/千克粮。

5)每亩耕地粮食产量(F/亩)

每亩耕地粮食产量是农业现代化的重要指标,依靠生物技术和先进灌溉技术提高亩耕地粮食产量是循环经济的重要任务。提高单位面积的产量就可以少用灌溉水,也可以少用化肥与农药,少污染水。

6)城市人口年均用水量(Wc)

目前在中国,随着城市化的进程,城镇居民生活用水已占总用水量的10%,并且还将继续增加。因此,城市居民节水是建设节约型社会的重要方面。按目前发达国家水平,城镇居民用水不应超过7吨/(人·年)。

7)中水回用率(Wr/W)

中水回用率指经处理后达标的废污水再利用的比例,是循环经济的重要指标。中水回用率越高,循环经济发展程度越高,可持续发展程度也越高。中水回用是解决城市缺水的重要途径,2020年各城市的中水回用率应达到30%以上。

在新循环经济学中,生态修复被认为是生产,是创造第二财富,因此,要建立统计指标体系,这是与传统经济统计指标体系最大的不同。这一组指标包括森林覆盖率、城市人均绿地、城市人均水面、地下水位、污水处理率、化肥与农药使用强度、单位GDP的CO_2排放、空气污染综合指数、城镇生活垃圾无害化处理率、退化土地修复率、城市公共交通利用率和生态修复投入/基本建设投入等12项。

8)森林覆盖率

森林是陆地生态系统的主体,因此,流域的森林覆盖率是河流生态系统的重要指标之一。但是森林覆盖率也不是越高越好,它还取决于气候条件。据联合国教科文组织的统计研究,一般在温带中等缺水的地区森林覆盖率在25%左右比较适宜。我国处于这一地区,已经提出了相应的绿化目标。

9)城市人均绿地

随着工业化的发展,人类居住开始了城市化的进程。城市地域小、人口多、工业生产集中、生活水平高、排污量大,因此构成了畸形的人造生态系统。所以,修复城市生态系统应规定人均绿地水平。城市人均绿地等于城市规划区内或紧邻地区的绿地与人口之比,不包括行政城区的远郊森林和草地,目标为50平方米/人,在人口高度集中的大城市宜降到20平方米/人。

10)城市人均水面

与城市人均绿地的概念近似,城市人均水面应该是城市规划区或紧邻地区水面与人口之比,不包括远郊的大湖、大河与湿地。其中,河流——流动水面的生态效益更高,可以乘4~6的系数。目前来看,城市人均水面应力争达到10平方米/人,与城市绿地的作用一样,城市水面可以大大减少城市热岛效应和空气污浊度。

11）地下水位——生态系统状况指数

地下水位是生态系统维系和修复的第一指标，只有地下水位得到保持才能保证植被生长、河流不断流、湖泊不萎缩、湿地不干涸。地下水位应基本保持在工业化开始时的水平，如北京自 20 世纪 50 年代开始工业化以来，地下水位已经下降了 23 米之多，致使街头的树、草都需以抽地下水为主的自来水浇灌，形成了恶性循环，造成了比较严重的生态系统失衡。

12）污水处理率

污水处理率主要指城镇的废污水达标排放后处理的比例。在 2020 年我国城镇的污水处理率应达到 60％以上。

13）再生水回用率

使用再生水可减少新鲜水使用量，不仅节约了水量而且使更少的水被污染，保证了水质。

14）化肥与农药使用强度

目前，农田化肥与农药的大量使用不仅造成严重的污染，而且直接毒害农作物，影响人民健康。因此，对单位面积的化肥和农药使用应按不同作物规定标准。

15）退化土地修复率

由于矿山过度开采、草场过度放牧与农田过度垦殖使得土地、草场和农田退化；建筑物与道路的废弃也使得大量土地退化以致失去使用价值和水土保持功能，应当予以修复。其修复率是生态修复的重要指标。

16）城镇生活垃圾无害化处理率

城镇生活垃圾无害化处理率指城市和建制镇生活垃圾进行无害化处理数量与垃圾产生总量的比例。有害垃圾会最终进入地表或地下水体。

第六篇　河长主持健康河流规划编制的顶层设计和技术路线

一、规划与工作方案编制的标准

要科学地讨论人类所在这个星球缺可再生的淡水的问题,就要建立一个指标体系,回答"什么是缺水"的问题? 这样才能有科学的认识,达成共识。

1. 作者在联合国教科文坚持制定的水资源丰欠标准

1991 年,作者任联合国教科文组织科技部门顾问,科技部门有个水局,处理专家不少,连秘书的水平都很高,而且与各国的水利部门有广泛的联系,在占有资料方面可谓得天独厚。

水系统属非平衡态复杂巨系统,尚不能建立数学模型用计算机通过运算解决。对于这类难题,目前最好的办法就是占有大量可信的数据,以统计平均的方法解决,最主要的方法就是蒙特卡洛法(Monte－Carlo),作者是改革开放后第一批出国访问学者,20 世纪 70 年代末,作为题目组长在欧洲原子能联营法国原子能委员会的芳特诺(巴黎近郊)核研究中心做受控热核聚变能利用研究的计算,正是以系统论与协同论为指导,利用这种方法工作,可谓驾轻就熟。

这种方法在占有大量数据的基础上,通过复杂的计算,得出的往往是最简单的结论。举一个例子就可以说明这个问题:前 20 年国际上花了数以千万计的美元做各种实验与计算,研究全球气候变暖到什么程度就会产生质的变化,产生对人类带来巨大危害的温室效应,最后得出一致的结论:平均温度升高 2.5℃左右,其实地球上有人类居住地区的年平均温度是 17℃,按统计规律波动在 ±15% 就会发生质的变化,17℃×0.15=2.55℃,其结果与耗费巨资所得到的是一样的。

作者在联合国工作时主持过 46 国 852 个案例的调研,取统计平均值制定水资源丰欠标准和环境、生态维系的水资源标准,为法国、意大利和越南等多国引用。1999 年 4 月,时任国务院副总理温家宝在国务院会议上指出作者提出的"生态水"是一个新概念,并于 1999 年 4 月 4 日在《为可持续发展提供水资源保障》(作者参加 1999 年中美环境与发展会议做首席发言的预案材料)上批示:"此文可以适当形式摘发各地各部门参阅。干部需要经常了解有关人口、土地、水资源、环境保护等方面的知识,加深对国情的认识,增强实施可持续发展战略的自觉性。"

其中,以温带广大地区案例为主得出 2 000 立方米/1 700 立方米/人为阈值或称缺水警戒线,20 世纪 70 年代以前原"弗肯马克(瑞典水文学家)标准"定为 1 700 立方米/人,后来由于社会经济发展需求在作者主持制定的标准中改为 2 000 立方米/人。

应该指出,之所以不考虑区域之外的客水,是基于区域发展的生态水权观念,即该地区应该立足于自产水资源保障可持续发展。统计客水影响了客区的发展权,即使能保证引入水量,也难以保证引入水质。

当然也有一些像中国长江入海口的上海、英国泰晤士河入海口大伦敦等城市地区就是特例。日本人均水资源量高达 4 340 立方米,但由于河短流急,主要部分入海,所以日本认为自己是缺水国家,也是特例。

2. 水资源的社会经济和环境生态标准

水资源的丰欠可以分为对社会经济发展和环境生态维系的两类标准。

(1) 社会经济发展的水资源标准

按人均水资源占有量的水资源丰欠标准是联合国教科文组织根据上千个案例的统计分析得出的,作者在联合国工作时参与制定此项标准,人均水资源量等于当地自产水资源量除以当地人口数,即:

$$人均水资源量 = \frac{区域自产水资源量}{该区域人口数 + 流动人口折合的人年数}$$

主要反映经济规律：

丰　　水——大于 3 000 立方米；

轻度缺水——2 000～3 000 立方米；

中度缺水——1 000～2 000 立方米/1 700 立方米；

重度缺水——500～1 000 立方米；

极度缺水——小于 500 立方米；

国家(不是指地区)正常生存的最低线——300 立方米。

如沙特阿拉伯人均水资源量低于 300 立方米,这类国家已不能靠节水解决问题,均采取了海水淡化和买水等措施。

(2) 环境、生态维系的水资源标准

环境、生态维系的水资源标准是地表径流深,即

$$地表径流深 = \frac{区域水资源总量}{区域面积}$$

按水资源总量折合地表径流深来衡量生态系统,是联合国教科文组织根据上万例大小生态系统的统计分析得出的,主要反映自然规律。地表径流深大于 150 毫米,基本可维持原有植被的生态系统不蜕化的最低水资源量,可以承载适当的人类活动;地表径流深小于 150 毫米就是荒漠或者半荒漠的生态系统极其脆弱的地区,不适于人类居住,更不适于社会经济发展。

地表径流深 150～250 毫米能较好地维系当地自然生态系统,对人类活动承载能力较强;地表径流深大于 250 毫米,则从水资源看比较适宜人类社会经济系统发展。

北京市折合地表径流深为 252 毫米,因此属于自然生态系统水平衡地区,但由于过量集中人口,目前生态系统已严重退化。

3. 水资源利用的生态承载力标准

对人类的发展来说,水资源是可以利用也必须利用的,但是,人类要

可持续发展,必须考虑水生态系统的承载能力,不能饮鸩止渴、竭泽而渔,也不能子吃卯粮,更不能拆东墙,补西墙。

（1）地表水利用量标准

人类为维持生活、生产和生态的用水,一般不应超过河川径流量的40%,否则会引起流域地下水位过多下降,甚至河流断流,破坏流域生态系统。

必要的跨流域调水,调出地区的水资源总量折合地表径流深应大于200毫米、人均水资源量应在1700立方米/人的警戒线以上。

（2）地表水水质标准

流域排污总量,应在河流径流量的1/40以内,以达到利用生态系统自修复能力的自然稀释和降解,超量的一定要达标排放。

（3）地下水标准

抽取地下水后,应保证地下水位仍能保持原植被的水平,不能由于抽取地下水造成地面沉降。

（4）调水的标准

应向自然水生态不平衡的、人类生存环境附着的生态系统,即水资源总量折合地表径流深小于150毫米的地区调水;此外应向水资源总量减去居民最低耗水量（300立方米×居民总数）后,折合地表径流深小于150毫米的人口密集区（如城市）调水。

4. 水资源与植被的关系

水资源是基础性的自然资源,也是自然生态系统中的基础性要素,水的多少,决定了生态系统的状况,水面面积、河流流量和地下水埋深本身就是生态系统品质的决定性因素。同时,水又决定了生态系统的植被,也就是"绿"。有水才有生命,有生命才有绿,但是"绿"只是生态系统的最重要因素之一,生态系统的状态是否良好,还要作全面的应用系统分析。通常又把"绿"视为森林,这也是有道理的,森林的确是陆地生态系统的主体,与人类的起源与进化有直接的关系,但是森林也不等于

"绿",还是用植被这个概念比较科学。

包括森林在内的植被和决定植被的水都是陆地生态系统的要素,以生态平衡的观点来分析,它们互相制约,达到动平衡。所谓生态系统建设,就是恢复它们之间的最佳平衡关系,或者新建良好平衡关系的系统。总结出的经验关系如表 6-1 所列。

表 6-1　植被与降雨的经验关系

状态分区	降雨量/毫米	水资源总量折合地表径流深/毫米	产流系数	植被状况
十分湿润带	＞1 600			热带雨林
湿润带	1 600—800	＞400	＞0.6	温带阔叶林
较湿润带	800—600	＞270	＞0.5	森林为主
半湿润带	600—400	＞150	＞0.4	乔灌草结合
半干旱带	400—200	＞70	＞0.3	草原为主
干旱带	200—100	＞30	＞0.17	稀疏植被
极干旱带	＜100			荒原

表 6-1 中所列的经验关系与作者到过的 50 个国家的实际情况相当吻合。作者走遍我国 31 个省市区,看到自然生态破坏相当严重,但通过实地考察、查阅资料、参观博物馆、请老人(如新疆塔里木河下游英苏村 109 岁贾拉里老人)回忆等方法了解,自然生态也与表 6-1 中所列的经验关系吻合。

这里只考虑到地表水,而植被还在很大程度上取决于地下水,但地下水又和地表水紧密联系,如图 6-1 所示。

降雨可形成河流的地表径流。形成的地表水补充可再生地下水,当土壤水干枯时,地下水补充土壤水;土壤水被植被吸收变成生物水,使生命得以存在,如苹果有 95％是水,人体近 70％是水;植物又通过蒸

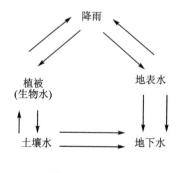

图 6-1　水循环

腾增加大气水,通过大气环流变为降雨。

降雨落在植被上,直接补充生物水,被植物吸收而维持生命;如果不降雨,则植被吸收土壤水,土壤水枯竭时,吸收地下水,如地下水源不足,则植物死亡,在枯水年也无法补充河水。

二、科学认识"水多、水少、水脏和水浑"

作者创立的资源系统工程管理学对水多、水少、水脏和水浑的水资源问题有些新的认识。

1. 水　多

水多是指洪涝灾害,从资源系统工程管理学的观点来看,水多是人的评判。以长江为例,长江中游历史上有"八百里洞庭",是自然生态系统的行洪区,但是由于多年来人类的扩张,只剩下不到一半。在人类侵占的行洪区中自然要发生洪灾,怪不得大自然。

解决办法有三个:一是全堵,就是筑堤,把洪水压迫在河道里。人类垦植越多,河道越窄,堤防越筑越高,甚至形成悬河,黄河就是例子。水向低处流是自然规律,人类制造了"水在高处流"的"新河",实际上已不是原始定义的"河"了。在城市化的进程中,扩建和新建城区,再不能迎水而建,而靠筑堤防洪。二是全疏,即全部恢复原始行洪区作为蓄滞洪区,让水自然通过。但是,面对庞大的人口压力,这种办法是不现实的。三是疏堵结合,科学筑堤,合理恢复蓄滞洪区,使人类与自然的发展达到平衡,这就是资源系统工程管理学要解决的问题。

2. 水　少

水少指旱灾。从资源系统工程管理学的观点来看,旱灾也是人的评判。人的十个手指还不一般长,降雨年际不均,一年多一年少是自然规律,从统计规律来看,与多年平均值的变化在±20%之内都属于正常现象;强调我国年内降雨分布不均,其实多数国家都是这样,至少有1/3的国家情况并不比我国好。一个基本认识是,对于绝大多数有植被覆盖,人类正在生存的地区,在近几千年内连旱多则五六年,不会有超过 10 年以上的连旱,否则一定会产生居民的大迁移。这样的地区不是没有,墨西哥谷地就可能是这样的地区,所以曾经发达的印第安文化消亡了,居民居然从城市走回森林,但这是个别情况。

人类解决水少问题也有三个办法。

一是调水,调水又有两个目的:一是为旱灾补水,二是改变那里的生态系统。有限地跨流域调水补足当地旱季的缺水,使之不发生旱灾是可能的。对于较大地域来说(例如超过 1 万平方千米),第二个目标不仅不符合人与自然和谐的观念,也是不现实的。同时,调水还存在对调出区经济社会发展和生态系统的影响,调水时同丰同枯和沿途保护等一系列问题。二是节水。对所有地区来说,节水都是最好的办法。对大多数地区来说,节水都能解决水资源短缺的问题,对于个别地区不能解决问题,那就要虚拟调水:调人、调粮,或者跨流域调水。三是以节水为主,有限的调水,或者叫"先节水,后调水",如现在的南水北调。

3. 水　脏

水脏主要指水污染问题。从资源系统工程管理学来看,不仅人类活动造成了水污染,自然界自身也有水污染。南美亚马孙河的主要支流内格罗河的水是黑的,被人称为"黑河",就是由于大水冲刷上游原始热带雨林的枯枝落叶入河造成的污染,这种污染随波逐流,自然降解,并没有形成积累,因此亚马孙河水质很好。人类在农业社会中生产排污量很小,在自然生态系统的自净能力以内(一般污净比为 1/40 是阈值),但进入工业社会后排污量不断增加,大大超过了自净能力,形成积累,造成严重的水污染问题。

工业生产为什么产生这样大量的污染呢?有两个原因:一是生产规模大,利用的原料种类多,污染的量和种类自然会增加;二是亚当·斯密和李嘉图西方古典经济学"最大限度地开发自然资源,最大限度地创造社会财富,最大限度地获取利润"的指导思想受时代的局限,不考虑自然生态系统的承载能力,受技术的局限,很少考虑自然资源的综合、合理和科学利用。实际上任何污染物都是资源,要看如何规划企业、设计产品和利用原料。污染物不过是把资源以错误的数量,在错误的时间,放到了错误的地方。

由此看来,解决水脏的问题也有三个办法:一是保持传统的粗放生产方式,被动地等待技术进步,水的浪费越来越大,污水越来越多,靠不断扩大和增建污染处理厂来治理污染。二是主动地以循环经济的指导思想,从新的企业规划、产品设计和原料利用入手,实施原料利用减量化,产品使用多样、长久化和废物再利用化的 3R 原则,在大量减少污染排放的同时大力节水。三是两者相结合,以第二种办法为主,在科学技术达不到的情况下,辅之以扩大和增建污水处理厂。

4. 水　浑

水浑主要是指泥沙问题。从资源系统工程管理学的观点来看,我国古代诗词中的"山清水秀"不是没有,但基本在喀斯特地形区和其他岩石地形区存在,如欧洲克罗地亚的喀斯特,我国的桂林。还有另一句话,叫"水至清则无鱼",大部分地区的河流都不是"清河",黄河自古就叫"黄河"(最早叫大河),亚马孙河的上游苏里曼河叫"白河",也不是清河,现在又变成了黄河。大多数河流携沙量都比较大,这样才形成了目前最适于人类居住的河口冲积平原。同时,也不能否认,人类对植被的破坏,使水土流失,泥沙量增加的情况愈演愈烈,因此,应该大力植树造林,逐步恢复生态系统。

解决水浑的问题也有三个办法:一是在上游退耕还林,恢复生态系统,保持水土,减少人为的增沙量。但是必须注意,是"退耕还林",而不是"退耕造林";是恢复生态系统,不是造新的人工生态系统。目前在我国大部分地区,大规模地营造新的生态系统,都不在水资源的承载能力之内。同时还要注意,不是单一造林,更不能单一树种,真正保持水土的是混交树种的、乔冠草结合的长期(如 100 年以上)形成的森林生态系统,尤其是积累多年的枯枝落叶层。边毁边造,保持的总是新生林,其生态功能是很低的,重复植树反而浪费了大量的水资源。二是以水冲沙,这必须在摸透自然规律的基础上进行,否则可能有不良生态影响,目前黄河进行的调水调沙实验,是人为地以水冲沙的第一步,是好的。但是,它仅仅是一个科学实验,即便几组数据与人工模型相符,与摸清水沙规律还有很大的距离。三是以恢复生态系统为主,同时在摸清科学规律的基础上辅以人工手段。

三、水资源供需动态平衡方程

水资源系统是非平衡态复杂巨系统,目前无法通过建立具体的数学模型通过计算机运算来求解,但是可以通过数学方式把"统筹水资源"的系统论思想更准确地表达出来,这就是在流域尺度内的水资源总量控制管理动平衡方程。

1. 建模思想与配置原则

作者自 1984 年起,进行了 30 年的实地调查和理论研究,创立和完善了水资源总量控制管理动平衡态模型。

该模型的主旨是在流域(大水文系统)尺度内对水资源实行总量控制,达到供需动平衡和空间动均衡状态,进行系统治理,从而以水资源的可持续利用保障可持续发展。根据水资源循环的规律,总量控制以年为时间单位有如下模型:

$$水资源总需求 WD = 水资源总供给 WS$$

即水资源总需求系统与水资源总供给系统的平衡。其中水资源总需求系统 WD 包括生活用水 Dl、生产用水 Dp 和生态用水 De 的子系统,为了表述简单明了,用最简单的数学公式表示如下:

$$WD = Dl + Dp + De$$

水资源总供给 WS 包括地表水 Wg、地下水 Wu 和再生水 Wr 的子系统,即

$$WS = Wg + Wu + Wr$$

水资源供需动平衡状态要求达到

$$Dl+Dp+De＝Wg+Wu+Wr$$

如图 6-2 所示。

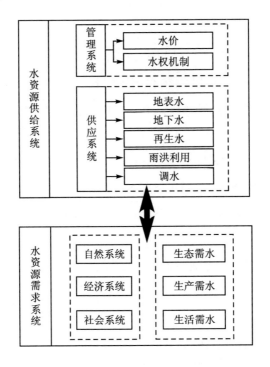

图6-2　水资源供需动平衡态示意图

通过工程建设与运行的管理,在流域范围内维系生活用水、生产用水和生态用水的"三生"需求与地表水、地下水和再生水的"三源"供应之间的动态平衡。这一模型转变了传统的工程思维方式,以"以供定需"为前提,通过工程双向调节达到供需平衡,只有这样才能进行科学全面地分析,达到人与自然和谐,才能保证经济发展及饮用水与国家安全。这一平衡不是静止的平衡,而是动态的平衡;不是算术的平衡,而是函数的平衡,是非线性平衡;不仅是数量的平衡,也包含质量的动平衡;只有这样,才能达到科学的总量控制。

依据水文学和生态学,水资源的分布及其所支撑的生态系统是以流域为单元的,因此人与自然和谐的水资源利用系统也应与流域相吻合,换句话说,就是以流域为模型系统分析的边界。这一模型不仅是水资源供需平衡的保障,也是水环境治理与水生态修复的保证,还是资源短缺型水环境问题解决的直接手段。因为不管是水环境治理还是水生态修复,都是以水量为基础的,因此这一模型也是可持续发展的具体化和理论深化。

从水资源供求的基本关系而论,用水人口、人均用水量、单位农业增加值的用水量、单位工业增加值的用水量、年降雨量、流域内可调水量、跨流域可调水量、地下水位状态、污水处理水平等因素是决定水资源供需均衡的主要因素。而产业升级又可以降低工农业的用水水平,从而提高用水效率或减少用水需求。但是在一个静态分析中,供水总量与用水总量构成一个平衡方程。因此,建模与分析的指导思想就是"以水控人",也就是给定其他因素作为系统参数,将用水人口作为自变量,进而决定水资源供需均衡状态。

基于上述模型进行均衡分析的原则是:

第一,年降雨量符合统计平均规律,并为下一步的长周期分析奠定基础;

第二,参考发达国家和具代表性的新兴经济体进行的单位增加值用水效率的变动效应分析;

第三,将流域内的水权交易作为控制因素,将跨流域调水作为辅助解决方案。

2. 水资源供需平衡的一般模型

为了表述简单明了,用最简单的数学公式表示如下:

(1) 供 给

供给包括:

① 地表水

$$Wg = W_1 \times C = (a_1 \times Y + b_1) \times C$$

② 地下水

194

$$Wu = W_2 = a_2 \times Y + b_2$$

③ 再生水

$$Wr = Q \times p \times q$$

所以,总供给为

$$WS = Wg + Wu + Wr = (a_1 \times Y + b_1) \times C + a_2 \times Y + b_2 + Q \times p \times q$$

其中:

　　Y——年降雨量;

　　C——地表水的利用率;

　　Q——年污水排放量;

　　p——污水处理率;

　　q——再生水的利用率。

（2）需　求

需求包括:

① 生活用水

$$Dl = AD \times X$$

② 生产用水

$$Dp = G_1 \times AG_1 + G_2 \times AG_2$$

③生态用水

$$De$$

所以,总需求为

$$WD = Dl + Dp + De = AD \times X + G_1 \times AG_1 + G_2 \times AG_2 + De$$

其中:

　　AD——年人均生活用水;

　　X——常住人口总数;

G_1——第一产业产值；

AG_1——万元第一产业产值用水量；

G_2——第二产业产值；

AG_2——万元第二产业产值用水量；

De——生态用水。

综上所述，总供给 WS＝总需求 WD，也就是

$$(a_1 \times Y + b_1) \times C + a_2 \times Y + b_2 + Q \times p \times q =$$
$$AD \times X + G_1 \times AG_1 + G_2 \times AG_2 + De$$

这就是所建立的水资源系统供需平衡的一般模型，这里并未考虑调水的情况。通过工程建设与运行的管理，可在流域范围内双向调节，维系生活用水、生产用水和生态用水的"三生"需求与地表水、地下水和再生水的"三源"供应之间的动态平衡。

四、河流流域水资源综合规划的编制

我国 21 世纪社会经济发展面临着洪涝灾害严重，水资源短缺和水环境恶化的严峻挑战，以水资源的可持续利用保证社会经济可持续发展是先进社会生产力的发展要求。水资源开发利用要兼顾防洪涝灾害、水资源利用和生态系统建设三个方面，把治理开发与环境保护和资源的持续利用紧密结合起来。坚持兴利除害结合，开源节流并重，防洪抗旱并举；坚持涵养水源、节约用水、防治水污染相结合；坚持以改善生态系统为根本，以节水为关键，进行综合治理。而要实现这一目标体系，必须按照可持续发展的精神，用流域水资源统一管理的思想编制水资源可持续利用规划，正确把握人口、资源、环境与经济发展的辩证关系，协调处理好整体与局部、近期与长远等各种关系，指导水资源开发、利用、治理、配置、节约和保护工作。

1. 规划制定的原则

规划的目的就是要保证水资源的合理需求和有效供给。水资源的

合理需求就是生活、生产和生态用水。水资源的有效供给就是大气水、地表水、地下水、污水处理回用、跨流域调水、淡化海水、土壤水和生物水。西方市场经济学认为,市场能优化资源配置的基础在于市场参与者总体的理性,因此,从水资源的合理需求和有效供给出发协调生活、生产和生态用水,以水资源的可持续利用保障可持续发展,就是制定水资源综合规划的总原则。合理需求的原则应为:先生活;生产与生态用水并重,根据地区具体情况确定优先级,三者统筹兼顾,相互协调。有效供给的原则为先地表水,后地下水、中水回用、科学调水,着眼于海水淡化和基因工程等高科技开源节流措施。具体原则如下。

（1）以流域为单元对水资源进行统一规划、统一配置的原则

以流域为单元的水资源综合管理,是当前国际水资源政策的核心。水资源综合管理的目标是:保障水安全;利用单位水量生产更多的食物和产品;保护人类和所有生物赖以生存的水环境和水生态系统。

（2）水资源供需平衡的原则

水资源供给包括大气水、地表水、地下水、污水资源化和海水淡化等;水资源需求既包括工业用水、农业用水、生活用水等人类生活与生产必需的水资源,也包括保持水环境自净能力的环境用水和保持生态平衡必需的生态用水。

（3）水资源开发利用与国民经济和社会发展紧密联系、相互协调
　　的原则

水资源开发利用规模,既要为国民经济发展服务,又要与国民经济现状相适应。西部大开发既要重视水资源开发利用对西部地区流域经济和区域经济的重要带动作用;也要充分考虑水资源的制约作用,对现状经济结构要依据水资源条件进行产业结构调整、农业种植结构调整,并坚持厉行节水。在西部开发中新的经济结构要量水而行,以水定供,以供定需。

产业结构和种植结构调整是其中最重要的问题,既要保证粮食安全,又要优化产业与种植结构提高用水效率,必须兼顾。建议国家规定

各省、市、自治区,尤其是国家级粮食产区的份额。实行总量控制,如在达到人口高峰 16 亿时,粮食总产量为 5 000~6 000 亿千克。在确保粮食安全的基础上,各地明晰调整产业与种植结构的空间。

(4) 水资源开发利用与生态系统相协调的原则

坚持人与自然和谐共处,既防止水对人的伤害,也要防止人类对水的伤害。古国的消失、古代巴比伦文明的湮灭,都是水资源过度利用、水环境破坏的直接后果。现在地中海地区也出现了荒漠化的趋势。因此,在水资源开发利用中既要满足经济和生活用水的需要,也要充分考虑生态用水和环境用水,不考虑环境与生态用水就是人类对水的侵害,就是用子孙水。

(5) 规划分类的原则

《水法》第十四、十五、十六条有明确的规定:"开发、利用、节约、保护水资源和防治水害,应当按照流域、区域统一制定规划。规划分为流域规划和区域规划。流域规划包括流域综合规划和流域专业规划;区域规划包括区域综合规划和区域专业规划。"

"流域范围内的区域规划应当服从流域规划,专业规划应当服从综合规划。"

"流域综合规划和区域综合规划以及与土地利用关系密切的专业规划,应当与国民经济和社会发展规划以及土地利用总体规划、城市总体规划和环境保护规划相协调,兼顾各地区、各行业的需要。"

"制定规划,必须进行水资源综合科学考察和调查评价。水资源综合科学考察和调查评价,由县级以上人民政府水行政主管部门会同同级有关部门组织进行。"

做好任何一件工作,在思路和政策明确之后,就要制定一个好的规划,规定和计划好要做的事情,认真执行,水资源工作当然也不例外。在明确了"以水资源的可持续利用保障可持续发展"的治水新思想和有关政策以后,下一步工作就是做好规划。

2. 从水利工程规划到水资源配置规划

新时期制定规划的最大变化就是从单纯的水利工程规划变为全面的,资源配置规划。因此,要特别注意以下几个问题。

(1) 规划目标由"以需定供"变为"以供定需"

水资源的供应要根据当地的水资源和水环境承载能力的评价来确定。以供定需的基本原则就是按饮水安全需求、防洪安全需求、粮食生产用水需求、经济发展用水需求和环境与生态用水需求五个层次决定需求,在此基础上保证供应。

因此,做城市的任何规划包括水资源规划都要按照上述原则来确定,要根据水资源供需平衡和优化配置的需要来制订水利规划。

(2) 节水和治污的具体措施是规划的关键

节水和治污是保证水资源供应的关键环节。节水是从量上保证水资源供应,治污是从质上保障水资源供应,两者相辅相成,缺一不可。节水的本质是提高水资源的利用效率,节水既是防污也是更好地治污,其对控制面源污染效果明显;治污的本质是加强水资源的循环利用,减少污水排放量,降低污染物浓度。

(3) 水资源优化配置的基础是产业结构优化

十五届五中全会明确提出了产业结构调整的战略任务。水利规划主要是为经济建设服务的,其制定必须与经济建设的转变即经济结构调整、产业结构调整和种植结构调整密切结合,只有这样才能优化资源配置,这是从工程水利规划向资源水利规划的思路创新。

为满足优化配置的需要,水利建设规划不仅要考虑增加供应的工程手段,而且要考虑减少消耗和资源回收的工程手段。基于这种考虑,节水工程、治污工程以至高耗水、高污染企业的关停并转及其实施的投入都应该在水利规划中考虑。还要以知识经济的新知识考虑开发利用高技术尽可能使自然资源循环使用,以高技术尽可能开发富有自然资源来替代稀缺自然资源。

（4）生态系统建设是水资源规划的重要内容

水资源保护与生态系统建设也是建设，应该成为水利建设的重要内容。现在一些城市表面上看城市用水能够满足需要，但实际上是严重透支了生态用水和农业用水，是以牺牲生态和农业用水为代价的。要恢复被破坏的生态系统，首先需要确定生态建设目标，明确恢复及保持生态的需水量。

人类要生存和发展就要开发、利用水资源，从而对水生态系统产生扰动，但是这种扰动必须在客观规律允许的范围内，也就是以不破坏水生态系统为前提。要制定全面节水、科学治污，应对洪水、缺水和水污染等大扰动的具体措施，分析清楚人类生存环境对生态系统的压力，从大系统出发合理配置水资源，提高水生态系统的承载能力，保证水生态系统的平衡，以水资源的可持续利用保障社会经济的可持续发展。

3. 制定规划中应认真研究的新概念

从传统工程水利向现代资源水利规划转变应认真研究以下几个新概念，并在规划中落实。

（1）从水资源与水环境评价确定水资源的人口与经济和环境与生态承载能力

水资源的人口与经济承载能力指的是在一定流域或区域内，其自身的水资源能够持续支撑经济社会发展规模并维系良好生态系统的能力。经济社会发展在水资源承载能力以内，就能实现可持续发展；超越了，发展就会失去物质基础，造成生态系统破坏，生存条件恶化。水环境与生态承载能力指的是在一定的水域，其水体能够被继续使用并仍保持良好生态系统时，所能够容纳污水及污染物的最大能力。科学的水资源评价是合理确定水资源的人口与经济和环境与生态承载能力的基础。

（2）水权管理

明晰的水权是制定规划的前提，要以此为基础进行流域分水，包括水质和水量即取水和排水的分配。行业要制订用水定额和排污定额。

水权实际上是水资源承载能力的具体体现。水权管理目前主要通过取水许可审批实施。水环境承载能力的具体体现为污水排放权,即根据水资源的承载能力,确定允许排污量。取水和排水是辩证的统一,要统筹考虑。

（3）建立确保粮食安全前提下的行业万元国内生产总值用水定额
　　参考指标体系

经济从粗放经营的生产方式向集约型生产方式转变,提出水资源量化要求。目前我国万元国内生产总值的耗水量为世界平均水平的近4倍,而人均水资源量仅为世界平均水平的1/4强。如此耗水的经济再也不能进行下去了。

建立这一体系,既要考虑到我国目前产品价格与国际不完全接轨,也要考虑到我国经济市场化的进程。要开始定量考虑资源成本,避免加入世贸组织后大量耗水和污染企业向我国转移,要据此规定用水定额,发放取水许可证,强制执行,厉行节水。

（4）建立负国内生产总值统计指标,对污染大户倒逼

传统经济发展模式正是污染的根源。在传统工业高速发展的初中期,往往越是污染大户,就越是利税大户,得到各方面的保护。目前,这正是我国污染总趋势难以遏制的根本原因。因此,应该建立污染的负国内生产总值统计指标参照体系,考虑环境成本,既防污又节水,遏制多处屡禁不止,死灰复燃的水污染。

（5）留足生态用水

生态用水是指动物、植物能够保持正常生存状态所需要的水。生态用水侧重人和自然的关系。环境用水是特指保持水体自净能力的用水。环境用水侧重人和资源的关系。要按照以供定需的原则,综合五个层次的用水需求,全面兼顾生活、生产和生态用水,初步恢复生态系统。制定生活、生产和生态用水定额是良好的水生态系统的管理手段。用水定额的制定要因地制宜、以供定需、全面兼顾,首先要保证生活用水。生产用水要以万元国内生产总值用水定额为导向,调整产业结构,促进节水;生

态用水必须预留,要做到保护,并修复已被破坏的水生态系统,如黄河全流域统一管理,塔河和黑河规划的制定都是在这一指导思想下进行的。

(6)跨流域调水的原则

在节水、水资源保护、加强统一管理和调整产业结构的基础上向人均水资源量短缺和自然水生态不平衡的地区实行跨流域的科学调水,但调水工程必须慎重进行,尽可能少调水是基本的生态原则,必须考虑调出地区的水资源承载能力,绝不能拆东墙补西墙。

(7)经济结构与种植结构的调整

水资源规划的制定应该与经济发展相联系,在未来半个世纪,经济发展中最重要的就是产业结构调整,水权、节水、治污甚至调水都与产业结构调整密切相关,产粮区调整产业结构、压缩种植面积,改变种植结构,压缩粮食面积,实际上就是调水。因此,必须研究经济结构与种植结构的调整。

(8)管理是规划实施的保证

高效合理的管理是规划实施的保证,改革水的管理体制是大势所趋。要加强流域水资源统一管理和实行城乡一体化的城市水务管理体制。水资源的天然分布是以流域为系统的,加强流域水资源的统一管理是水资源科学管理的基础。要加强流域机构的执法地位,依法确定流域分水方案和排污方案。制定分水方案要特别注意环境与生态用水的新概念,优先考虑有人居住的生态缺水地区的生态需水

在城市应实行城乡一体化的水务管理体制。彻底解决多龙管水造成的"水源地不管供水,供水的不管排水,排水的不管治污,治污的不管回用",人为打破城市水资源循环利用的优化配置体系,造成没有机构对城市水资源需求在质和量上的欠缺总体负责等问题。只有在城市水资源统一管理、统一调度的基础上,才有可能依据本地区水资源状况,合理确定城市发展规模和产业结构调整的方向。

五、生态修复规划的技术路线

十八届三中全会《决定》中对如何修复生态系统做了一个非常科学、高度概括的说明:"我们要认识到,山水林田湖是一个生命共同体,人的命脉在田,田的命脉在水,水的命脉在山,山的命脉在土,土的命脉在树。用途管制和生态修复必须遵循自然规律,如果种树的只管种树、治水的只管治水、护田的单纯护田,很容易顾此失彼,最终造成生态的系统性破坏。由一个部门负责领土范围内所有国土空间用途管制职责,对山水林田湖进行统一保护、统一修复是十分必要的。"这段话应该引起每个生态修复工作者的高度重视,并认真学习。

如何科学地修复生态系统呢? 目前只有两种方法。

一是要追溯生态历史,不能主观臆想,凭空规划,要知道历史上较好的生态系统是什么样的。不可能恢复原生态,因为人要生活。但是要把现有的人工生态系统在承载力之内尽可能和谐地叠加在自然生态系统之上。哪里出了问题就修复哪里,不了解原有较好的生态系统,就不可能科学修复。

二是要与地球上和北京纬度和地貌相近的较好的生态系统比较,不能闭门造车,囿于经验。

1. 生态系统属于钱学森先生提出的非平衡态复杂巨系统

可以看到,对于非平衡态复杂巨系统,由于变量过于庞杂,无法建立科学的数学模型模拟,如果勉强建立模型,计算机容量和速度也达不到要求,同时,过于简化的模型也不能反映实际情况。因此数学建模、计算运作不能成为生态建设的重要依据。因此,科学的生态建设,必须依据现有标准制定生态红线,从山林、草地、河流、湖泊、田园等生态子系统追溯本地生态历史,同时需要借鉴国际同类良好生态系统。

2. 纯人造生态系统实验至今未成功,而且不再实验

建设理想的人工生态系统是科学家美好的愿望,但至今世界上尚未

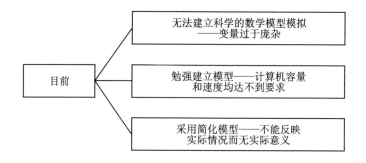

图 6 - 3　生态系统研究误区图

建成自我维持的人工生态系统。1991 年美国曾耗资 2 亿美元、在亚利桑那州历时 8 年进行"生物圈 2 号（Biosphere 2）"实验，即在密闭状态下仿真地球生态环境的环境与生态模拟，送入 8 个人，但 18 个月以后即以失败告终。从而生态工程界认同上述理论，至今尚未再进行大规模实验。

3. 生态建设顶层设计的科学方法

生态建设的顶层设计应该以下述方法进行，这不仅符合生态学原理，而且被欧洲的生态修复实践所证明。

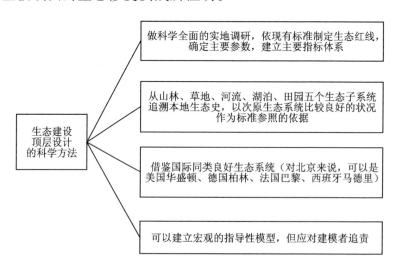

图 6 - 4　生态修复科学方法示意图

这一生态理论在国内外得到广泛认同。1999 年 4 月 9 日，时任国务院总理朱镕基和时任美国副总统戈尔出席开幕式的"第二届中美环境与

204

发展论坛"在华盛顿美国国务院召开,作者以《为中国的可持续发展提供水资源保障》为题做首席发言,首次在国际社会表述了上述生态修复理论,提出"如果美国在华盛顿地区的生态修复有数学模型,愿留下来探讨",得到在座美国官员和科学家的认同与赞赏,美国海洋与气象局局长在作者发言后离席上前祝贺。

4. 追溯地域生态史的意义

对于地球或者区域生态修复而言,不了解当地历史和现实的生态实际,就谈不上遵循自然规律,谈不上真正科学的生态保护与修复。

作为中华人民共和国的首都、对外展示形象的基地,北京生态的保护和修复不仅关系到北京城市的可持续发展,在全国生态保护和修复方面具备示范意义。

唯有了解北京生态的历史,才能为北京的生态修复找到科学的道路,是落实科学发展观和党的十八届三中全会关于生态文明建设精神的实际举措。

对于地球或者区域生态修复而言,不了解当地历史和现实的生态实际,就谈不上遵循自然规律,谈不上真正科学的生态保护与修复。

5. 借鉴国际上较好的同类生态系统

科学的生态建设另一个行之有效的方法是借鉴国际上较好的同类生态系统,什么是同类生态系统呢?

① 基本在同一纬度,从而年平均温度差别不大;

② 降雨量差别不大,以保证水生态系统相似;

③ 平均海拔高度近似,作为保证温湿度的补充;

④ 土质等其他条件类似;

⑤ 中心是现代化的国际大都市,人口密度相近。

在以上 5 个基本条件相似的情况下,不同地区的原始生态系统应该是近似的,这些地区现有的生态系统就应该作为生态建设的重要参照。

6. 全面修复河流生态系统

要特别注意修复河流生态系统还包括河湖的动植物生态系统。英国的最新研究成果表明,河狸这种动物实际上是地下小水库建造的"工程师",在河湖底挖沟、打洞,从岸上采枝、运泥,在河底修建了无数小水库。通过有目的的保护这种动物,使英国的湿地水蕴藏量是欧洲大陆同类湿地的 9 倍,足以应对枯水年。这一倍数值得存疑,但据作者实地调研,英国湿地和小河的"春江水满"是事实。至于湿地的植物和微生物有很高的净水功能这点已是众所周知,就不赘述了。

六、按水功能区划制定河流规划

鉴于工业社会水域污染的严重性,也考虑到污染处理的经济性,没有必要把所有水域的水质都保持在 I、II、III 类,因此就提出了水功能区划分的概念:根据水域的功能来确定其水质应保持的类别,将水域划分成不同区域,从而确定该水域的纳污总量。

1. 水功能区划体系

根据《水功能区划分标准》(GB/T 50594),水功能区划为两级体系(见图 6-5),即一级区划和二级区划。

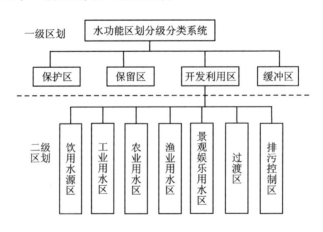

图 6-5 水功能区划分类体系

水功能区一级区分四类,即保护区、保留区、开发利用区、缓冲区。

水功能二级区将一级区划的开发利用区具体划分为饮用水源区、工业用水区、农业用水区、渔业用水区、景观娱乐用水区、过渡区、排污控制区等七类。

一级区划在宏观上调整水资源开发利用与保护的关系,协调地区间关系,同时考虑持续发展的需求;二级区划主要确定水域功能类型及功能排序,协调不同用水行业间的关系。

2. 水功能区水质目标

按照水体使用功能的要求,根据《水功能区划分标准》(GB/T 50594)及《地表水环境质量标准》(GB3838)、《农田灌溉水质标准》(GB5084)、《渔业水质标准》(GB11607)等,合理确定各类型水功能区的水质目标。

全国重要江河湖泊水功能一、二级区合计 4 472 个,有 3 620 个水功能区的水质目标确定为 III 类或优于 III 类,占水功能一、二级区总数的81.0%。

各资源分区水功能区水质目标统计见表 6 - 2。

表 6 - 2　各资源分区水功能区水质目标统计表　　　　个

水资源分区	水功能一、二级区合计数量	水功能区数量		III 类及优于 III 类的个数比例(%)
		III 类及优于 III 类	III 类以下	
全国	4 472	3 620	851	81.0
松花江区	406	317	89	78.1
辽河区	331	235	96	71.0
海河区	231	124	107	53.7
黄河区	346	219	127	63.3
淮河区	381	245	136	64.3
长江区	1 738	1 500	238	86.3
东南诸河区	239	216	23	90.4
珠江区	512	489	23	95.5
西南诸河区	181	180	1	99.4
西北诸河区	107	96	11	89.7

总体上,南方地区的水功能区水质目标优于北方地区,其中西南诸河区、珠江区、东南诸河区、西北诸河区及长江区中水功能区水质目标确

定为 III 类或优于 III 类的个数比例均在 85% 以上,西南诸河区的比例最高,达 99.4%,而松江江区、辽河区、淮河区、黄河区及海河区的比例均在 80% 以下,海河区的比例最低为 53.7%。

3. 饮用水水源地

科学发展观的出发点是以人为本,而水又是生命之源,所以对于饮用水水源地的保护,也就是对饮用水水源地流域的纳污限制要最为严格地进行。III 类以上的水源才能进入自来水厂制水,这一标准绝不能降低,也就是这一水功能区纳污绝不能增加。

饮用水源区是指为城镇提供综合生活用水而划定的水域。

① 饮用水源区应具备以下划区条件:现有城镇综合生活用水取水口分布较集中的水域,或在规划水平年内为城镇发展设置的综合生活供水水域;用水户的取水量符合取水许可实施细则有关要求。

② 划区指标包括相应的人口、取水总量、取水口分布等。

③ 水质标准应符合《地表水环境质量标准》(GB3838)中 II~III 类水质标准。

除重要的流域性集中式饮用水源地或大中型区域调水水源地已划为保护区外,其他饮用水水源地划为饮用水源区。

饮用水源区一般位于大中城市、县级城市上游水域和规划的饮用水取水水域,其分布不少在城镇密度大、生活用水量大和水污染状况严重的地区,应设立专门机构严格保护。

七、《21世纪初首都水资源规划》编制的成功实例

由于人口剧增、经济迅速发展,北京缺水的问题由来已久,北京曾几次出现水危机。为什么北京的水问题多年来一直得不到解决呢? 主要是当时没有足够的经济实力,同时也没有从海河流域和北京共同可持续发展的大系统来分析和解决问题。

鉴于北京水资源问题的严峻性,1999 年初,水利部水资源司即与北京市水利局商议解决对策。与此同时,时任国务院副总理温家宝先后两

次批示尽快解决北京的水资源问题。水利部与北京市、海委首先进行调查研究,时任水利部水资源司司长的作者提出了"以水资源的可持续利用保障可持续发展"的指导思想,2001年,时任国务院副总理温家宝在全国城市供水节水和水污染防治会议上说"'以水资源的可持续利用保障可持续发展'这句话讲得好"。现在"以水资源的可持续利用保障支持可持续发展"已成为我国水利工作的总方针,并不断加以完善、丰富,确定了上游地区的规划原则:"保住密云,拯救官厅,量质并重,节水治污,保障北京及上游地区共同可持续发展"。据此,作者历时一年完成了规划编制,并经过与省市反复协调和著名专家论证,数易其稿。

作者于1999年主持制定的《21世纪初期首都水资源可持续利用规划(2001—2005)》(简称《首都水规划》)是第一个未建水库的大型水工程规划,投入220亿。该规划按照以供定需的原则和以人为本、全面、协调、可持续发展的思路,在多学科综合研究的基础上,以系统论为指导,建设生态工程。

现在到处谈系统工程,《首都水规划》是一组真正的生态系统修复工程,以工程、生态、经济和管理的手段达到生态系统工程修复生态的目标,并建立长效机制。规划的创新点主要在一节(水)、二保(护水资源)、三管(统一管理)、四调(整产业结构和种植结构)、五水价(建立合理水价机制)、六回用(再生水回用)、七调水(南水北调)、八循环水产业链的建立。该规划经国务院国函【2001】53号文(与《黑河流域近期治理规划》国函【2001】74号文、《塔里木河流域近期综合治理规划》国函【2001】86号文)批准和《黄河重新分水方案》一起被时任国务院总理朱镕基批示为"这是一曲绿色的颂歌,值得大书而特书。建议将黑河、黄河、塔里木河调水成功,分别写成报告文学在报上发表",时任国务院副总理温家宝批示为"黑河分水的成功,黄河在大旱之年实现全年不断流,博斯腾湖两次向塔里木河输水,这些都为河流水量的统一调度和科学管理提供了宝贵经验"。2001年,国务院成立由国家计委、财政部、水利部、国家环保总局、北京市、河北省和山西省参加的"21世纪首都水资源可持续利用规划"协调小组,作者任常务副组长,指导实施。这一规划成为至今北京水利工作的指导,经过多任水利局长的努力,才成功的申奥、办奥,保持了北京水资源脆弱的供需平衡,使北京即使在夜间也未出现分区停水,而水资源状况好于北京的孟买,则早已在夜间分区停水。

1. 节(水)

"一节"就是以建设资源节约型社会的思想指导节约用水,节水也即减低污染排放量。《首都水规划》提出在北京和上游河北、山西布局滴灌等工农业和生活节水工程,水环境工作者必须有"节水就是防污"的优先理念,不能只强调修建污水处理厂和提高污水处理级别,否则无度地兴建污水处理厂耗费了大量的土地、财力、能源和人力,增加了 CO_2 排放,这种做法即便在丰水地区也不可行。

根据作者引入的循环经济理念,生态工程5R原则的减量化(Reduce),必须把节水放在首位。因此,《规划》包括了大量节水工程,提高水资源利用效率,保证水资源的供需平衡。

至2005年,在密云、官厅上游的河北承德、张家口和山西的大同、朔州建立节水灌溉工程,发展节水灌溉面积分别为30万和98万亩,年可节水分别为0.85亿和1.84亿立方米。

1998年,官厅水库上游地区工业用水的重复利用率为52%,密云水库上游仅为21%。到2005年,官厅上游地区工业用水重复利用率达到65%,年节水2.29亿立方米;密云上游地区工业用水重复利用率达到45%,年节水0.08亿立方米。

2. 保(护水资源)

"二保"就是以人与自然和谐的思想保护水土资源、进行生态修复。以河、湖、湿地水环境治理新技术改善水质。

按照作者提出并得到国际认同的新循环经济学再修复(Repair)的原则修复当地生态系统。当地农民每户每年要搂10~20亩地的柴草来做饭取暖,若以15亩计,每年10万农户就彻底破坏了1000平方千米的植被。《首都水资源规划》提出要以户为单位建设沼气池替代柴草的生态工程,大大提高了生态系统中能量循环的效率,保护了自然植被,还改善了群众生活。规划规定:农户出 1/3 资金,以工代价 1/3,规划投 1/3,这样沼气灶得以普及。

同时,实施造林工程,禁止小铁矿等乱采滥挖破坏植被的行为。上游开采的小铁矿品位不过 20%～30%,大面积开采严重破坏植被,而且以河水洗矿,枯水期入密云水库的水已成红色。实施造林工程后,农民可以上山种树,收入和采矿差不多,通过产业的改变和人的转移以经济手段来制止破坏生态系统的行为。此外,还包括一系列的污水处理厂建设工程。这些互相配合的系统工程就构成了生态水利工程。

3. 管(统一管理)

"三管"就是以人为本,加强流域和区域相结合的水资源统一管理。依据水文学和生态学,水资源的分布及其所支撑的生态系统是以流域为单元的,因此人与自然和谐的水资源利用系统应与流域相吻合,要从流域的大系统修复水系,加强流域和区域相结合的水资源统一管理。自 2001 年起作者提倡,得到中央领导支持,北京是全国第二个建立水务局的大城市。至今水务统一管理体制已在包括京津冀晋蒙的 30 个省市区推广。

根据经济学原理,任何稀缺都应由政府统一管理,《首都水资源规划》加强水资源统一管理,建立规划协调机构。2004 年,北京又成立了水务局,结束了九龙治水的状况,系统地监督生态工程规划按修复生态系统的目标实施。

4. 调(整产业结构和种植结构)

"四调整"就是使经济结构与生态经济承载力相适应,调整经济结构、产业结构和种植结构。《首都水规划》提出并监督实施稻地改种板蓝根和湿地修复项目;以解决北京饮用水不安全为突出环境问题率队实地调查,选定张家口制药等厂共 34 个污水处理工程,强化减排与治理,取缔污染水源的小铁矿,劳动力转移至造林工程,变污为保,总投入 6.1亿;力主上游不建新水库,因为北京不缺蓄水能力而缺水源,如建水库反而促进上游多用水，最后使团队统一认识，把大坝方案改成在承德北部已荒漠化地区的造林和沼气等涵养水源工程；为优化水资源配置，提出首钢高耗水部分搬出按节水型重建，并指导迁曹妃甸的水生态承载力论证。

发展旅游业改变产业结构，同时改变当地种植结构。原来当地最耗水时以1800立方米水养1亩稻田，按北京水价合3600元。规划提出"板蓝根工程"，通过引入和扶植让当地改种板蓝根和冬枣，不但大量节水，农民还提高了收入，也大大减少了妇女早春插秧所造成的妇女病，在当地很受欢迎。此外，规划还有建设绿色食品生产基地工程，创出品牌，提供有绿色标志的蔬菜供应北京市场，绿色蔬菜可卖到2~3倍的价钱。

5. 水价（建立合理的水价机制）

"五水价"就是充分发挥市场作用，利用物价杠杆建立合理的水价机制，促进节水。城市水务局通过水资源供求平衡的计算制定最优水价浮动范围，市场调节部分的水价由净水、给排水和污水处理企业在浮动范围内以"优质优价"的原则定价。

建立合理的水价机制是北京水资源生态系统工程中的行政手段，就是充分发挥市场作用，利用物价杠杆建立合理的水价机制，促进节水。城市水务局通过水资源供求平衡的计算制定最优水价浮动范围，市场调节部分的水价由净水、给排水和污水处理企业在浮动范围内以"优质优价"的原则定价。北京的居民用水水价已从规划实施前的1.60元提高到现在的3.90元。

6. 回用（再生水回用）

通过规划建立了一系列污水处理厂和再生水回用工程设施，其运行后至2005年，北京的污水处理率从62.4%提高到了90%，再生水回用率从0达到50%，利用再生水6.2亿吨，占北京总供水的17.6%，第一次超过了地表水的供应，形成了新水源。

7. 调水（南水北调）

"七调水"就是跨流域、跨区域调水，如南水北调。50年代南水北调提出，但因不同意见一直未能实施，笔者主持制定《首都水规划》敢于质疑老师和主流看法，坚持自己的学术见解，提出北京仅从生活与生产用水看是可以通过节约而不调水的，但要维系北京的水环境，经计算应有限南水北调10亿立方米。以此统一认识后国务院批准，并通过调研回答了中央领导的水环境影响疑问。

规划通过包括生态水在内的水资源供需平衡系统分析，准确地计算出，为在2020年前后恢复地下水欠账极大的北京水生态系统，有必要自2010年以后从外流域每年调入10亿立方米的有限水量，这样才使争议不断、搁置多年的南水北调工程旧事重提，新的指导思想引来了一项以恢复生态系统为主的大工程。

《首都水规划》由国务院总理办公会通过，2001年国函53号文批准，笔者任规划实施协调小组常务副组长负责。仅在上游河北就建设34个污水处理工程，推广沼气新技术，大减对饮用水源地密云水库环境的污染。引入微滤和反渗透系统等高技术，笔者离任前，年利用再生水2.6亿立方米，以水环境工程保证了奥运水环境并恢复北京水系，至今城内河道已从基本无水到水系初成。兴建输水河道环境整治工程，笔者离任前，北京从上游多收水1.4亿立方米，总效益40亿元。持续执行保证了北京水供需平衡，至2010年总效益100亿元。

8. 产业链（循环型北京水产业工程）

对水资源的优化配置起决定性作用的还是市场，《首都水规划》的作用只是导向，提供了基础理论，理清了指导思想，制定了实施规划的样板，建立了监管的组织保证。在《首都水规划》的基础上在北京水务局的继续努力下北京建立了循环水产业体系，充分发挥了市场的作用。城市水产业可以由经营型水库、输水公司、自来水厂、供水公司、排水公司、污水处理厂构成一个封闭的产业链和工程环实现水循环（见图6-6）。

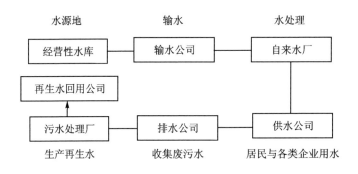

图 6-6 城市水产业链

八、让流域居民喝上好水

西方的大多数城市都做到了自来水优质到可以饮用——直饮,我国还没有一个城市做到。虽然对于在中国大城市近期是否要做到自来水直饮还没有达成共识,但这已是世界的潮流,应该成为我国国际大都市的发展方向。至少要保证优质的自来水,要保护好饮用水源地,尤其是地下水源地。对地表水源地要实行全封闭管理,饮用水源地的水质一定要达标,否则单靠自来水厂处理是不科学的,真正的自来水合格指标体系十分庞大,因此极易顾此失彼,所以也是难以保证的,最好的办法是保证入自来水厂的原水质量,而不是靠自来水厂处理,这是国际的共识。同时,要把饮用水事故降到最低,并制定法规实行追责制。

目前,当自来水达不到直饮或未做到分质供水(饮用水与其他用水分路供应)的时候,瓶装水、桶装水和净水器已经成为城市饮用供水的重要手段。据粗略的保守估算,目前我国饮水机和瓶装水使用的总金额超过 800 亿元,把必要的约 100 亿元除外,每年仍达 100 亿美元之巨,是世界上最大的饮用水投入,5 年共 500 亿美元的资金足以在 5 年内使全国大多数城市的自来水做到直饮。现在饮水机的质量和滤芯问题,瓶装水的质量和容器问题都应建立国标并严格监督检查,同时鼓励饮水机和瓶装水企业向水生态系统修复和直饮自来水制水产业转型。

1. 瓶装水

进入21世纪,中国瓶装饮用水行业进入稳步成长阶段,以40%左右的占比高居各品类饮料之首。自2005年至2009年的4年间,瓶装饮用水每年都在以超过14%的速度增长,进一步证实了中国消费者对于瓶装水的巨大需求。作者在西欧生活8年,瓶装水不是发达国家居民饮用水的主要来源,更无法解决地球上11亿人缺乏安全饮用水的问题。

关于瓶装水还有另一个问题。目前我国市场上大概聚集着比国际市场上的总和还多的各种花样的"概念水",无非是说纯洁、含氧、含矿物质。

对于这种现象更要向公众宣传科学概念,首先是这种对人体有益是哪个部门以什么标准批准的,又如何保证持续不断地检查。

其次是即便上述要求都得到保证,公众也应该建立总量控制的概念,是否喝几瓶水就能起到这种作用。

最后,实际上人从各种渠道都可以得到这种物质,不必像吃药一样从特制瓶水来补充,这些理念在不少发达国家的小学课本中已经普及。

2. 桶装水

桶装水是我国最早实施的分质供水方式,目前已有上千万个家庭和大量的机关、企事业单位采用桶装水作为日常饮水。桶装水主要是纯净水,相对于低标准和受污染的自来水来说,质量可能有所改善。随着人们对于纯净水认识的深化,桶装水正朝着洁净天然水、山泉水,甚至是饮用矿泉水的方向发展。桶装水生产成本、运输、营销等费用高,售价是自来水的几十至上百倍。桶装水必须通过饮水机才能直接饮用,如果说自来水存在二次污染,那么桶装水就存在来自多次使用的塑料桶及饮水机带来的更为严重的第二、第三次污染。

全国桶装水总体质量处于中等水平,除北京和上海等城市外,桶装水合格率均低于75%。其行业内确实存在不少问题,如因某些偶然因素导致部分厂家产品没有达标,对于桶没有检测标准,假冒品牌桶装水充斥市场等。桶装水质量安全主要存在两大隐患,一是不按严格生产工艺加工产品的小规模或小作坊式企业,二是以生产假冒品牌桶装水为盈利手段的造假企业。

同时,部分厂家为了降低经营成本使用廉价的废旧塑料、报废光碟及洋垃圾制造水桶,饮用"黑桶"水可能致癌。

此外,没有对桶定期清洗、消毒也会使桶本身带菌;折封的水,如果在 72 小时内没有喝完,那么桶则成为"细菌培养器",使好水变得不洁。

3. 净水器

净水器(直饮机)据不完全统计,全国大小形状不一、进口与国产、内部滤材等不同品种和型号的饮水机有 70 种以上。普通直饮机的净水工艺简单,滤材容量有限,对自来水净化效果的影响不小。更普遍的是,随着使用时间的增加,过滤的效果越来越差。而消费者大部分不具备鉴别滤材是否失效的能力,因滤材更换不及时造成水质下降。现在已经出现了一些采用先进技术的直饮机,所制的饮用水能质量较好,但造价较高。

由此可见,无论是瓶装水、桶装水还是净水器都有其弊病,可以部分替代自来水作为饮用水。但部分家庭甚至全部替代自来水,是在自来水质量不高条件下不得已的办法。最根本的办法还是提高自来水的质量,逐步做到分质直饮或全部直饮,让老百姓放心喝"中国特色"的白开水,这是政府的责任所在。

4. 关于"黑水站"的报道

曾有以"北京'水站'黑幕"为题的报道:北京市东城区一家水站的负责人说:"2002 年我刚开始做水站时,桶装水的消费量比较小,市场也很规范。"他告诉记者,"现在消费量是变大了,但市场也变乱了。"

"因为相关部门在水站经营场所的环境、地理位置等硬件设施上并无明确要求,所以水站选址都较为随意。"北京市桶装饮用水销售行业协会负责人说。

为了缩短送水时间和降低租金,一个水站在海淀区苏州桥附近小区的一个地下室。一间不到 15 平方米的房子每月租金 1 200 元,比临街商铺便宜一半。所有的桶装水高低错落地存放在地下室入口处的狭窄区域,完全做不到适温保存或者冷藏、禁高温暴晒。

　　室内环境更加糟糕。很多水站的经营场所既是办公室又是厨房和餐厅,甚至是卧室。不仅存放有空桶、桶装水,还有办公桌、厨具等生活用品,极易造成二次污染。

　　北京市桶装水协会的数据显示,目前北京共有规模不一的水站近万个,其中正规水站仅占50%~60%。

　　在东城区一位经营正规水站的负责人说:"以雀巢18.9升天然矿泉水为例,其市场统一售价为23元,水站进价为12元,除去房租、工人劳务成本、交通工具损耗以及17%的企业增值税,利润仅在2~3元之间。"

　　市场竞争环境的恶劣使北京市场上"黑水站"众多、假水泛滥,市场基本处于无序竞争状态。所谓黑水站是指没有正规经营场所、合法营业执照以及代销合同,专卖假水的"地下"水站。黑暗的地下室、狭窄的胡同四合院以及大门紧闭的自建房都是这类水站中意的选址。

　　业内知情人士何园称,黑水站泛滥的最重要原因在于利润巨大。一桶18.9升的雀巢矿泉水真品成本价是12元,假水成本价仅为2~3元。

　　桶装水饮用水销售行业协会负责人说:"很多消费者想当然地认为桶装水是个暴利行业,一味压低购买价格,也导致很多假水流入。"假水在市场上的风行很大程度上是由于企业的供给不足,导致水站供不应求,转而以假水代替。目前在北京市场销售靠前的大品牌均出现过这种情况,为了品牌的市场份额,甚至不愿打假。

第七篇　河长制的组织、监督、考核、法规与追责

河长制的实施必须有科学的组织构成的治理体系,这项工作应该在法律和法规的约束下依法行政,有严格监督和公正的考核,从而实行终身追责,对人民和子孙后代负责。

一、河长制的河湖治理体系

河长制有明确的任务、科学的规划和确定的责任,这一切显然要有一种组织形式来保证,在《关于全面推行河长制的意见》中已有明确规定:全面建立省、市、县、乡四级河长体系,各省(自治区、直辖市)设立总河长,由党委或政府主要负责同志担任;各河湖所在市、县、乡均分级分段设立河长,由同级负责同志担任。县级及以上河长设置相应的河长制办公室,具体组成由各地根据实际确定。在河网密布的平原地区可以考虑设置村级河长,实现网格化管理。

规定虽然明确,但执行起来并不简单。我国现有的行政体系是以区域划分的,而河长制的基本原理是按流域治理,所以就出现了一系列的问题:

上下游不在一个县、一个市、一个省,跨省、跨市、跨县怎么办?对干支流、左右岸和库前后都存在同样的问题。

组织的建立有以下几个原则可以考虑:

① 在按流域划分的基础上,各级河长的设立要尽可能考虑行政区划。

② 要尽可能考虑人口密度大与人口密度小的地区相搭配,以均衡取

水量并充分利用河流的自净能力。

③ 要尽可能考虑经济发达和经济贫困地区的搭配,从而使河长有足够的财力治理河流。

④ 要尽可能使点源、面源和内源污染的分布均匀。

⑤ 要尽可能使生态良好和破坏严重的地区搭配。

1. 大江大河如何建河长制

像长江和黄河这样的大江大河和太湖这样的大湖,跨省较多,难以设立总河长,解决问题的建议如下:

① 采取河长联席会议制度。

② 联席会议建立有资质、有权力、有责任、认可本人被追责的专家咨询委员会。

③ 会议以生态学原理和国家规划为基础研究并解决相关问题,决议应有法律效力。

2. 实行"下管一级"的办法

在难以设立总河长的情况下,可以采用在本书第一章中记述的清朝年羹尧实行的"下管一级"的办法。

① 下游的河长比上游的河长行政级别高,主流的河长比支流的河长行政级别高,为管理创造条件。

② 下游和主流建立更强大的专家咨询审查委员会,保证所提政策和办法具有更强的科学权威性。

3. 成立名副其实、责权统一、专职、高素质的河长办至关重要

目前河湖管理已有发改委、水利厅、环保厅、建设厅、国土资源厅、流域委员会和城市水务局等各种机构,为什么还要建立河长制呢? 原因就是尽管各种机构都取得了一定的成绩,但是目前我国的河湖治理还不是"山水林田湖"的一个生命共同体,还达不到"绿水青山"的要求,更没有变成"金山银山",人民的获得感较低。与过去的纵向比较不如以前,与国际的横向比较差距很大,不仅是我国生态文明建设的短板,更是可持

续发展的短板。所以"河长制"不能穿新鞋走老路,要走出一条健康河流的新路;不能换汤不换药,要用治理创新的新药;要撸起袖子,俯下身子真抓实干。

河长只是一个人,都会或多或少地受到工作时间、投入精力和知识范围的局限,所以必须设立名副其实、责权统一、人员素质高、专职的河长办,代行河长的具体工作,尤其是规划制定和部门协调的工作。

河长办不能只是一个简单的办事机构,应有职、有权、有责,为河长承担具体责任,要承诺可被追究,这样河长制才有名有实。

河长办要成为河长的可靠依托,河长办主任的选拔是关键,可以采用竞聘的办法,市级以上的河长办主任应符合下列条件:

① 应有 10 年以上的全面治河(不仅是工程)经验,最好要有硕士以上的学位;

② 对"绿水青山就是金山银山""山水林田湖是一个生命共同体"和"人民的获得感"等创新治水思想有深刻的理解;

③ 了解国际河湖事务,有国际交流与竞争并从中汲取知识的欲望和能力;

④ 应有生态经济和工程治理河湖较成功的实践经历;

⑤ 应提出任期内达到的具体目标。

二、监督与考核体制的创新——新型的监督考核委员会

对于各方面、各类型的工作已经有各种各样的监督与考核形式,大体上是成立一个委员会行使职权,不仅国内如此,国际上也不例外。在这里提出的还是建立一个委员会,但根据联合国系统和涉水国际组织的咨询与决策机构的借鉴和作者的工作实践,加入了一些创新元素,在其组成上大有创新,工作程序和职权上也有创新。

1. 监督考核委员会的组成

监督考核委员会采用由 3 个不同背景的小组,每个小组又有 3 种不同成员的三三制组成。

① 相关政府官员小组。水利、流域和其他相关部门各占 1/3，可以包括河长办和从事该项工作的退休官员，真正发挥官员的治理经验和能力。河长办派 1～2 名秘书参加。

② 专家小组。曾参与河流规划制定的专家，未参与河流工作但对国内国际情况有全面调研的专家（年龄不限），曾在河流治理方面有过工作实绩的专家（年龄不限）各占 1/3。河长办派 1～2 名秘书参加，可介绍河长的精神，但无表决权。真正发挥专家的知识作用、科学作用和精英作用。

③ 公众小组。生活在流域中的群众代表（包括城市居民和农民），在流域中有企业的大用水公司代表，流域中的涉水社团，如农民用水协会和绿色与环保等各类组织各占 1/3。河长办派 1～2 名秘书参加，做到公正、公开、有实效的公众参与。

根据知识经济对咨询和决策机构最佳人数的研究，①、②、③各类组织人员均分别为 9 人，委员会共计 27 人。

2. 监督考察委员会的工作程序

监督考察委员会的工作应尽可能公开透明，以实地监测、民意测评和政府公报等为基础，避免主观臆断，更不能权利寻私，杜绝代表任何利益集团，有违反者欢迎公众通过信件、电话和电邮等各种形式举报，一经查实，予以除名。在这个基础上可按下列程序工作。

① 3 个小组分别开会得出对于规划批准、决策监督和成果考核的结论，实行少数服从多数的投票制，将最终意见送至委员会。

② 如 3 个小组意见一致即视为通过。如小组中反对意见超过 3 人的，则派代表 1 人在委员会中陈述，允许 3 个小组都派人陈述。由河长听取陈述，在有 2 个以上小组陈述的情况下，河长可对通过的意见行使一次否决权，重新讨论，如果有 2 个小组支持即为通过，照通过意见执行，河长不再有否决权。

③ 所有委员会成员的意见均记录在案，由河长办记录并绝对保密（因为在某一问题上支持错误意见，并不代表其他问题，更不代表其他领

域）。得出错误结论 3 次以上者，由河长办如实整理材料交予河长，记录在案，并由河长通知本人（保密）。这种情况出现 2 次以上，河长可以考虑更替委员，吐故纳新，保证委员会的效率与活力。

以这样的工作程序可以保证河长决策和执行的监督机构公正、公平的运行，尽可能消除"一长制"的不利方面，对河长进行强有力的支持，并切实分担责任，使"河长制"成为一种科学化、程序化、民主化的制度。

委员会必须保证有胆、有权、有责，决策留痕，终身追责。

3. 监督考察委员会的考核标准

关于考核标准在文件和诸多文章中已经论述得很多，如国务院办公厅颁发的政务公开工作要点已包括公布水环境质量等，这里就不赘述了。要求就是要维系和修复一条健康河流，主要有以下几条。

① 解决河流水多（防洪）、水少（供水）、水脏（污染）和水浑（泥沙）问题；

② 尽可能保留河流的自然形态、包括河源、河床、河岸和河水（不能过多建电站）；

③ 使河流产生绿色 GDP。

三、水资源管理的法律体系

任何一个现代国家都是一个法制的国家，2002 年 8 月 29 日，第 9 届全国人民代表大会常务委员会第 29 次会议通过的《中华人民共和国水法》，为水资源的依法管理奠定了良好的基础，使河湖管理在可持续发展的新时期走上了依法行政的轨道，只有这样才能形成河湖管理的长效机制。新《水法》的通过只是建立水资源法律体系的第一步，这一法律体系还要通过若干子法的建立来完善。

1. 水资源立法原则

建立一个好的法制体系应当有六大支柱。

一是科学依据，法律是政府代表人民利益强制执行的行为规范，没

有科学依据的法律绝不会代表人民,而是个人意愿;

二是法理,法律本身也是一门科学,立的是"法",就要遵循法律科学本身的规律——法理;

三是实际情况,法律不是宗教,也不是宣传,更不是理想,而是强制执行的行为规范,因此必须符合实际情况,既不能提出过高要求,也不能张冠李戴,必须从自己的实际情况出发,而不能抄袭他人;

四是可操作性,法律不是宣传文章,必须有具体操作条款,使之具有可操作性,才能真正做到依法行政;

五是与国际接轨,我国已经加入世贸组织,要加入全球经济一体化的进程,因此我国的法律,尤其是经济与资源法律,必须与国际接轨;

六是"法即罚",法是强制执行的行为规范,而不是一种道义的提倡,必须规定罚则,要有可操作的处罚条款,否则"法则不法"。

2. 水资源立法体系

我国的水资源法律体系,在各种资源法中基础较好,但也有不少欠缺。基于上述认识,我国水资源法律可考虑为:

水资源总(母)法:《水法》(1988年立,2002年8月修改)

针对我国水多、水少、水脏和水浑的四大水问题分立子法,即

水多:洪涝灾害,《防洪法》(1997年已立)。

水脏:水污染,《水污染防治法》(2008年修改)。

水浑:水土流失,《水土保持法》(1991年立),《森林法》(1984年立)。

由于我国水资源短缺,而且时空分布不均,地区差异很大,水资源浪费和水污染十分严重,因此水资源的管理越发显得重要,而管理要依法

行政,因此要建立《水资源管理法》《节水法》和《水价法》。建立可操作的《水资源管理法》要明晰水权,确定分水原则,才能依法行政来分水,通过实施取水许可制度,征收水资源税,建立建设项目水资源论证制度等一系列办法,从而对水资源实行科学合理、行之有效的具体管理。建立可操作的《节水法》,规定行业和地区的万元国内生产总值用水定额、生活和生态用水标准,才能有明确的节水目标,使节水不是一种宣传,而成为各行各业的行为规范。建立可操作的《水价法》,才能体现"物以稀为贵",保护稀缺水资源的国家经济政策,体现国家对水市场的定量宏观调控。

3. 关于水资源税

资源税的征收是体现《水法》第 3 条"水资源属于国家所有"的权属管理,不是市场行为。相当多的国家都有这个税种,由税务部门在水利部门发放取水许可证时同时征收,上交国库,可以用于水资源的管理与保护。考虑我国水资源的短缺状况,更应设定这一税种,体现国家对资源的管理与保护。可考虑将水资源税纳入《中华人民共和国资源税暂行条例》(1993 年批准),如原油 8～30 元/吨、煤炭 0.3～5 元/吨、固体盐 10～60 元/吨。可按地区的经济发展程度、水资源短缺程度和水质情况确定税率。

有一种意见是"水资源是可再生资源,因此不应征税"。首先,对于资源征税体现国家的权属管理,其不取决于资源可否再生,而主要取决于资源是否短缺,水资源是短缺资源就应征税。其次,水资源的地下水部分,尤其是深层地下水,就是不可再生资源,更应该征税,而且应以较高税率征税,才能制止对地下水的超采,保护地下水资源。

可以使水资源税成为我国第一种实现累进税率的资源税。应尽快制定"国务院水资源费征收暂行条例",可以参照 1994 年国务院发布的《矿产资源补偿费征收管理规定》。实现国家对水市场的宏观调控,按销售收入的一定比例(矿产为 0.5%～4%)计征,由水行政主管部门会同财政部门征收或由水行政主管部门代收(至县级),用于资源的补偿、管理与保护。实际上《森林法》也有类似条款。

四、如何建立河长制的"决策留痕"与"终身追责"

传统经济生产出了废品要追责,豆腐渣工程要建设追责,河湖治理没有道理不追责。由于不少后果要 10～20 年才能显现,因此要实行"终身追责制"。

习近平总书记在十八届三中全会的说明中深刻指出"只有实行最严格的制度、最严密的法治,才能为生态文明建设提供可靠保障。要建立责任追究制度,对那些不顾生态环境盲目决策、造成严重后果的人,必须追究其责任,而且应该终身追究"。中央在 2015 年 7 月已审议通过了《党政领导干部生态环境损害责任追究办法(试行)》,首次以中央文件形式提出了"党政同责"和"一岗多责"的要求。责任是多方面的,在这里只讨论对河湖治理未达到目的,甚至造成后代危机的情况及其中规划制定者、决策者和执行者的责任。

我国目前河湖治理问题严重的原因是多方面的,既有专家规划的原因,也有各级官员执行的原因,既有理论基础薄弱的原因,也有缺乏认真的实地调查和实践经验的原因,归结起来主要有以下几点。

① 生态学在国际上也是 20 世纪 30 年代才兴起的新学科,真正介绍到我国来是在 20 世纪 70 年代,作者也为此做了些工作。因此,我们的生态学研究基础十分薄弱,不少人都是其他专业改行过来的,带有严重的原学科的痕迹,难免以偏概全、顾此失彼。生态学的基础是系统论和协同论,都是新学科,而且要有很好的教学基础。在我国研究系统论和协同论现行研究生态学的,则少之又少,因此不擅于系统思维。

② 生态学是一门实证科学,做生态规划要以当地的实际情况和生态历史为根据,但我们不少规划制定者对当地情况只做走马观花的考察,更不用说走遍祖国的典型的山水林田湖了。

③ 前面已经分析,做生态规划不能靠数学模型,这是国际科学界的共识。因此参照国际同类较好生态系统是十分重要的。但是,我们又有

多少规划制定者实地调研过国际上典型的生态系统呢？

④ 更有甚者,有些生态修复制定规划是在主持人只照几面,由研究生做的。难怪基层干部说:"说的不干,干的不能说""规划、规划,墙上挂挂"。规划被走过场,束之高阁,并不起实际作用。

河湖治理的终身追责,要建筑在决策留痕的基础之上,专家要有重要的责任,彻底改变少数专家"既当运动员,又当裁判员"的现象,评价工作应由不断吐故纳新的上述监督考核委员会进行,对河长做出公正的评价。

实际上道理很简单,对一座大楼的设计者要实行终身追责,对于人类的起源地,人民安身立命的河湖治理难道不应实行终身追责吗？更为重要的是,河湖治理的效果一般要在 10～20 年内显化,因此不但要在过程跟踪追责,还要"终身追责"。

第八篇　河长制实施的国际案例

国际上的河湖管理虽然各有特色,但是所有成功的管理体制都是在有职、有责、有权的"河长制"指导下建立的。其中主要的类型作者都经过较深入的考察,并且尽可能与制定者与实施者交流,有不少经验和教训值得借鉴。

一、法国成功的流域管理体制

到过法国的人无不称赞法国的青山绿水,恍若人间天堂,但很少有人问这是怎么形成的。人言法国不缺水,实际上法国的人均水资源量为3240立方米,刚过丰水线,仅为我国的1倍半,其中部高原和西南部比利牛斯山等地也是缺水地区。法国之所以到处山清水秀,与他们从人民到政府人水和谐的理念和行动是密切相关的。

作者在法国前后住了6年,跑遍了法国各地,亲自驱车实地调查,因此对法国的水资源有比较多的了解。

1. 法国的水资源概况

法国多年平均降雨量为800毫米,平均水资源总量1850亿立方米,人均3243立方米,刚过3000立方米的丰水线,水资源总量折合地表径流深336毫米,也超过270毫米的维系森林植被生态系统的标准;因此,无论从对经济社会发展的支撑能力看,还是从对环境、生态的支撑能力来看,法国都是水资源比较丰裕的国家。更为重要的是法国水资源时空分布较好,全年降雨平均,少暴雨;全境降雨量也比较平均,在500~1000毫米之间,都在400毫米的半干旱带上限以上。

227

　　法国境内河流 26 万千米,除东北和西南部的边境河流以外,大部分河流发源于中央高原,向西北和东南方面呈扇形分布,分别注入大西洋和地中海。注入大西洋河流流域面积占法国国土的 72%,流入地中海河流流域面积占国土 20%。

　　法国第一大河卢瓦尔河在法国中部,从中央高原流入大西洋像中国的黄河,其流域是法国文明的摇篮。河长 1 010 千米,流域面积 12 万平方千米,占法国面积的 22%。

　　法国第二大河罗讷河从东北部孚日山流入地中海,纵贯法国东南,像中国的珠江。河长 812 千米,流域面积 9.9 万平方千米,占法国面积的 18%。

　　法国第三大河塞纳河,从中央高原发源,在法国北部流入大西洋,流经巴黎,像中国的长江,流域是法国经济最发达的地区。河长 776 千米,流域面积 7.8 万平方千米,占法国面积的 14%。

　　法国第四大河加隆河从南部法西边界比利牛斯山西班牙境内发源,在法国西南部,从重镇波尔多流入大西洋。河长 641 千米,流域面积5.6 万平方千米,占法国面积 10%。

　　法国第五大河是作为法德界河的国际河流莱茵河,其河长不过 180 千米,但它的两大支流——发源于法国中央高原流入德国的摩泽尔河和同样发源于法国流入比利时的默兹河与莱茵河构成的法国莱茵河流源,包括了整个法国西北角,也是法国经济发达的地区。

　　法国第六大河是阿杜尔河,发源于比利牛斯山,位于法国西南角一隅,是法国最小的流域。

　　实际上在法国的六大流域中,中部高原的罗讷河流域,西南比利牛斯山的阿杜尔河流域和法国的最北部都是缺水的地区。作者不止一次到过这些地方,降雨量不大,河流也不多,河水更不满,但都因地制宜地维系了以草原为主的生态系统。植被覆盖良好,河流流水清澈,照样是青山绿水,也按水资源量发展牧业,没有抽地下水灌溉来发展农业。而且更从未提出过要从其他流域调水建设森林植被系统和大力发展粮食

228

作物。这是真正的人与自然和谐,该种粮的地方种粮,该放牧的地方放牧,该保持森林生态系统的保持森林生态系统,该保持草原生态系统的保持草原生态系统;不像中国西北和华北北部在近代史上形成了该放牧的地方种粮,造成河流断流,地下水超采,粮食产量不高,而把牧区压向半荒漠地区,形成过度放牧和荒漠化。新中国成立以来又在草原生态系统上过度新增植树,致使形成小老树,不但过度吸水,反而达不到应有的生态功能。

2. 法国的水资源管理体制

时空分布均匀的降水、较丰富的水资源、水资源的统一管理和水资源较高的开发程度,使得 20 世纪下半叶以来法国成为一个水资源问题较少、利用较好的国家。目前,法国年用水量 406 亿立方米,占水资源总量的 22%。用水量中,农业用水、工业用水、生活用水分别占 12%、73%和 15%。

历史上,以农耕为主的法国实行以区域为主的管理体制,保障了单一农业的较低用水需求。自 20 世纪中叶以来,法国的工业化和城市化迅猛发展,增长的水需求和严重的水污染,迫使政府对水资源管理进行改革。1964 年,法国对 1919 年颁布的《水法》进行了重要的修订,确定了以流域为单元统一管理水资源的体制。经过多年的探索与实践,基于流域的水量水质统一管理和城市涉水事务统一管理相结合的体制,实现了水资源供需平衡,遏制了水污染的趋势,初步修复了被破坏的水生态系统。鉴于这种管理体制的有效性,法国政府在 1992 年再次修订《水法》,进一步加强了这一管理体制。

根据法国《水法》,水资源作为国家的公共财产,实行统一管理,原则如下:一是按流域实行水量水质统一管理的原则;二是用户需求和生态用水统筹兼顾的原则;三是公众参与的原则,所有与水有关的国家、私营部门和公众都参与管理,实行民主协商决策;四是"以水养水"原则,谁污染谁付费,谁用水谁付费;五是长期规划原则,制定流域规划,确定建设项目的轻重缓急。

法国水资源管理分为四级，即国家、流域、地区和地方四个层级。国家级管理机制主要有国家水资源委员会和生态与可持续发展部（原国土规划与环境部），国家水资源委员会负责解决涉及地区与流域间的水问题，制定和修改水法规，组织编制全国水资源规划，制定管理政策，协调各部门关系；生态与可持续发展部是全国水资源主管部门，内设水司，是负责具体的水资源管理的执法部门，包括制定技术标准、审定流域水资源规划，指导监督各流域机构工作。

流域级管理机构主要是流域委员会和其执行机构——流域水管局。根据自然河系和地理位置，法国全国分为6大流域，最大的流域为卢瓦尔—布列塔尼流域，占国土面积28％；最小的流域为阿图流域，占国土面积的4％；其余为塞纳—诺曼底、阿杜—加隆河、罗纳—普罗旺斯—科西嘉、莱茵—摩泽尔河流域，几乎形成了对国土的全覆盖。流域委员会是流域水资源管理的决策机构，它由三部分代表组成：中央政府官员和专家，地方行政当局的代表，企业、农民和城市居民的代表，三方代表各占1/3。

流域委员会的主要职能是审议和批准流域水管局提交的五年规划和年度工作计划。流域水管局的主要职能是计收水费、投资筹集和技术服务。在地区一级，主要水管理机构有地区水董事会、地区环境办公室和流域水管局的地区派出机构。在地方一级，主要管理机构是省、市级水行政主管部门，负责涉水事务管理，实施和监督。

法国的水务资本主要来源于水管局向用户收取的水费和水税。在决策投资建设水务工程时，首先考虑回收投资成本和利息，通常由投资者、水务公司和用户协商制定一个合理的水价方案，签署合同，用户接受水价标准后才能开工建设。水费组成主要有：一是自来水输送和供应费用，占水费单总额的40％；二是城市污水收集和处理费用，占水费单总额的33％；三是税及管理费，占水费单总额的20.5％，这部分费用维持水管局的运行；四是国家供水发展基金，占水费单总额的1％，主要用于解决农村村镇供水；五是国家征收5.5％的增值税。征收管理费的资金再通过水管局以补助和贷款的方式提供给地方政府和企业,用于兴建水利工程、废污水处理厂和供排水管网。同时,流域水管局还向污水处理厂的业主发放资金,用以奖励污水厂的有效运行。目前,法国超过一万人口以上的城镇中,生活污水处理率达90%以上,循环使用率近100%的工业废水处理达标率已达87%。

法国政府在1877年曾立法规定水务不能完全由私人公司经营,目前,股份制公司和委托管理的公司已占水务市场的80%。目前,法国最大的三家水务公司分别为威望迪、里昂、索尔公司,这些公司在水务运营上有着丰富的经验和雄厚的经济实力。法国常见的委托管理方式主要是租让和特许经营。根据合同,经营者只承担资产运营与管理,不承担固定资产投资,不参与水价制定,这种方式为租让,合同期限一般为12年,可以续约;特许经营要求经营者既负责运营管理,又要承担固定资产投入,并参与水价制定,特许经营的合同期限一般为20~30年。

在法国,水价是在国家宏观指导下认真调研,采取民主听证会制度而制定的。目前法国的水价为平均每立方米2.6欧元左右,合人民币约为25元/立方米。在巴黎,人均工资约为北京的8倍,水价也相当于北京现行水价的8倍多。但是,巴黎水资源不短缺,而且自来水厂、污水处理厂设备先进,供排水管网完善、漏失率小、中水回用率高,因此,这样的水价实际上相对高于北京的价格。

3. 塞纳河与巴黎用水的借鉴

巴黎人人皆知巴黎和塞纳河的关系,说塞纳河是巴黎的母亲是丝毫不为过的。巴黎在公元5世纪起源于巴黎盆地塞纳河中希岱小岛的一个渔村,举世闻名的巴黎圣母院就在这个长不到1200米,宽不过200米的弹丸小岛上。塞纳河东西向横贯巴黎而过,流经巴黎城区内即达12千米,塞纳河不仅成为巴黎的美景之一,也是巴黎人生活中不可或缺的要素,甚至巴黎人都以左右岸这个地理和水利的名词来说巴黎的地址。

作者也数不清多少次乘船游塞纳河,更记不清多少次走到塞纳河边。巴黎圣母院、罗浮宫和埃菲尔铁塔等名胜都临塞纳河,在落日的余晖中沿着塞纳河眺望这些历史性的建筑,尤其感悟到自然创造与人类创造的完美和谐。从水资源的利用来看,巴黎的塞纳河有不少方面值得我们借鉴。

不能把河流既当自来水管又当下水道,这是用水的一个原则。巴黎的工业都在东区,在塞纳河上游,这是 18 世纪末工业革命兴起后人们缺乏用水知识的结果。直到 20 世纪中叶,巴黎的工厂都从河道取水,又向河道排污,把河流既当自来水管又当下水道,是对河流水资源的不合理利用,而且把工厂建在河流上游就更不科学,使下游巴黎西部的富人区都面临工厂的废水,说明当时巴黎的用水,没有一个科学的系统分析。

河流一旦产生内源污染,半个世纪都治不清。塞纳河水被工业和生活排污严重污染,从 19 世纪中叶到 20 世纪中叶,大约 1 个世纪的污染积累在河床形成了本底污染——污染的内源。所以自 20 世纪中叶起,尽管以法国的先进技术及巴黎的财政(在 20 世纪 80 年底巴黎的财政相当于我国全国财政的可机动支出)治了 50 年,到 21 世纪初,塞纳河水仍在 Ⅳ 类,不能游泳,几乎无鱼。塞纳河不能游泳不仅是由于城市河段禁止游泳,也因为水质达不到标准,作者到塞纳河边不下百次,只见过有数的几条鱼,可见先污染后治理的恶果确实发人深省。

巴黎按照大禹治水的原则防洪。巴黎的防洪都是按最古老也是最科学、最先进的原则——"深淘滩、低作堰"。塞纳河水量充沛,也有洪水成灾之患,但是巴黎不是按千年一遇的标准筑堤,而是整治河道,仅建低堤。经过对系列长、资料全的水文统计的科学分析,了解到巴黎百年一遇的洪水仅可能淹没巴黎近郊的一小片农业地区。在这里就对监测系统大量投入,获取准确测量数据,大洪水来时向居民通知的办法。让居民疏散,如果真的淹没,由政府赔偿损失。这种办法不但大大减少筑堤的投入,而且使百姓满意,还符合生态防洪的原则,一举三得,十分值得借鉴。据说不少泛区百姓都盼着发水,水来前会及时预报,听到预报后收拾上细软,开车就跑,等水退了回来领赔偿金,可以把最多轻微遭淹的房屋重新装修一次,省了自己装修的钱。

城市河道能不能衬砌。北京曾发生远郊京密引水渠道的衬砌是否破坏生态的争论,实际上京密引水渠是人工河道,当然可以衬砌。作为自然河流的塞纳河在巴黎城区段都进行了衬砌,为了护岸和便于清淤,治理污染。由此可见,生态是一个系统,人工改变要占一定比例,否则人无法生活,但是这个比例要适当,过大就会破坏生态系统平衡。塞纳河巴黎市区内河段的人工整治符合生态原则,也值得借鉴。

二、美国和印度的流域水资源管理体制的特色

1. 美国的流域水资源管理体制——从发展经济入手

作者在美国从多个方向进入密西西比河流域,总体观感是管理较好,其中最典型的是其支流田纳西河流域。

1933 年,美国政府决定选择田纳西河流域进行流域综合开发为主体的试点,授予田纳西河流流域管理局全面负责该域内各种自然资源的规划、开发、利用、保护及水工程建设的广泛权利,使这个流域管理局既是美联邦政府部的一级机构,又是一个经济实体,具有相当大的独立性和自主权。到 20 世纪 80 年代,经过了半个多世纪,当地发生了根本变化,当地居民的经济收入增加了几十倍。开发初期以内河航运和防洪为主,也发展水电,后来又发展示范农场、良种场和渔场等。

建设项目则没有特色,是准军事化,主要由陆军工程兵团承担确保了工程质量,作者在美国的水资源会议上遇到工程兵团的负责人,他们个人素质都很高,亦军亦工,组织上按照军事化管理,但个人有较大的活动自由度。其弊端在于成了河流流域所在各州中的一个经济上的独立王国。以后就没有再设立这样的典型。

20 世纪 50 年代以前,美国对河流水资源的管理主要是通过大河流域委员会。1965 年成立了全美水资源理事会(Water Resource Council),又改建了各流域委员会。水资源理事会由美国总统直接领导,并由联邦政府内政部长牵头,其他各有关部级领导参加。到了 20 世纪 80 年代初,美联邦政府又决定撤销水资源理事会,并成立国家水政策局,只负

责制定有关水资源的各项政策,而不涉及水资源开发利用的具体业务,把具体业务交由各州政府全面负责。

2. 印度的流域水资源管理体制——中央主抓政策、水电与航运

印度的水资源开发由各邦负责管理,而中央政府负责协调邦际河流的流域开发,并制订相应的邦际水协议。中央政府在水力发电和航运上可起主导作用。

① 国家水资源委员会。该委员会是以印度总理为首、由各有关部和邦的负责官员为成员组成的组织机构,其职责是:具体制定和监督实施国家水政策;研究并审查水资源开发计划;解决各邦之间在水资源开发计划的制定和执行期间可能出现的争执。

② 中央水委员会。该委员会的职责是:制定和协调邦政府在水资源开发方面的规划、设计施工和管理等各项工作,它同时也是技术咨询机构。

③ 水资源部。水资源部主要负责灌溉工程的建设和管理。大、中型工程和涉及两个邦以上的工程,均需经水资源部批准。

④ 农业部。农业部负责农田灌溉技术和水土保持工作。

⑤ 中央水污染防治与控制局。

⑥ 中央地下水管理局。中央地下水管理局主要承担大规模的地下水查勘、评价、开发和管理的任务。

⑦ 联邦防洪局。主要职能是主管防洪规划和管理。

根据作者对恒河流域的调研,这种多龙治水的管理体制弊病较多,是造成印度河流断流和污染的重要原因。

三、以工程为主的日本东京江户川的流域管理

日本的主岛——本州岛有三块人口密集的平原:由东京、横滨和千叶等县组成的关东;由名古屋和岐埠等县组成的关中;由京都、大阪和滋贺县,也就是琵琶湖所在地组成的关西。关西是日本文化历史最悠久的

地区。作者 2003 年世界水论坛会后考察了东京江户川流域。

　　作者在世界游历中乘过摩托车、汽车;乘过摩托艇、轮船,包括小艇和万吨巨轮;乘过飞机,包括只容 10 人的小私人飞机,容几百人的波音747、空中客车和麦道巨型客机;唯一没乘过的就是直升机了。日本建设省河川局请作者和会议主宾乘直升机登空鸟瞰东京江户川流域,在世纪之末,让作者的五洲游历在交通工具上添了一笔。

　　驱车到直升机场,红白两色的直升机早已等候在那里,进入机舱,舱内共有 15 个座位,除了驾驶和副驾驶外,可载 13 个乘客。座位紧密相连,大家肩并肩而坐,只是在驾驶员和第一排间略有空隙。而在第二排中间,有一个大约 30 厘米宽的小隔离桌,作者作为上宾被安排在这里,其余地方可算是针插不进了。机中噪音很大,好像在坦克车中,每个人都要戴上耳机才能听见导游员说话。舱中设备十分现代化,电子仪表的荧光屏显示中,有速度,有高度,还有地面地理位置图。直升机靠两个落地支架起飞,在机上的感觉是一个先动,另一个略为滞后,好像人的起跳,一条腿先跳似的。直升机起飞不需跑道,是原地升空。由于螺旋桨旋转气浪很大,飞机至少也需要一片直径 10 米的空地,否则气浪可打倒人,降落则需更大一些的场地。

　　考察小河流域大概没有比乘直升机更好的了,在地面上看实在是瞎子摸象,只能靠图,而不会有全局的直观印象。但正是一幅上机前看的古东京地图,使人看到了东京的历史。在 900 年前,东京还不是市镇时,濒东京湾地区叫江户,是一片水多于陆,江河纵横的湖沼地带,最大的河是利根川,在今天东京的东面入东京湾;向西是江户川,古都江户即以此川得名;接着是中川,中川入江户川入海;而后是绫懒川;最后是荒川。这五条川构成的江户地区经过日本人民 1000 年的改造,原本宽阔的五川,都变成了宽不过几百米的河流。

　　今天的东京就在中川和绫濑川流域,绫濑川的下游东京段叫隅田川。在这一片水网中,河上有泵站,河边有堤防;横向有运河,地下有直径 10 米的巨型水泥管道暗河;大的有水库,小的只称得上蓄水池。星罗棋布,纵横交错,构成了大东京防洪、排涝、蓄水、供水和排水的统一系统,只有这样才能保证1500万东京人在这片人类巧取豪夺而来、洪涝不断、河沼相连的湿地里,过上今天安全而繁华的生活。人是要改造自然的,东京不改变自然水生态系统,人到哪里去住? 可能有的生于东京、长于东京的人也持偏执的观点,他没有想到坚持这种观点的实体的来源。但是人的确不应该肆意地、不科学地、大规模地改变生态系统,如何做到两者均衡,就是按作者提倡的、在国际上也包括日本朋友认同的资源系统工程管理学去做。作者下到地下暗河的直径10米的管道之中,人像小蚂蚁,工程之浩大令人惊叹,东京的办法是不改变地面河流的形态,但在地下却建了特大工程。这样做是不是影响了地下水层呢? 这也是在河网密布,人口稠密用水多,排污大的地区的两害相权取其轻的办法。

从直升机上俯视,东京像一幅美丽的图画。中间是庞大的帝宫,呈椭圆形,帝宫东北是著名的上野公园,不仅以樱花闻名于世,还有著名的东京国立博物馆,再向东是著名的浅草寺。宫南有日本第一商业区银座。东京的中心在帝宫之南,正西有国会议事堂,西北有著名娱乐区新宿御苑和阳光城,西南则有赤坂离宫、东京塔和著名商业区涉谷。直升机两起两落,在东京上空盘旋了2个小时,真是一次极其难得的机会。俯视东京,摩天大楼好像长短积木,道路好像灰白的带子缠绕,汽车像一只只移动的五颜六色的甲虫。宝石蓝的游泳池,是空中俯视到的最夺目的色彩。迪士尼乐园的大转车,像玩具风车,是最引人注目的东西。东京不仅被绿色覆盖,而且层次分明,在远处浅绿色的是草坪,色略深的是农田,更远呈墨绿色的就是森林了。透过直升机窗把绿地如茵,河网如带,车水马龙,高楼林立的东京一览无余。近海处是白色的东京湾大桥和方形的人工岛,是东京人向外开拓的象征。

四、无河湖的德黑兰是如何保证供水的

伊朗的行政体制类似中国,市带县,大德黑兰实际上是个省,有2.8万平方千米,比一个半北京还大。在这一地区有1200万人口,其中需要

供水的城市人口达 750 万。然而,德黑兰地区水源贫乏,只有不到 20 亿立方米,人均只有 200 立方米,与北京差不多,已经低于保证社会经济可持续发展的 300 立方米的下限。可谓极度缺水。德黑兰的"河长"大概是世界上最不好写的"大河长"。

德黑兰的缺水是显而易见的。整个德黑兰城区没有一条河,没有一个湖,或者说没有一片水。在中国版的德黑兰市区图上找不到河,在德黑兰 2003 年出的德黑兰地图上,在东北角郊区好不容易看见了两道蓝色,那是近年修的渠,这种景象真让人有点难以想象。我国刚改革开放时,外宾一致对北京没有河表示不可理解,可北京好歹还有护城河,还有昆明湖,而德黑兰是个几乎没有水面的城市。

对水要从水的来龙去脉来全面考察。向德黑兰东北部厄尔布尔士山的水源区进发,出城以后仍然见不到水,景象很像新疆,路旁都是干打垒的房屋,说明几乎不下雨。汽车开始上山,山也是秃山,路旁可以见到几棵"小老树"——由于缺水而永远长不大的树,大概是人栽的。山上则一棵树也没有,只有枯黄的草,这里的降雨量还不到 200 毫米,只能维持半荒漠的稀疏草原植被。只有黄土、黄土房和黄土山、蓝天之下是一片黄色,黄色在统治着大地,走到哪里都是一种土蒙蒙的感觉,好像大地渴得冒了烟。只是路边遍布的瓜果摊才给人带来一点"水"意,越是缺水的地方,反而越出好水果。

在作者亲眼看到德黑兰是一个缺水地区的同时,又亲身感到德黑兰的冷水和热水都保证供应,并不缺水。

德黑兰街区中,树木高大挺拔,郁郁葱葱,在不到 200 毫米的降雨量下,这些树肯定是要浇灌的;德黑兰的街中还有大片草地,也是绿茵茵的,作者看到了喷灌设备在浇灌。德黑兰的市中心广场还有很多喷泉,清水泉涌,在大水池中流淌。尤其是一天晚上 11 时多,赴宴归来,看到老城区在放水清洗街道,水气随风而起,刮来了一阵白天从来没有遇到的清风。晚上放水洗街是很聪明的,既不妨碍街上的行人,又减少蒸发,使水可以下渗。这样来看,德黑兰又是不缺水的。

生活在德黑兰的人也做了证明,在德黑兰,遇到一个来自东北沈阳的中国留学生,她在读波斯文学博士学位,在德黑兰已经住了 8 年之久了。她的话使作者十分吃惊,她说:"你们是来考察供水的,在德黑兰和沈阳生活,我体会差别最大的就是水。德黑兰供水从来不成问题,有冷水,有热水,一年四季不断,而且自来水直接可以喝。"

德黑兰怎样在干旱地区做到了保障供水的呢?

首先是统一管理。德黑兰这 2.8 万平方千米的土地缺水,可不可以从更大的地域考虑问题呢?通过统一管理是完全可以做到的。伊朗政府为了解决德黑兰的水问题,在德黑兰和邻近的四个省成立了统一的德黑兰水务局,超越了行政区划,由伊朗电力和水资源部统一管理水资源。管辖范围包括在德黑兰北,邻黑海、伊朗最丰水的马赞达兰省,德黑兰西北水资源较多的加兹温省和德黑兰西南水资源较多的库姆省。这一区划不仅仅为解决德黑兰的问题,也包括水资源短缺的赛姆南省,同时为赛姆南省解决供水问题。看来缺水地区就要当"大河长"。

这 5 个省面积共有 16 万平方千米,占伊朗面积的 10%;人口达 1600万,占伊朗人口的近 1/4。这一区域的水资源量达到 360 亿立方米,超过了 300 立方米/人的社会经济可持续发展最低保障线。显而易见,按科学标准重新统一配置是解决德黑兰水源问题的基础。

德黑兰的供水主要是靠这一区域的三个大水库供应的,拉尔水库、卡拉索水库和加鲁奇水库这 3 个水库的总容量是 13 亿立方米,每天保证向德黑兰供水 250 万立方米,全年就是 9.6 亿立方米,也就是说库容的 70%要输出,水库几乎年年见底。这对于主要靠冬天雪水融化来蓄水的三个水库来说,要保障供给是很危险的。好在德黑兰地区近年来水资源量变化很小,而且新的大水库正在筹建。

最大的拉尔水库容量达 9 亿立方米,在厄尔布尔士山脉的南麓山谷之中,正对伊朗最高峰——5671 米的达马万德峰,距德黑兰 75 千米,与密云水库和北京的距离几乎相等。积雪的达马万德峰好像一个戴了白帽子的巨人,在蔚蓝的天空中站在水库湛蓝的水面上。雪峰下没有植被,巨人好像穿着土黄色的衬衫;从半山腰开始有草,但是枯黄,好像穿着浅褐色的长裙;库边的白沙滩有如给长裙镶了白边,在阳光下闪闪发亮。雪山的南麓几乎没有人迹,稀疏的植被保存完好,保护着库区水的质量。和北京的密云水库比较,密云水库尽管采取了十分严格的措施,当视察时,层峦迭嶂的库边还是有羊群;而拉尔水库的北坡,像是一幅画挂在面前,一目了然,没有人、没有羊,也没有烟,的确没有一点人类活动的痕迹。当然,原因之一是这里的人口密度小。

拉尔水库保护得好,其原因不仅是这里地旷人稀,也得益于德黑兰水务局采取了严格的管理措施。距大坝还有两千米,就设有岗哨。水务纠查队穿着"沙俄"军队式、带着绶带的制服。收入不高的纠查队员留着大胡子,很以他的仪容和制服为荣耀,认真检查了作者一行人的车辆,毫不马虎,经陪同的官员出示证件才放行。库区范围都被铁丝网围起,远近皆没有一个人影,外行来看,一定会认为"有这个必要吗?"

来自中国的小团组是这里的贵客,办公楼前挂出了"我们欢迎中华人民共和国代表团"的巨幅英文标语。主人摆上了丰盛的水果,并做了详尽的介绍,管理人员对自己的水库如数家珍,坝高 107 米,坝长 1 150 米,是一座现代化的大中型水库。作者参观时看到设备还是相当现代化的,而且处处打扫得干干净净,包括厕所都比我国僻远地区水库管理单位的厕所干净,管理很严格。有人说看一个单位的管理先看厕所,尤其是僻远地区的单位,作者在世界上跑了不少僻远水库,认同这种说法。

主人殷勤的陪作者一行人登上坝顶,凭库临风,鸟瞰在世界上还很难看到的这样一库净水。库区不大,不到 30 平方千米,但清澈湛蓝,仿佛不在尘世。又下到库边,看见雪山上植被稀疏,但保护很好,没有枝叶随融流而下,水库像自来水厂的蓄水池,清澈见底,又像一个巨大的游泳池,如不是石崖陡峭,真让人想去捧上水喝一口。冬天山上冷到零下30℃,积雪可达 40 厘米,这里的年降雨(雪)量为 600 毫米,和北京差不多,因此使德黑兰有充沛的水源供应。

作者一行人又驱车来到距德黑兰只有 35 千米的拉丹(Latain)水库,

拉丹水库很小,容量只有 8 000 万立方米,其容量不过是德黑兰 3 天多的用水量,但水库很深,最深处达 107 米,所以蒸发很少。但是,这个小水库给作者留下了深刻的印象。尤其是水库发电机组大厅墙上的一幅挂图,挂图以图示配合文字的方式,清楚地阐明了供水的原理:水资源要统一配置,最先保证城市居民生活用水;其次保证工业用水,包括发电用水,因为工业生产效益高;再次保证农业灌溉用水;最后保证水流下泄,作用生态和旅游用水。可以说,这是现代可持续发展先进的供水思想,如果水库基层都能如此明了和重视治水思想,这个国家的水问题就不难解决了。

拉丹水库所处地势较低,周围植被较好,沿库的山上布满绿色,山谷有茂密的果林,清澈的流水从山谷中淌下,从公路上向下望去好像荒山中的一条绿色的飘带,在一片黄土的德黑兰郊区宛如塞外江南。今天,这里已经是德黑兰人休闲的好去处,路边停着许多汽车,却都没有人,原来是一家大小出来旅游,人已经钻进果林中尽情享受大自然的绿色去了。

作者一行人在拉丹水库管理站招待所吃了一顿饭,十分丰盛。德黑兰水务局在德黑兰是好单位,招待所的设施在伊朗也算颇有气派,餐厅旁边还专门设有休息室。招待作者一行人的员工都颇有自豪感,津津乐道地谈起他们是如何在德黑兰这样干旱的地区为 1 600 万居民保证了供水。

德黑兰的经验值得我国缺水地区借鉴。

五、以色列的世界最大海水淡化厂和污水处理厂

以色列以缺水而世界闻名,全国水资源总量为 17.6 亿立方米,人均仅 259 立方米,是世界上最缺水的国家之一。现在以色列全年供水为 20 亿立方米,平均每人为 294 立方米,刚刚达到维持可持续发展所需的最低水资源量 300 立方米/人·年的下限。以色列东邻死海西邻地中海,但却是咸水,作者曾在死海中游泳,由于水中盐分高水比重大可以平躺

漂浮很长时间,怕的不是下沉,而是一不小心喝进苦咸的水。以色列全境除北端的战乱不断的界湖太巴列湖外没有湖,所有河都是涓涓细流,而且常年断流。以色列的年供水量已超过其水资源量,那么其他的水从哪里来呢?

除地表水外,以色列水资源的另一个来源就是取地下水。浅层地下水与地表水互相转换,而且可以在年内补给,被统计入地表水资源;但是深层地下水的补给周期则可能长达几个世纪,因此是"子孙水"。以色列由于缺水所以要抽地下水,而又处于干旱地区,地下水位低,因此抽取地下水的深度平均已达 453 米,最深已达 1 500 米,抽的是标准的不可再生资源——"子孙水",可以说是竭泽而渔的办法。

1. 世界最大的海水淡化厂

以色列积极采取另一个补充水资源的办法,这就是向大海要水——海水淡化。目前以色列海水淡化已占其水资源供应总量的 15%,高达每年 3 亿吨,居世界前列。

当然,补充水资源还有另一个办法,就是进口。水是不易大范围调配的资源,体积过大,运输起来十分困难,代价也很高。即便解决了运输问题,以色列周边的政治环境也不存在以这种办法为主来补充水资源的可能。

作者访问以色列时得以参观了以色列的 IDE 公司阿什凯隆(Ashklon)海水淡化站,它是世界最大的海水淡化厂,该厂在地中海沿岸、特拉维夫西南约 40 千米的阿什凯隆市近郊,属中央局,南距加沙市仅 10 余千米。这个厂建于 1965 年,每天海水淡化量为 3.3 万立方米,每年达 1.1 亿立方米,占以色列海水淡化总量的 1/3。

该厂的负责人 L 先生热情地接待了作者一行人,介绍了该厂的情况,IDE 公司在世界上的 40 个国家有 330 个海水淡化站。他自豪地说这个厂是世界最大的厂,在以色列和世界的海水淡化中都占有重要的地位。他们用的是反渗透法,用膜在低温下实现海水淡化,现在由于膜的成本降低、寿命延长,海水淡化成本大大降低,目前厂内制每吨水的成本为 0.25 美元,所以技术是很先进的。同时,厂里还采取了余热回收,缆车或传动等节能措施,不断降低成本。因此,加上输水和运营等各个环节,每吨水价为 0.527 美元,在世界上也是最便宜的。

介绍以后是实地参观,在实地设备前 L 先生就不再那样侃侃而谈了,有点显得吞吞吐吐,带作者看的都是常规的设备,核心技术都封藏于其中的大铁罐。他大概看出作者对此有所察觉,有点尴尬地说:"您是行家,看这些实在没用,但这里技术保密,实在是对不起。"

尽管如此,作者参观中还是有些收获,看清了这里海水淡化的流程。厂的管理是很好的,清洁整齐。虽然不像日本有的海水淡化厂建得如实验室一样,但在工厂里还是高水平的。此外,自动化程度相当高,厂里几乎见不到工人,劳动生产率高也使得成本降低。

人类缺水,最好的办法就是向大海要,海水取之不尽用之不竭,为什么不向大海要呢?有人说海水淡化贵,那为什么不开发技术使之廉价呢?人最本质的特征就是创新,没有技术创新人类怎么发展呢?有人说开发技术没有钱,那不是钱的问题,而是以什么指导思想支配钱的问题。

在离开海水淡化厂返回的路上,作者看到一个个居民点,清一色的红顶黄墙独栋屋,都建在人工绿地边上,一问司机才知道,这就是为迎接新政策从加沙以色列定居点迁出的居民所建造的,政府都给他们盖好了新居。

2. 以色列的污水处理

以色列的污水处理也在世界上位居于前列,作者参观了阿什杜德(Ashdod)的米科若特(Mekorot)污水处理厂。阿什杜德也在地中海沿岸,距特拉维夫南 30 千米的地方,也属中央区。阿什杜德污水处理厂处理特拉维夫周围 220 平方千米和中央区城市范围内居住的、近 200 万人口的污水,年处理量达 1.27 亿立方米,占以色列污水处理的 40%,并占农业回用处理水量的 50%。年产值达 6 亿美元,也就是说这里花 4.7 美元/吨来处理污水,所以目的不仅是回用,更重要的是保护环境。由于特拉维夫地区的污水近 100% 的收集,仅污水输水管道就长达 10 500 千米。

1.27 亿立方米污水就意味着这个地区人均日用水 158 升,低于欧洲发达国家大城市不到 200 升/天的标准,更大大低于北京 220 升/天的标准。

作者参观了这个厂,除了常规的污水处理设施外,污水处理厂像一个大农场,原来最大的污水处理不是池处理,而是地处理。所谓地处理就是用一片片海滩地。每片地起码有 20 公顷,也就是 25 个足球场大,地下有隔离墙,污水进入处理地后无法下渗,充分利用海滩地特殊土质的净化作用,再加上一些特殊装置,经过 3～4 个月把这些水引出,可以达到Ⅲ类水以上的标准,达到向自来水厂输水的原水最低标准。

这种处理当然好,但是水渗跑怎么办? 靠这片处理地底和周围隔离墙解决。输水的污水蒸发怎么办? 原来这也是经过科学研究的,以色列地中海沿岸虽然处干旱地带,但由于在海滨,实际上空气湿度很大,所以蒸发很小。特殊的土地、特殊的气候、特殊的装置和特殊的技术,就建成了这样特殊而有效的污水处理设施,在污水处理厂中像这样的处理地共有 5 片,每天可入水 3.4 万立方米,基本上可以“吃进”该地区的全部污水。

技术部主任 M 女士是个工程师,中等身材,褐发黄眼,对自己的职业十分热爱,非常敬业,她如数家珍地给作者介绍了厂里的技术、设施和运行状况。她还带作者参观占地达 1 平方千米的庞大厂区,厂区外面就是茫茫的沙海。M 女士每到一处都自己操作几下,还主动自己喝一杯处理出的清水,再请作者喝,显示她的工作成果。当时天气很热,她不辞辛苦地跑前跑后,不断说:“你们还要不要看这里,要不要看那里。”完全不顾自己已经大汗淋漓。

以色列作为一个严重缺水的国家,它的海水淡化和污水处理技术值得研究和引进。

六、阿斯旺大坝和纳赛尔水库的问题

埃及严重缺水,而尼罗河滚滚流向海洋,修坝把水截住供人类使用,这是十分自然的想法。不但早在 4000 年前的古埃及人已经做过,就是在 19 世纪末英国人统治时期,也筑了阿斯旺老坝,修了水库,但规模很小,库容只有 30 亿立方米,为北京密云水库的 3/4。作者一行人等在阿斯旺参观就是先过了这座小水库而到达大水库的。但是,当纳赛尔建立埃及共和国以后计划建大规模的阿斯旺大坝,就遭到了当时主要西方国家政府的反对,法国在 20 世纪 50 年代曾一度表示支持,但也没有兑现,于是埃及在苏联政府的全力支持下于 1970 年落成了阿斯旺大坝。

阿斯旺纪念碑不但是一座纪念的丰碑,也是一座建筑的丰碑。在一望无际的阿斯旺沙漠中,筑于高台之上,高大的莲花瓣纪念碑显得格外引人注目。乘电梯登上纪念碑顶,来到一个联结五个花瓣的水泥大环上,人可以绕环行走,观赏大坝和纳赛尔水库。登顶远眺,如果说纪念碑宏伟壮观,那它毕竟是纪念碑,和大坝本身相比又不可同日而语了。阿斯旺大坝于 1960 年 1 月 9 日开工,到 1970 年 7 月 15 日竣工,整整建了 10 年,耗资 10 亿美元,坝高 111 米,坝长 3 830 米,使用各种建筑材料 4 300 万立方米,相当于大金字塔用石料的 17 倍,即相当于在水中造了 17 个金字塔。阿斯旺大坝好像一条巨龙把奔腾的尼罗河拦腰截断,弧形的大坝上建起了四车道的公路,绿色的林带使得大坝生机盎然,这座现代的"金字塔"同样使人赞叹。大坝截流形成的纳赛尔水库,水面开阔,库水浅蓝,在沙漠中形成了一道生命的风景线。

走在大堤上,尽管赤日炎炎,仍有丝丝凉风吹过,堤前库水清澈,远处有一艘小船,据说是在打鱼。南方远处地势渐高,那里就是埃及和苏丹交界的努比亚高原,这片古老的土地上至今仍有法老时代的努比亚后裔牧民,他们会赶骆驼来水库饮水吗?作者始终没有见到一个。坝的另一面是被截断的尼罗河,尽管适当放水,尼罗河在这里已成了河谷中的水沟,要论生态影响,是不能说没有的。灰色的电厂是这里的主要建筑,周围是电厂工人的居民区,灰黄的楼群边有几排树,点缀着这缺水的荒原。

不仅在计划修建阿斯旺大坝时国际上有激烈的争论,就是在阿斯旺大坝建成以后近 50 年的今天,这种争论仍在继续,阿斯旺大坝究竟该不该修,修坝后效果究竟如何呢? 只有实地考察,才有发言权。

埃及处于严重干旱的亚热带地区,绝大部分地区年降雨量低于 20 毫米,大部分地区处于撒哈拉沙漠,几乎无降雨。全国人均水资源量只有 30 立方米,自产水资源总量仅 21.6 亿立方米,仅及密云水库蓄水量的 1/2,属于严重干旱缺水,大大低于极度缺水的 300 立方米/人的下限。而目前实际年用水量高达 550 亿立方米,合 765 立方米/人,95% 都通过尼罗河依靠上游苏丹的青尼罗河(80%)和埃塞俄比亚的白尼罗河(20%)下水。埃及 95% 的人口聚居在尼罗河沿岸与其三角洲总共不到国土面积 5% 的土地上,用水集中,因此修坝蓄水是必然的。目前,阿斯旺大坝也取得了巨大的经济效益,满足了不断增长的城市和工业用水的要求,使埃及全部耕地改为常年灌溉,提高了农业作物的产量;同时,每年发电 100 亿度,占埃及全国发电总量的 1/7 强,大大促进了埃及的经济发展,还防止了洪涝灾害。但是,还应该考虑生态问题,这些问题就是如何考虑水资源、水环境和生态系统的承载能力。

阿斯旺大坝修建于 1970 年,是世界上最大的水坝之一,也是世界上争议最多的大坝之一,纳赛尔水库库容 1 690 亿立方米,水深处 210 米,相当于 42 个密云水库,是世界上蓄水最多的水库。通过实地考察,对生态争议问题给予科学的回答是十分必要的。水库既已建成再争论意义已不大,应先考虑解决出现的问题。

1. 库区淤积问题

从理论上讲,库区淤积的生态影响是间接的。如果水库有巨大的社会和经济效益,而带来不大的生态影响,建库是生态合理的。因为,从生态系统来看,如果不建水库会产生十分严重的社会经济问题,可能带来更大的生态影响,这是可以具体计算的。但是,即便影响不大,如果建成后水库使用年限很短,建库也是生态不合理的。从考察情况看,库中存水清澈见底。由于库区是石灰岩地层,30 年后坝前几乎无淤积,据说在库尾有少量淤积。从 30 年来的情况推断,说淤平死库容(800 亿立方米)需 300 年是可信的,所以从淤积问题来看建坝是生态合理的。作者走到坝前,有碎石组成的防浪坡,其实异形石块堆垒可以大大减小浪的冲击,比用规则石块砌成效果还好。作者在俄罗斯的贝加尔湖也看到了这样的防浪堤,修防浪堤的目的不是表面看起来坚固,而是要符合流体力量的减震原理,从而达到最佳的价格性能比。

2. 入海水量减少问题

尼罗河年均径流量为 850 亿立方米,建坝后入海水量减为 120 亿立方米,仅为建坝前的 1/5(以前也有英国人于 19 世纪末建的水库和农民引水)。据说由于入海浮游生物减少,河口地区沙丁鱼捕获量已减少 97%,应该属实。高坝拦沙使下游土地因失去淤泥而贫瘠,这个问题也是可能存在的,但由于本来淤沙量就不大,所以在下游实地观察其后果并不明显,目前,尼罗河三角洲翻开表土还是黑油油的沃土。由于尼罗河不再泛滥而无法冲盐碱问题,在下游察看时比较明显,尤其是新垦区,盐碱已经泛出。

3. 地下水问题

由于灌溉面积扩大,沿河地区地下水补给减少,地下水质变坏的问题,因为未接触环保部门而没有数据。但粗略估计,相对于尼罗河沿岸 1 万平方千米和三角洲 4 万平方千米的面积,120 亿立方米/年的入海水量,应能保证因减少补给而使地下水质变坏的问题不太严重。

4. 阿斯旺的纳赛尔水库水质

纳赛尔水库水质很好,主要原因是库区为极少人区,无污染源。此外埃及政府在产业结构方面采取了一些措施,原有法老时代的古老游牧民族努比亚人大部分被吸引到水库旅游业和电厂,库区没有开发"五小"污染产业。一个古老游牧民族努比亚族的饭店服务员对作者说,他家三兄弟,他进入宾馆工作,他的两个哥哥分别在电力和市政公司工作,只有老父母还养些牲畜。可见埃及政府调整产业结构、保护水源的努力。

大坝和水库不是不能建,但应进行全面的科学系统分析,反复权衡利弊,尤其在地区的年际水量变化大的河流更是这样,要保证河中有水。

七、美国科罗拉多河上的胡佛大坝至少有历史功绩

科罗拉多河是美国第三大河，长 2190 千米，内华达州在它的中游。内华达在美国是个小州，有 28.6 万平方千米，仅有 80 万人口，1 平方千米还住不到 3 个人，地旷人稀，接近自由保护核心区的标准。荒凉的内华达州却有三大名胜，赌城拉斯维加斯、胡佛大坝和内华达核试验场。赌城和实验场都靠大坝下的米德湖水库支撑，其中赌城更是因有水而建在荒原中。而仅在不到 100 千米之外的内华达核试验场居然不影响赌城的生意，也是咄咄怪事。

胡佛大坝建在科罗拉多大峡谷的末端，在科罗拉多河上，以胡佛（Hoover，1929—1933）总统命名，因为它是在胡佛任期内于 1931 年始建的，于 1935 年罗斯福在任期间完工，成为克服 20 世纪 30 年代美国经济大衰退的罗斯福"新政"的代表作。今天，世界不少国家经济衰退、通货紧缩，都开始想起了罗斯福。1929—1933 年美国经济不断萧条，国民生产总值（GNP）下降了 30％。由于罗斯福实行了扩张性的积极财政政策，包括投资大型基础设施建设，控制过剩农产品，复兴工业，建立社会保障制度，刺激出口等一系列政策，1937 年国民生产总值较 1933 年增加了86％，基本上克服了危机。

在如此严重的经济危机和财政拮据情况下，意志坚定的罗斯福通过发行债券和扩大货币发行量等政策，仍举巨资建成了胡佛大坝，称它为罗斯福新政大坝也是毫不为过的。胡佛大坝建在美国第三大河科罗拉多河的中游，大坝就借地势修在了科罗拉多大峡谷。科罗拉多河是美国西部第一大河，发源自科罗拉多州朗斯峰，经犹他州，后为加利福尼亚州和亚利桑那州界河，从墨西哥入海，全长 2190 千米，流域面积约 67 万平方千米，年径流量为 185 亿立方米，为黄河的 1/3。水利工作者常把科罗拉多河比做中国的黄河，因为它流经美国缺水的西部，而且多沙。科罗拉多流域年均径流量折合地表深为 27.7 毫米，仅为黄河的 1/3，流域更为干旱荒芜，但地旷人稀，人均水资源量为 740 立方米，是黄河流域的

两倍。

　　胡佛大坝高达 220 米,宽为 380 米,连坝下的米德湖,总库容量为 300 亿立方米,有 7.5 个密云水库大,相当于三峡库容的(393 亿立方米)的 3/4,考虑它建于 87 年之前,其工程之浩大是可想而知的。电机装机容量为 208 万千瓦,发电量为 50 亿度,一下子解决了内华达的缺电问题。作者先下到坝底,胡佛大坝在世界上虽不算最高,但两岸陡峭,很像"天墙"。在高耸的巨坝前,人好像一只巨桶中的小虫(坝相当 130 个人高),对着大坝指指点点,景象幽默,两侧褐色的山石好像巨大的妖魔在讥笑坝下的人。乘电梯登上坝顶,远眺碧水涟涟,褐山绵绵,灰色的水泥大坝把造物主的杰作切断,尤其是坝上穿梭而过的汽车更是打破了这旷野的宁静。近来有人提出为了维护生态平衡不要修大坝,那么修不修公路呢?生态平衡是要维护的,但原始生态平衡是无法保持的,要发展人、技术与自然协调的生态动平衡。

　　在科罗拉多大峡谷中奔腾的科罗拉多河被胡佛大坝拦腰截断,在上游就是称为世界四大自然奇迹的科罗拉多大峡谷,谷长 350 千米,最深处达 1800 米,可谓万丈深渊。大峡谷呈现"V"字形,两岸陡峭,怪石嶙峋,仿佛地球裂开了一道巨缝。有的地方仿佛刀削一般,直上直下,可谓神工鬼斧,年年都有探险者葬身谷底。

　　在大坝下形成了巨大的米德湖。湖泊使峡谷的气势大减,但仍可看出大峡谷的宏伟、险峻。"米德"就是建水库时的垦务局长的名字,取其名以示纪念。米德湖实际上就是坝下水库,水最深处达 152 米;湖长不过百余千米,但边缘长达 1300 千米,可见峡谷之犬牙交错;湖面达 2700 平方千米。米德湖像一条宝石蓝色的巨龙躺在大坝下,静不出声,深不可测。有一段水很浅,有栈桥通入水中,水里鱼多而且很大,鲈鱼、鲇鱼、红鳟和鲤鱼是湖中的四大鱼种,以鲤鱼为最多。下到水边,弯下腰去,硕大的鲤鱼清晰可见,扔一点面包,就有十几条几十斤的巨鲤游来,小的更不计其数。水面的风都带一些潮湿的清新,一扫山野的土味。栈桥上游人不少,这片干旱的旷野上,米德湖是难得的休憩好去处。公路上穿梭般的汽车正输送来往的游客,褐色的土山前、偌大停车场上已停了许多五颜六色的小汽车。

从米德湖眺望科罗拉多大峡谷,尽管看不到立在谷那边令人震撼的气势,但依然能领略它的磅礴。崇山峻岭之中,裂出一道深谷,科罗拉多河在谷底咆哮,宛如天降,若不是干旱的大地使两岸寸草不生,就是又一个"长江三峡"了。其实在两岸的崖壁上还是有树、有草、有熊、有豹的,只不过是远眺不及其景罢了。

美国依托米德湖的水源建了世界闻名的赌城拉斯维加斯,这的确是符合生态学的产业优化配置,赌博业对在荒原上兴建的、脆弱的人工生态系统不会造成大的破坏,符合生态学原则;但是,它符合道德原则吗?符合可持续发展的原则吗? 只有让专家去研究了。

八、美国与墨西哥之间的国际界河格兰德河的分水

格兰德河从科罗拉多高原流来,纵横新墨西哥州,沿得克萨斯作为美国和墨西哥的界河向墨西哥湾流去,全长 3 030 千米,是这西部荒原的救命水。

为了考察格兰德河,印第安人司机驾驶大轿车,沿格兰德河行驶了不过 30 千米,作者一行人就从得克萨斯州又绕回到了新墨西哥。沿途的格兰德河并不宽阔,宽处也就像北京郊区的潮白河,有人把格兰德河比做黄河,大概是由于其上游类似黄土高原的缘故,长度虽不及,但年径流量 586 亿立方米,比黄海还大。然而对格兰德河的走访,却留下深刻的印象,格兰德河管理得比黄河好得多。在干旱地区的格兰德河却有春江水满的景象,两岸树木成行,支、干渠纵横交错,都没用水泥砌衬。渠侧并不一定要用水泥衬砌,长年流水形成的细砂壳层就能起到防渗的作用。沿着渠网是大片的农田,平整得有如球场,田间有着式样不一、多姿多彩的农舍,如果不看远处光秃秃的黑山和山下黄漫漫的荒原,还真有些中国江南的味道。这里广泛采用喷灌和滴灌等节水灌溉的手段,如果大水漫灌的话,有多少水在这茫茫大漠中也是不够用的。

格兰德河的科学管理得益于法制,早在 90 多年前,1906 年老罗斯福总统时代,美国就立法确立了在该河与墨西哥的国际分水方案,当时根据两国在流域内耕种的农田面积进行分水,美国在上游为 57%,墨西哥在下游为 43%,这一分水方案顺利地执行了 93 年。依同样原则建立的新墨西哥州与得克萨斯州的分水方案,也执行了 64 年。执行这些方案,要靠分水的具体手段——配套水利工程的建设,包括水库、取水口、引水渠等;要靠实际分水的监测——一系列的监测站点和成套的设备;但是更要靠完备的、定量的法律体系和严肃守法、严格执法的精神。上面分的只是水量,不管水质,实际分的应该是保证质量的水才真正合理,如果下游用的是污水怎么行呢?目前,美、墨两国和新、得两州又开始着手解决这个问题。

沿途看到了世界上最大的一片山核桃林,在 16 平方千米的土地上有 18 万棵山核桃林,在高大的山核桃树浓荫下绿草如茵,笔直的公路从林中穿过。置身之中,仿佛在热带丛林,全然没有处身荒原的感觉,人类改造世界的力量真是奇大无穷,但在一定时期内又是有限的。路旁有个小商店,店里当然卖山核桃,像大腰果一样,据说是种补品,不过价值不菲。店里还卖明信片,画片中有夏季葱绿的景色,也有秋季青黄的景色,实物与照片相比较,给人留下深刻的印象。

在新墨西哥的原野上奔驰,那一望无际的荒野,那怪石嶙峋的大山,形成了宁静荒原的基调。格兰德河平静的流淌,以自己并不丰沛的水量给人以生机,那成片的山核桃林,那茁壮的玉米地都靠这点水。然而对这点水的分配是靠巧取豪夺和战争,还是靠科学分配和法制管理,这就不是格兰德河,而是人的事了。

格兰德河北岸是埃尔帕索市,和其他美国城市相比,埃尔帕索是个比较寂静的城市,隔格兰德河与对岸墨西哥市的华雷斯市相望,那边好像更为荒凉。埃尔帕索城不大,开车很快就出了城。城外的圣·安东尼小镇,就像个美国西部牛仔片的外景地,街道很宽,行人很少,两边都是两层楼房,多漆成红色、黄色或白色,商业广告不多,不过少不了得克萨斯石油公司的广告。出了小镇就是得克萨斯州的原野,蓝天之下是浓密的绿荫,红褐色的乳牛在低头吞噬紫色的苜蓿;近处是一种开着白花的绿草,彩色的蝴蝶在花旁飞舞;广阔的原野很像一幅农家乐的油画。当然这只是城市近郊,再向前走就到了得克萨斯旷野荒原了。

埃尔帕索市市长就是格兰德河的美国河长,而华雷斯市的市长就是格兰德河的墨西哥河长。两国分于左右岸的河长比两国分于上下游的河长更为难当,因为不只是出入境断面有一条几百至几千千米的长河要管理,还有"对立面"。两国的经济发达程度、居民文化程度、风俗习惯和生态意识,两国的涉河法律、法规和政策,两岸的监测标准与手段都是不同的,有些情况下还差异很大。因此,必须相互理解、相互包容、求同存异、求得共赢,才能解决矛盾、争端与突发事件,这关系到的不只是河流的健康发展,更是两岸居民共享水资源与和平共处。

九、巴拉那河上三国共用伊泰普水电站经济效益巨大

巴拉那(Parana)河发源于巴西南部,上游叫格兰德河,向东南流去,是巴西和巴拉圭的界河;向南又成为巴拉圭和阿根廷的界河,汇入伊瓜苏(Iguasu)河;然后又成为巴拉圭与阿根廷的界河,从阿根廷奔流入海,下游称拉普拉塔(Laplata)河。巴拉那河是世界第 10 条大河,在南美洲是仅次于亚马孙河的第二条大河,长约 4 300 千米。流域面积达 300 余万平方千米,年径流量为 7 800 亿立方米,与长江水量相近,是黄河年径流量的 25 倍。巴拉圭的巴拉圭河和乌拉圭的乌拉圭河都汇入巴拉那河,而巴拉那河和乌拉圭河分别是巴拉圭和乌拉圭全部的水源。巴拉那河之所以世界闻名,是由于在巴拉圭、巴西和阿根廷三国交界处的伊瓜苏大瀑布。

伊泰普水电站是目前世界上已建成的规模最大的水电站,由巴西和巴拉圭两国共同兴建。水电站位于巴拉那河干流巴西和巴拉圭两国的边界河段上。伊泰普的印第安语的意思是"会唱歌的石头",形容流水击石发出的声音。

伊泰普发电站是巴拉圭的经济发动机。目前,20 台机组发出的电量基本是巴西和巴拉圭两方均分,各得约 450 亿度。巴拉圭本国只用 1/5,即可满足电力需求,其余 4/5 都卖给巴西,巴西 25% 的用电来自伊泰普电站。1 度电的售价约为 0.15 个巴西币里亚尔(1 美元=1.97 里亚尔),约合人民币 0.62 元,比我国电价略贵。仅这一项每年就给巴拉圭带来近 20 亿美元的收入,占巴拉圭国内生产总值的 1/3。

1973 年 4 月 26 日,巴拉圭和巴西达成协议共同建设伊泰普水电站,1974 年成立伊泰普公司,1975 年 5 月,破土动工,1984 年 5 月 5 日,第一台机组发电,总投资 183 亿美元,共 4 万工人历时 18 年,至 1991 年全部建成,共完成 18 台 70 万千瓦的机组,总装机容量为 1260 万千瓦,年发电量约为 770 亿度。2001 年又增建两台机组,目前总发电量约 900 亿度,从发电量来说,是目前世界上最大的水电站。除发电外,伊泰普水电站还具有防洪、航运、渔业、旅游及生态改善等综合效益。坝址以上流域面积 82 万平方千米,多年平均年径流量 2860 亿立方米。

在国际河流上建大坝和电站是个难题。投资如何分摊、发电量如何分配、河流生态影响如何避免、水生态系统如何保护是一堆棘手的难题,左右岸的界河比上下游的国际河流更难解决,我国的国际河流河长或许可以从巴拉那河的伊泰普水电站得到启发。

没有到过长江三峡大坝的人,一定会惊叹伊泰普大坝的奇迹。远远望去,高达 176 米的伊泰普大坝像一座两层巨型大厦,拦腰截断奔腾的巴拉那河。长达 1500 米的大坝像河上的一座大桥,横跨两国,而这座大坝巴西和巴拉圭一家一半,作者走到两国的分界线上照了一张相。大坝共分两层,一层又分多层,是发电机组厂房,一层的另一侧有控制室和办公室;第二层则像大坝上的巨型护栏,染成白色的分节巨大管道直抵坝顶。站在坝上远眺,水库浩瀚如海、碧波粼粼,气象万千,撼人心魄。其最大面积为 1350 平方千米,有太湖的 3/5 大,最深处 21 米,可以蓄水 290 亿立方米,是太湖的近 6 倍。

伊泰普电站与三峡电站的数据对比如表 8-1 所列。

表 8 - 1　伊泰普电站与三峡电站比较表

项　目	伊泰普	三　峡
地址	巴拉那河巴西与 巴拉圭边界河段	中国长江 湖北省宜昌市
工期	1975—1991,共 16 年 目前在加两台机组	1994—2009,共 17 年
坝址控制流域面积(万平方千米)	85	100
多年平均径流量(亿立方米)	2 860	4 510
最大坝高(米)	196	181
库区水面面积(平方千米)	1 350	1 084
总库容(立方米)	290	393
装机容量(千瓦)	1 400	1 820(70×26)
平均年发电量(亿度)	880	1 101
投资(亿美元)	114	约 142(至 2003 年底)

作者一行人到时已经夕阳西下,巴拉那河畔一望无际,看不到一个人影,一片寂静。赤金色的阳光照耀着几个考察者。天地之间只有巴拉那河这个自然的奇迹发出轻轻的水声,还有伊泰普大坝这个人工奇迹发出轻微的机组运行声音,两种声音融成一片,浑然一体,倒好像是大自然的声音。作者不禁自问:"这是人与自然和谐吗?"说是,水声明明不那样清脆;说不是,那机组的声音仿佛穷苦的巴拉圭人在发出饥饿的声音。

伊泰普水库面积 1 350 平方千米,其中 43% 在巴拉圭,57% 在巴西。在伊泰普工程开工之前,就已提出了有关生态影响的可行性研究报告,并指出了可能存在的环境问题。为厘清其消极影响,提出解决办法,有关专家进行了认真的森林、动物、水生环境(水质和鱼类生态学)、沉积作用和气候的研究。水库周围建立起的绿化区域用于水土保持。水库边专门划出绿化区域,包括 200 米宽的永久性保护带。保护带占地约 633 平方千米。从飞机上看,永久保护带像给绿化区镶了一条美丽的深色绿边。

水库形成后出现 66 个小岛。其中巴西一侧有 44 个。总共设立了 6 个特区保护淹没区的生物，以保持其多样性的延续，特区面积 326 平方千米。通过对当地植物种类的详细调查研究，提出了在岛上建立动植物保护区和重新造林的计划。伊泰普保护区包括巴拉圭的利穆和伊坦两个生态保留地，面积分别为 15.702 公顷和 13.807 公顷，以及巴西的贝尔维斯塔、圣埃伦娜和巴拉圭的塔蒂尤皮 3 个生态安全区，面积分别为 1780 公顷、2254 公顷和 2269 公顷。目前这些保护区新生林已长成，达到了恢复动物总数的效果。

建库之前就建立了按年代和文化划分的考古勘测点 273 个，包括遗址、遗迹等，最古老的可追溯到公元前 6100 年，都进行了迁址或保护。在巴西一侧共征用了 6900 件乡村财产和 1600 件城镇的财产，都做了妥善处理。移民 4 万人，巴西人则移至巴拉那（86%），马托格拉斯（8.89%），圣特卡尼亚等州，不使产生复归等后遗症。

伊泰普电站产生了巨大的经济效益，自 1984—2000 年累计发电 9340 亿度，2000 年以来，每年发电都在 900 亿度以上，至 2003 年累计发电 12130 亿度。以目前巴西电价 0.15 里亚尔（1 美元约等于 3 里亚尔）计，累计发电价值约为 606 亿美元，已经是投资的 5.3 倍。

电站供应了巴西 23% 地区的电力，这正是巴西发达的东南部对巴西国民经济发展的能源供应有重大意义，目前，水电占巴西供电的 92%，实现了清洁能源化，其中伊泰普电站做出近 1/2 的贡献。

电站供应了巴拉圭 93% 地区的用电，成为巴拉圭能源的支柱，2000 年，巴拉圭发电总量为 531 亿度，近 90% 来自伊泰普，占巴拉圭这个低收入国内生产总值 1/3 左右，也就是说把国民收入提高了 50%，对巴拉圭经济发展的影响是十分巨大的。其中 474 亿度用于出口。出口额约 20 亿美元，几乎占巴拉圭这个资源贫瘠国家的 90%，对于巴拉圭的国际收支平衡也起着决定性作用。因此，说伊泰普电站是巴拉圭经济的发动机是毫不为过的。

作者站在伊泰普大坝上远眺，伊泰普电站对当地生态系统的改变还是比较大的,但是由于巴拉那河流量很大,当地水资源状况良好,承载能力很大,电站从规划、设计、施工和运行都做了比较全面的生态考虑并予以实施,因此,据对运行 20 年来的观测,可以基本做出对当地生态系统的负面影响并不显著的科学结论。

进入坝体,又是另一个世界。这里像一个巨大的工厂,底层是发电机组,上面有控制室、调度室、办公室,还有展览厅。不但机组厅像巨大的广场,就是控制室也从这头望不到那头,可以在这里举行 800 米赛跑。展览厅是巴西和巴拉圭一国一半,中间也有分界线,但是可以自由走动,不需要“签证”,在这里可以进入巴拉圭几十米。

十、亚马孙河的自然生态及其物种入侵中国

“亚马孙”是个希腊女神的名字,当年白人探险队在河边恍惚见了白色女人,河流因而得名。人们原以为河流发源自秘鲁的安第斯山麓,1996 年一支国际科考队经过千辛万苦追本求源,才证实其发源于秘鲁安第斯山脚下万丈深渊的阿巴查特大裂谷地下冰河。

亚马孙河流域达 2 000 毫米以上的降雨量使得历史上巴西境内的热带雨林占流域的 82%,水土保持很好,因此其携沙量仅为黄河的 1/2。同时,其总水量为黄河的 120 倍,冲沙能力强大,淤积很少,河道健康。此外,亚马孙河流域有大片的湿地蓄滞洪区,因此有巨大的洪水蓄滞能力,加之居民极少,所以洪水并不为患。

亚马孙河生态系统虽遭遇到日趋严重的破坏,但目前仍基本保持了原生态系统。历史上亚马孙河的土著居民——印第安人的生活是完全依附在自然生态系统的循环之上的,对其基本不形成破坏。1542 年,葡萄牙探险者才发现了亚马孙河。亚马孙河的开发始自 1870 年英国人开始在这里采种橡胶,直至 1978 年,在 100 年中,毁林 51 万平方千米。但近年来逐年加剧,其中 1999 年毁林 4.46 万平方千米,2000 年毁林 4.83 万平方千米,至今原始森林被毁已达 1/3,到了维持原生生态系统的极限。

到过亚马孙热带雨林后，作者更加坚信"原始森林"的科学定义。亚马孙的热带雨林是人们公认的原始森林，或科学地叫"原生森林生态系统"，但是树并非都是万年老树。据当地居民说，中国干燥的塔里木河流域号称"一千年不死，死后一千年不倒，倒后一千年不朽"的胡杨的真实树龄也不过 300～400 年，更何况半年泡在水里，闷热潮湿地热带雨林呢？

树的年龄大多不过 300～400 年，千年老树是凤毛麟角，从不成林。所谓原始森林就是指在大约 150～300 年间没有遭人类活动较大破坏的次生自然林，它有以下几个特征。

① 多树种，单一树种的肯定不是原始森林。

② 形成乔灌草的森林植被系统，只有树的也不是原始森林。

③ 有较厚的枯枝落叶层，这个枯枝落叶层是该系统达百年以上未被三十的主要判据，也只有它才能有效地含蓄水源，保护土壤。没有枯枝落叶层的森林，水土保持作用是不大的，尤其是单一树种的人造林，山洪顺根而下，保持水土的作用可能还不如只有灌木和草的植被。

亚马孙流域有丰富的物种资源。原有鳄鱼和树懒等 1 200 多种哺乳动物，巨嘴鸟、鹦鹉和鹭鸟等 950 多种鸟，长达 2 米、体重 125 千克的库拉鱼、淡水黄鱼、金龙鱼和食人鱼等 1 000 多种鱼，700 多种昆虫、蝴蝶，（包括珍贵的蓝蝴蝶）以及木棉树、大王莲和芦苇等 150 多万种植物。目前已经有 117 种动物灭绝，占动物种总数的 10%；有 108 种鸟类灭绝，占鸟类总数的 11%；森林面积减少 15%，大约就有 10% 依附其存在的动物物种灭绝，植物物种灭绝的比例可能更高一些。

在热带雨林中还有另一个发现，雨林中也有作者很熟悉的、20 世纪 90 年代已经在我国肆虐、造成严重水污染的水葫芦，学名叫凤眼莲，但并不疯长。据说水葫芦就是在"文革"期间，由缺乏知识的掌权人忽发奇想引入中国的，其实利用夏天闲置的河道培养这些速生的水草喂猪，初衷未必坏。为什么在条件较好的雨林不疯长呢？原来是在这里有一种昆虫是它的天敌，作者真想捞一棵水葫芦，看看上面有没有这种虫子，但想起食人鱼的警告而作罢。不过,后来作者在里约热内卢的供水水库中又看到水葫芦,就比较多了,其原因大概是新修的水库里这种昆虫还来不及大量繁殖的缘故。

无独有偶,在 2006 年又出现了一个来自亚马孙的动物物种成灾的例子。2006 年 8 月,北京因食用凉拌"福寿螺"而得"广州管圆线虫病"的患者近百例。这种生长于亚马孙河肉质鲜美的螺是台湾水产商于 20 世纪 80 年代引入的,后来传入大陆,不久因其肉质太松失去市场,养殖户纷纷弃之于水沟、池塘和荒郊,但一只螺一年生子 30 万,几年之间就酿成螺灾,2006 年,仅在广西受灾稻田就达 250 万亩。作者在亚马孙呆了 3 天,从未吃过这种螺,看来国人见什么尝什么还是要有科学知识的,老祖宗吃螃蟹算是吃对了,而今天吃福寿螺尤其是生吃就吃错了。

动植物各一例说明,亚马孙河生态系统有丰富的物种资源,但是引入务当科学研究、全面分析、严格管理,慎之又慎,否则,将带来外来物种成灾的严重后果。

第九篇 相关河长制国际水会上的合作与斗争

作者经过 38 年的调查研究,了解到我国河湖的治理尤其是它的水污染治理,纵向相比不仅落后于欧美发达国家,而且横向相比也不如经济发展和航空航天等跨越式的发展速度。这一观点不仅得到领导的首肯,也是几乎所有出过国的人的共识。

从国际上看,21 世纪世界上将发生严重的水资源短缺几乎是业界的共识,预计将会发生日益增多的因水资源引起的国际冲突甚至战争。我国是水资源短缺的国家,西方评论会逐年加剧,我国又有不少国际河流,因此参与国际水事是我国面临的新的国际事务,如何申明我国在水资源全球治理的观点和立场,如何参与国际水规划的制定,如何具体解决国际水事纠纷,都是严峻的新课题。这些问题的解决只靠外交从科学上讲是不利的,应该依靠了解国际事务的河长。

因此,国际交流十分重要。出国考察是一种重要手段,但河长没有时间做全流域考察,听取一条河治理的口头介绍也脱离实际,仅看河流的断面而又失之偏颇。

所以,对国际水会的参与是国际交流的另一种重要手段。首先可以向先进国家学习,其次可以了解不同经济发展阶段国家的不同措施,最后还可以从发展中国家得到不少借鉴。作者多次参加过不同层次、不同类型和不同范围的国际水会议,或者叫国际河湖会,收货颇丰,所以专门撰写本篇,汇集在这里供河长参考。

一、作中美环境与发展论坛首席发言陈述我国环境立场

1999 年,时任总理朱镕基率中国政府代表团访美,与此同时,第二届中美环境与发展论坛在华盛顿召开,中国政府代表团参加了这一论坛,作者被选入代表团,并在会上作为中美双方的首位发言人,发言题目是《为中国的可持续发展提供水资源保障》。为此作者做了认真的准备,国务院领导还在预案材料上批示:"请各部门参阅,增进对人口、土地、水资源、环境保护等方面的知识的了解,加深对国情的认识,增强实施可持续发展战略的自觉性。"

1999 年 4 月 9 日早 9 时,作者来到位于华盛顿的美国国务院。美国国务院实际上就是美国外交部,在白宫西约 600 米,南邻宪法公园的大片绿地,西邻纽约两大河之一波托马克河,周围环境十分幽雅。国务院大厦虽然不太有名,但实际上是一幢比美国国会大厦和白宫规模都大的方形现代建筑。国务院大楼长 250 米、宽 100 米,共 6 层,楼体为浅褐色,白色大理石的门廊不如想象中的气派,没有院子。大楼虽不富丽堂皇,却是戒备森严,外岗排成两排,进门后的大厅里还有内岗和电磁安检仪。进楼开会,门岗办事效率不是太高,对于准时而来的代表团还要再行联系请示,只好耐心等待。

早 10 时,中国时任总理朱镕基和美国时任副总统戈尔到达出席开幕式现场,各发表了 15 分钟的讲话。10 时 30 分,中国时任科技部长朱丽兰女士和美国时任总统科技事务办公室主任莱恩共同主持了会议,美国海洋与气象局局长等多位部长级官员出席了会议。朱丽兰部长宣布大会开始后,由作者首先做《为中国的可持续发展提供水资源保障》的发言。在发言中针对西方有些人对中国环境问题的攻击,从回顾历史的角度来讲科学道理。

作者提到,工业革命带来了今天的物质文明,极大地提高了人类的生产能力和生活水平,但是,也带来了污染生存环境和破坏生态系统的负面影响,西方发达国家在发展的过程中经历了先污染后治理的进程,

取得了巨大的成绩,但同时也积累了对地球环境的破坏。中国历史上的农业经济是本着天人合一的维护生态系统的指导思想发展的,虽然保护了地球上部分的生态系统,但是生产力低下,随着人口的增加,日益贫穷。今天共同追求可持续发展,发达国家不要指责发展中国家污染严重,环境恶化,应该回顾自己的发展历程,帮助发展中国家治理污染,更不要只为商业利益向发展中国家转移污染企业;而发展中国家也不要过多指责发达国家污染的历史积累和今天仍占主要地位的份额,而是认识生存环境和生态系统破坏的严重性,不走先污染后治理的老路,尽最大努力治理污染,保护生态系统。双方应携手努力实现可持续发展,保护我们共同的地球家园。

作者还提出一个观点:发达国家今天能比较深刻地认识环境与生态问题,正是因为吸取发展中的经验教训,否则连今天的科学知识也没有,所以既不能以环境破坏为代价寻求非理性的发展,也不能以环境问题来限制发展,因为不发展就不可能深刻认识这个问题,也没有经济力量和先进技术来解决这个问题。发达国家也不要以为今天对环境和生态问题的认识就很科学、很全面了。作者举了一个例子,大家今天都在讲生态系统和系统平衡,作者是学数学的,用多种方法计算过大系统的平衡,但生态系统是一个非平衡态的超复杂巨系统,至今计算机无解。例如对华盛顿特区这个生态系统,在座的诸位谁能说出,有多大的水资源量就是一个好的水生态平衡,大概没人能说出来。作者进而指出,人类的经济发展如大建设、调水等工程对生态系统的影响并不很清楚,还要随着发展进一步研究认识,故不能随便指责他人。当然实践已经证明对生态系统的大扰动,肯定会对其有破坏作用,如调水不能超过河流流量的20%等。

此后美中双方继续发言,但事先估计到的一种可能性没有发生:美方的发言不仅没有指责中国的环境问题,连建大水坝的问题也没有提。不知是临时删去的,还是事先就没有。

在作者的发言过程中,以知识渊博、看问题尖锐著称的美国总统科技事务办公室主任莱恩,自始至终纹丝不动、全神贯注,没有任何质疑的表示。大多数在场的美国代表除发出轻微的惊叹外鸦雀无声。

在休息室中许多美国代表向作者祝贺,表示称赞,美国海洋和气象局局长专门找到作者说:"您讲得精彩。"著名专家 M 教授还对作者说:"听说您要去图森参加中美水资源管理会议,我也会去,到那里我们再探讨。"朱丽兰部长在会后说:"吴季松司长的发言对后来的会议做了导向。"

二、参与签订《国际湿地公约》并指导其在我国实施

当年作者负责中国常驻联合国教科文代表团的科技工作,每年的任务之一是考虑可以参加哪项科技国际公约,扩大对外开放。作者做了很多比较调研,认为参加《关于特别是作为水禽栖息地的国际重要湿地公约》没有什么大的弊端,于是上报外交部批准申请加入此项公约,要求有关单位写出国内外湿地情况的详细报告。没想到国内报来的材料十分简单,催要后得到的答复是找不到按国际规范专门研究湿地的专家。这可苦了作者,如何递交申请报告呢? 作者向大使做了汇报,大使说只好由作者勉为其难了。

关于中国政府是否签署《关于特别是作为水禽栖息地的国际重要湿地公约》,作者根据国内的材料进行了 3 个月的仔细研究。以前作者对湿地—沼泽地仅有的知识是"烂泥塘",根据国内报来的材料,查阅了许多联合国文献和外交书籍才对"湿地"有所了解。湿地有三大作用,一是净化水源,水在沼泽地里积存,许多有害物质氧化分解,实际上起到了自来水厂净水池的作用,这就是为什么许多野生动物都到沼泽中饮水的原因;二是作为水域和陆地的过渡带,它起到保护水域的作用,否则由于风沙等原因,陆地将侵蚀水域;三是作为水禽栖息地,多种水禽要在湿地栖息、繁衍,破坏湿地,就破坏了生物多样性。

看来保护湿地是有百利而无一害,签约有什么问题呢? 最大的问题出在有一些跨国往返的候鸟的身上,会不会有外国指责中国没有保护好

自己的湿地,影响了他国候鸟的生存而引起国际纠纷呢?这种看法既略显过分,又不无道理。分析的结果是:一是公约是提倡性的,并没有国际监测的条款,因此不会依条约而产生侵犯国家主权的行为;二是条约的互益性,我国也有候鸟飞向他国;三是中国的改革开放政策决定中国应该融入世界大生态系统,积极参加保护生态的国际事务。

1992年3月31日,作者和驻法蔡方柏大使向联合国教科文总干事马约尔和助理总干事扎尼古递交了中国加入《关于特别是作为水禽栖息地的国际重要湿地公约》的加入书,蔡方柏大使在文本上签字。签字后大家高兴地祝酒合影,马约尔总干事特别握着作者的手说:"谢谢您!",扎尼古助理总干事对作者说:"我最清楚您积极、有效的贡献。"

湿地公约签署后国内的湿地专家多了起来,无论如何,这对湿地保护是好事。当年也没想到在十年后主持了向黑龙江扎龙湿地输水的规划,保住了扎龙湿地的核心区,而且经常听到"湿地干了,要马上输水"的专家说法,其实大多湿地的补水靠洪水,防洪堵了洪水,湿地就没了水源;而且湿湿干干才叫湿地,只要没有两年以上的干涸就是正常的湿地;这些科学知识使得作者起码在任内对若干湿地进行了科学的保护。

三、作为高官参加第二届世界水论坛的国际斗争

2000年3月21日—22日,时任水利部部长汪恕诚率中国政府代表团出席了在荷兰海牙召开的第二届世界水论坛部长级会议。此次会议由荷兰政府承办,是关于新世纪世界水资源问题的一次十分重要的国际会议。来自世界135个国家和国际组织的158个代表团,包括1位副总统、2位副总理在内的113名部长级以上官员与会,同时举行的世界水论坛有来自世界各地的3000余名代表,大会共4600人参加。

3月22日,经各国政府部长协商一致,在部长级会议闭幕式上通过了新世纪水资源的《海牙宣言》。中国代表团对《海牙宣言》的贡献不但得到发展中国家的支持与称赞,而且得到了大会组织者荷兰政府的充分肯定,为今后在水资源方面的国际合作奠定了较好的基础。

1. 高级官员预备会

为最后磋商提交部长级会议的《海牙宣言(草案)》并确定部长级会议议程,3月18日—19日首先召开了部长级会议高级官员预备会。经外交部批准,作者作为中国政府代表出席了高级官员预备会。

高级官员会议上,水利部事先逐条充分准备,拟定了发言稿。在2天共计16个小时的会议上,鉴于只有英法文同声传译,参会的两人一人听,一人起草发言稿,现场交换意见,利用会议休息分头做工作,密切配合得像一个人一样。做到以理服人,据理力争,有礼有节。五项修改意见由作者主讲,谢云亮参赞为其中最重要的"不做承诺"一项作了外交上的补充,并对其他国家提出的问题作必要的发言。中国代表在87个参会国中首先发言,提出了对《海牙宣言》的修改意见。代表团在发言中首先肯定《海牙宣言(草案)》基本体现了可持续发展的原则,资源问题是可持续发展的核心,同时强调可持续发展也是中国的基本国策,依据可持续发展原则,中国已经在以水资源科持续利用保障社会经济可持续发展方面做了大量卓有成效的工作。代表团还强调可持续发展的基础是发展,正因为发展了,发达国家才认识到资源与环境问题,因此发达国家在做好资源和环境保护,随着发展更深入认识资源与环境问题的同时,必须倾听发展中国家的声音并帮助发展中国家,而不仅仅是提出要求与评论。发言最后提出了对《宣言》文本的具体修改意见。

在讨论国际水资源监测问题的表述时,代表团指出在保障21世纪全球水安全的问题上,各国情况不同,自己国家的水资源指标只能自己国家制定,因此不需要也不可能进行国际监测,国际援助所做的事情应该是提供技术援助协助建立指标体系。在会议同意把指标改为指标体系后,代表团又提出从英文上讲只能说"衡量"指标体系,而不能说"监测"指标体系,动词也要改。在最后发言中代表团指出:"我们基于三点原因不能'承诺',第一,作为附件的《世界水展望》和《行动框架》有多处错误和我们不能接受的地方;第二,我国在有些方面比《行动框架》做得更多;第三,有些要求不符合发展中国家的实际情况,如在2015年使没有卫生设施的人口减少一半，不但中国做不到，许多发展中国家也是做不到的。因此，我们强烈要求将部长'承诺'改成'将'，以给我们的下一代留下一个高质量的、诚实的、严肃的《海牙宣言》。否则我们将不同意《海牙宣言》。"发言后，大会主席当即表示："我们考虑修改。"

在发展中国家的支持下，使得中国代表团提出的 4 条修改和 1 条增加意见得到全部满足，体现了我国的原则立场，维护了国家利益。在中国代表团建议被采纳成定局之后，发展中国家也相继提出了一些锦上添花的建议，使得《宣言》更加符合发展中国家的要求。

2. 参加会议的几点体会

（1）领导重视是会议取得重要成果的关键

第二届世界水论坛和部长级会议是新千年第一次全球水利界的盛会，也是历史上规模最大的世界性水资源大会。水利部领导对这次会议高度重视，把它作为促进国际水利合作与交流、宣传中国水利建设成就与水政策的契机，时任水利部副部长周文智在会前指示水资源司参会同志：外事工作无小事，一定把准备工作落到实处。时任水利部部长汪恕诚对会议准备工作作出具体指示，临行前逐字审阅《海牙宣言（草案）》和相关附件，逐条提出不符合我国原则立场的提法并作分析，使得《海牙宣言》能成功地被修改。

（2）部门间密切配合是工作的必要条件

成功修改《海牙宣言》，在团长领导下各部门密切配合起了重要作用。代表团由水利、外交部、建设部和国家环境保护总局等单位组成，都强调部门合作。

（3）在外交活动中有理、有利、有节，讲科学，讲道理

在会议讨论和双边交往中的发言做到有理有据、尊重科学、以理服人，反应发展中国家的普遍要求；对其他国家提出的合理要求在会上或会下表示支持，有利于坚持原则立场，扩大影响。土耳其、黎巴嫩、马来西亚、阿尔及利亚、乌克兰、哥伦比亚和古巴等国都对我国的做法表示赞

赏,在高官会议上连美国代表在发言前都事先征求中国代表的意见。

四、参加国际水协第四届世界大会为国家争取荣誉

2004年9月19日—24日,以作者为团长的中国水利部代表团参加了在摩洛哥中部名城马拉喀什举办的国际水协第四届世界大会。会议在马拉喀什西郊的国际会议中心举行,马拉喀什以北非国际会议之都闻名,较大的国际会议几乎都在那里举行,并且在撒哈拉大沙漠边上举行水会更有特殊的意义。

国际水协会(IWA)成立于1999年,是由两个已有较长历史的协会——国际水质协会(IAWQ)和国际供水协会(IWSA)合并而成。IWA的宗旨是指导会员提高对水的综合管理能力和技术水平,在世界范围促进为公众提供安全用水和足够的水卫生设施。为此,IWA致力于通过各种方式包括会议、专家网络、出版物和电子媒介促进水管理领域各方面的最新技术、知识和技能的实际应用和相互交流。IWA目前已成为水行业最有影响力的国际组织之一,现拥有130多个地区会员、750多个企业会员和9000多位个人会员,代表了水行业的政府监管、学术理论研究、技术研发和企业管理等各个方面。

会议于2004年9月20日开幕,来自世界100多个国家和地区以及有关国际组织的2500名代表应邀出席这次为期5天的盛会。中国建设部、水利部和有关研究机构派出了100多名专家学者(其中建设部组团共70多人)参加会议。会议围绕水的主题展开学术研讨和交流,具体议题涉及城市供水、污水处理、水的再生利用及节约用水、水的健康安全与卫生、水资源开发利用与保护等领域的管理、科技、合作和商务等各个方面的问题。

时任国际水协会(IWA)主席劳斯在大会开幕式上致辞。时任摩洛哥领土管理、水资源和环境大臣亚兹吉和本届大会执行主席、时任摩洛哥国家水管局局长菲赫里先后发表了讲话。主要内容是:发展中国家面临着越来越严重的饮水和用水问题,仅非洲大陆每年就有300万人死于

饮用非洁净水而导致的各种疾病。因此,他们呼吁加强南北合作,帮助非洲大陆解决饮水和用水问题。

在开幕式上大会执行主席,时任国际水协常务副主席雷特(P·Reiter)宣布"中国著名水管理专家吴季松司长长期负责中国水资源管理,鉴于他在水资源领域理论和实践的杰出贡献,他被来自不同国家的许多国际水协委员推荐,是国际水协会世界大奖最终两名候选人之一"。大奖最后被世界卫生组织水、环境卫生与健康协调员巴特兰姆(J·Bartram)获得。

本届大会除安排世界银行等国际组织和中国等国家做了 5 次大会重点发言外,还分 15 个专题进行 500 多场技术交流和研讨。来自世界 100 多个国家的专家学者就饮水系统的开发、污水处理新技术、水资源统一管理、饮水与健康等专题发表了他们的最新科研成果,提出加强水务管理的新概念和新思路。此外,世界卫生组织还在大会上公布了关于人类饮水质量的第三代标准,以期通过提高饮水质量标准而减少相关疾病的传播。

会前、会上全体团员共同努力,作者的发言作为 5 个大会重点发言之三,于 9 月 21 日在会上阐述了中国在水资源管理方面的新理念、新思路、新政策和新成果,强调以水资源的可持续利用保障中国的可持续发展,受到热烈欢迎。发言后美国、英国、日本、韩国等国代表到台前祝贺,消息被简报登在仅次于当时新任国际水协主席索姆里奥迪(L·Somlyody)讲话,而先于时任联合国秘书长安南的水资源顾问拜因(G·Payn)的显要位置。后来新华社有专稿报道。

五、美国图森中美水资源管理会议的国际学术交流

1999 年,在美国西部亚利桑那州的重镇图森召开了第一次中美水资源管理会议。不少第一次会议的参加者从 3 000 多千米外赶来,又聚集在了图森。图森是亚利桑那州第二大城,人口 68 万。

但是,为了均衡发展,美国政府对边远的图森的教育和科技做了倾

斜式投入,所以图森大学是美国的著名大学之一,其设施和水平不比东西海岸的名牌大学差,也吸引了大量的人才。第一次中美水资源管理会议就是在图森大学召开的。

会上作者又是第一个发言,讲述在联合国教科文组织科技部门任高技术与环境顾问时就参与创立的水资源流域综合管理理论、水生态系统指标体系和生态系统建设的理念,在会上引起了强烈反响。发言后,作者被美国专家包围起来,祝贺、称赞和探讨使作者久久不能离去。美国专家的高水平发言,他们对水资源的合理使用,与自然生态系统和谐的理论也使作者学到了很多的东西。

在华盛顿第二届中美环境与发展论坛上就与作者见过面的 M 教授如约而来,会后专门找作者探讨。他说:"正如您所说,生态系统是一个非平衡态超复杂巨系统,就算以美国现有的科学水平和技术力量也无法建立一个实时的模拟系统求得解析解,因此,我们最好的办法就是在合理开发的同时,尽最大可能维系原来的生态系统。人类现在和将来都不能随心所欲地改变自然,以美国的人力和物力,也做不到这一点。听到中国学者对这种观点有如此深刻的认识,我感到十分的惊讶和欣慰。"

美国的陆军工程兵团是美国人人皆知的半军事化水利工程组织,在美国密西西比河水资源配置和水利建设方面取得了举世瞩目的成绩,这次中美水资源管理会议就是他们和图森大学共为东道主组织的。

美国陆军工程兵团技术委员会主任 L 教授是这次大会的主席。他说:"您提出的确实是一种新的水资源管理思想,以水资源总量折合地表径流深来决定区域的开发与绿化程度是十分科学的。我长期在密西西比河流域工作,现在那里的工程都竣工了,管理也成熟了,我就转到西部来了,我在西部呆了 10 年,我的亲身经历证明了您的理论是正确的。"

作者说:"和您一样,我也在中国缺水的西北待了 5 年,自己做过拖拉机手,也做过农场办公室的负责人。我的亲身经历告诉我,荒是不能随便开的。第一年雪水融化多,开荒种地,千年处女地上一定有好收成;第二年雪水少了,地就要闲置,而千年的固沙植物已被犁掉,一季作物又吸了大量水,使地下水位降低;第三年再不种,土地就荒漠化了,以后再种树种草也不可能生长,新的沙漠就出现了,开荒的2/3都变成了沙漠。所谓的荒地其实是沙漠和良田的过渡带,是有其生态功能,而不能乱开的。"

L教授听完这番话后哈哈大笑:"讲得真精彩。看来水利要有理论,更要有实践。我想我们的西部开发者一定是经历了您亲历的过程才决定了西部开发的政策的。您应该做我们西部开发的顾问。"同行,不管他是否来自同一个民族,不管他是否有相同的政治信仰,当有同样的经历,又信奉同一种理论的时候,不但不是冤家,而且是最亲密的朋友,最志同道合的同仁。这是作者在参加了中美环境与发展论坛和中美水资源管理会议以后最为深刻的体会。

六、波恩国际淡水资源大会《宣言》中的国际水理念争议

作为2002年在南非约翰内斯堡举行的可持续发展世界首脑会议的水资源问题准备会议,受联合国委托,德国和联合国教科文组织等国际机构,于2001年12月3日—7日在德国波恩召开了国际淡水资源大会。会议有113个国家的代表参加,其中有46位部长,我国派出以时任水利部副部长陈雷为团长的水利部、外交部、国家发展计划委员会和财政部组成的代表团参会。

1. 挑灯夜战5小时,惊心动魄18分

2001年12月3日,在德国波恩国际淡水资源部长级会议召开前,举行了部长代表会议,代表团委派时任水利部水资源司司长的作者、时任外交部国际司参赞许尔文参加这次会议,任务是讨论《部长宣言(草案)》,这一宣言将直接为我国高层领导将要参加的南非约翰内斯堡可持续发展世界首脑会议奠定淡水资源国际政策的基础。经仔细研究,认为该草案基本符合我国水资源政策,但有一处夹带了某些国家别有用心的用词,问题出在"水是一种人权和一种基本需求"这句话上。

在国际上这种会议是各国表现自己对国际事务看法的机会,因此发

言十分踊跃,大国要强调自己的看法,小国要显示自己的存在,讨论短短的三段文字就用去了两个小时。与会的都是局长一级的高级官员,由于国外一个部只有一位副部长,所以许多局长相当于副部长,有 20 多个国家的司局长和相当副部级官员到会。小小的会场就是一个国际大舞台。

会议对中国的修改意见展开了 18 分钟的激烈讨论,首先提出应将"水是一种人权和一种基本需求"改为"水是一种基本需求和人类的权利。"俄罗斯、日本和南非等国家代表都支持我国的观点,但英国和荷兰代表坚持要写上"人权",将要形成僵持局面时,作者发言:"'人权'和人类的基本需求不是一个层次的概念,因此没有必要并列。'人权'主要是指人的生存、发展和政治权利。而森林和空气都是人类的基本需求,难道要都写成人权吗?"此后全场一片安静,再未提出异议。

2. 任大会国际指导委员会委员对会议做出了积极贡献

经水利部领导批准,作者接受了德国受联合国委托主办的国际淡水资源大会的邀请,任国际指导委员会委员,分别于 2001 年 3 月 29 日～31 日和 2001 年 10 月 4 日—6 日在波茨坦和法兰克福参加了第二次和第三次国际指导委员会。

作者在会上提出,"发达国家应履行给发展中国家更多援助的承诺",得到许多国家附议,所讲观点得到多国支持,最后被写入波恩国际淡水资源大会对 2002 年 9 月在南非约翰内斯堡举行的可持续发展世界首脑会议的行动建议书——《水是可持续发展的关键》中,其中第 17 条第 1 段,即"发达国家同意但没有达到联合国同意的官方发展援助(对发展中国家)应达到国内生产总值 0.7% 的目标,应当尽自己最大努力去做。"

在会上还提出了"发达国家应特别注意自己污染扩散的管理",得到许多发展中国家的支持,并写入草稿,对发达国家在我国加入世贸组织后向我国扩散污染企业的可能起了一定的限制作用。

3. 作为第一分会共同主席处理国际争议

会议组织者请作者做大会第一分会"统一管理与新参与"的共同主席,2001 年 12 月 5 日作为第一分会主席主持会议,但就在 12 月 4 日晚,忽然被告知要改变会议议程,原定的报告和对《行动建议(草稿)》的讨论都不进行了,专门讨论英国与瑞典的部长在前一天做出的对《行动建议(草稿)》的修改提议,这很不合理。

首先,12 月 2 日,国际指导委员会专门开了会议逐条讨论了《行动建议(草稿)》,会议从晚 8 时开到第二天凌晨 4 时半,长达 9 个小时,英国和瑞典都派了代表参加,当时为什么不提,根本不把国际指导委员会的辛勤劳动放在眼里。

其次,对国际会议规定议程的修改至少要在开会前 24 小时提出,而且要与会国 2/3 以上代表通过,某些发达国家又把这些国际惯例置于何处。

最后,中国代表团也对《行动建议(草稿)》第 5 点提出了修改建议,如专门讨论英国和瑞典的建议,势必使分会没有时间讨论中国的修改建议。

此后作者连夜向贝宁的大会主席和巴基斯坦的报告人做工作,取得支持。

会后,作者按原议程做了大会总结,不提英国和瑞典插入的内容。德国、日本、埃及、以色列代表,两个国际组织代表(其一负责人为美国人)和两位报告人等上台或等在台前祝贺会议主持很好,一位国际组织代表说:"您的总结提到中国在水资源问题上做实事,国务院批准规划投资向塔里木河下游放水,使 109 岁的老人亲眼看到生态系统的初步恢复,打动了所有的人,您的总结比所有报告和发言更有力。"瑞典代表环境部的局长也特地说:"会议主持的好。"这次小斗争维护了发展中国家的尊严,同时也保证了会议讨论中国代表团去掉"管理流域不考虑国家和政治边界"这句话的提议时间,使提议顺利通过。

4. 中国代表团的胜利

题目为"统一管理与新参与"的第一分会是大会最主要的分会,将讨论定稿 2002 年世界首脑会议行动建议的 25 条中的前 13 条。其中第五条"共同跨界水利益"中第一段为"河流系统及地下水必须成为在这一范围内考虑水管里及其管理体系和参与机制的首要框架,而不是考虑国家和政治边界",这其中的"不考虑国家和政治边界"一句又是最后某些国家加入的别有用心的语句。把水的统一管理凌驾于国家之上,既不符合现实,又没有道理,是我国绝不能接受的。

针对上述情况,时任水利部副部长陈雷专门组织会议研究,决定斗争策略,要尽全力去掉"不考虑国家和政治边界"这句话,并签署我方的修改意见通知大会秘书处,作者在参加大会前的国际指导委员会第4次会议时也郑重提出这一问题,并赢得了支持。我方与大会主办者保持热线联系,得悉通过一系列工作,大会拟将行动建议第5点"国际水的利益共享"第一段改为"河流流域、湖泊和地下水必须成为在这一范围内进行水资源管理、建立管理体制和参与机制的首要框架,而不以考虑国家和政治边界为主。"

会议中再次讨论有关段落,我方都做了发言,大会主席德国经济合作发展部局长还在大会中从主席台上走下,首先向作者征求定稿意见,表示了对中国的尊重。正式公布的可持续发展世界首脑会议行动建议书中第5点标题改为"利益共享",第一段改为"流域、河流、湖泊和地下水必须成为在这一范围内进行水资源管理,建立管理体制和参与机制的首要框架"。完全符合了我方的要求。中国代表团不仅只打政治仗,作者还在学术上指出水资源管理工作不仅要防止环境蜕变,还要防止生态蜕变,两者不完全是一个概念,如地下水超采和沙漠化等都属于生态系统概念的范畴,使得由世界级专家起草的文件的第8点第3段的最终稿有"防止环境蜕变"改为"防止环境与生态蜕变"。

会后,埃及和以色列代表团向我方祝贺,埃及代表与我方合影说:"中国代表团胜利了。"在大会闭幕式上播放的大会录像专辑中,陈雷副部长和作者分别作为部长级会议主席和大会分会主席(共同主席)被收入其中,显示了中国代表团在这次波恩国际淡水资源大会中所起的重要作用。

七、以《首都水资源规划》在欧洲奥委会上为申奥做工作

2000年11月16日—18日,作者作为北京奥申委代表团团长,参加

了在华沙举行的欧洲奥委会第 29 届全体会议。所有欧洲国家奥委会均派团参加，其中有 20 名国际奥委会委员。

作为中国代表团团长，作者在欧洲奥委会大会上讲话："发展中国家举办奥运会符合联合国的宗旨和国际奥委会的宗旨。如果说今天办奥运，北京的条件不如巴黎，但是北京要举办的是 2008 年的奥运会，要看北京的发展。国际舆论担心北京的环境，主要是水问题，作者主持制定并指导实践《21 世纪初期（2001—2005）首都水资源可持续利用规划》。请大家看，第一，这是不是一个科学的、可以完成的规划？第二，这是北京市政府和中国国务院批准的规划，大家是否相信北京市政府和中国政府的能力。"

大家看后一致说："这是一个现代的、科学的、国际先进水平的水资源规划。我们相信北京市政府和中国政府有足够的能力实现这一规划。"委员中没有水专家，但有一半以上的人有博士学位，作者接着说："那就请大家投北京一票吧。"从与会者的表情，大家悦服这一说法，2001年选择主办国大会的投票，说明了欧洲奥委会许多委员的这一立场。

由此可见，科学是国际合作的基础，也是国际斗争的利器。

最后，大会议论了欧洲奥委会的环境与体育大纲，大会主席征求作者的意见。作者表示这是个制定得很好的纲领，并对其中一句话："在体育活动中要监测水、能源和其他资源的消费"，提出了修改意见，即应改为"要监测水、能源和其他资源的消费并促进其循环使用"，当即得到了大家的一致赞同。会议主席说："改得好！但是我们这一稿已经几次讨论，并交付印刷了，实在没有想到还有这么好的实质性意见，明年新版时一定改！"其实，改不改并不重要，主要是表现中国对奥运事务的积极参与，但是大家求真知的精神，主席先生诚恳的态度使作者很感动，也看到了国际奥林匹克运动的希望。

会后，几位委员对作者说："您这一词的修改比许多宣传都更增加了中国申奥的分量。"一位克罗地亚的委员说："实际上在委员会里，我们东欧委员也不大被人看得起，您的一词之改，让我们也高兴。"

第十篇　从参与和指导北京治水 20 年看北京的河长制

　　河长制是一种创新的、现代化的河湖管理体制,但我国河湖众多,水系发达,仅流域面积在 50 平方千米(按我国平均人口计有 7200 居民)以上的河流就有 4.5 万条,总长度为 150.9 万千米,可以绕地球 38 圈,而这些河流又分为入海河、内陆河;丰水河、断流河;高寒河和国际河等多种类型。我国有常年水面积在 1 平方千米以上(可以形成一个相对独立的小水生生态系统的下限)2 865 个,总面积 7.8 万平方千米,和捷克国土一样大,其中又分为湖泊、湿地等各种不同类型。因此,河长制的建立是十分复杂的事情,要"一地一策""一河一策""一湖一策"。

一、北京的水系

　　北京有五大水系,从东到西为蓟河水系、潮白河水系、北运(温榆)河水系、永定河和拒马河水系,五大水系干流都由西北向东南,跨度约为 100 千米,占北京市面积 89.8%。

　　① 洵(蓟运)河水系主要为在平谷的洵河和错河,流域 1224 平方千米,占北京面积 7.5%,洵河源自天津蓟县和河北兴隆,在京内长 66 千米,流量每秒 24.5 立方米,年径流量 7.4 亿立方米,属于中小河流,当年水量充沛,今天断流严重。错河是洵河的主要支流。平谷镇正是在两河交汇处兴起。

　　② 潮白河水系是北京的主水系,当年是两条河流——分别是源自河北承德的潮河和源自河北赤城的白河,进入密云水库后都汇入水库,出

273

密云水库后汇为潮白河。流域面积5 613平方千米,占北京面积34.2%。潮河在京长度72千米,流域约2 000平方千米。目前白河在京流量约为每秒9立方米,潮河为每秒12立方米,已是涓涓细流,而且出现断流。

③ 北运(温榆)河水系是北京最主要的水系,也是唯一发源于北京的水系。主要包括温榆河、北运河、沙河、清河和通惠河等河流。流域包括昌平、顺义、朝阳、海淀、通州、大兴和丰台等地,面积4 293平方千米,占北京面积的26.2%、人口的70%。主河道在通州以上称温榆河,长90千米,以下称北运河,是京杭大运河的起点共长140千米。温榆河流量为每秒3.56立方米,北运河流量为每秒8.1立方米,看到的是涓涓细流,但它是目前北京唯一的主河道基本未断流的河流。年径流量仅为2.5亿立方米,属于小河。

④ 永定河水系是北京曾经赖以建城的水系,主干发源于河北张家口,上游称桑干河。永定河在北京境内有清水河、妫水河、团河和凉水河等河流汇入主干,自1980年起全线断流,有水段流量仅为每秒0.98立方米,如要恢复,年需水1.3亿立方米。永定河在北京长187千米,流域3168平方千米,占北京面积的19.3%。

⑤ 拒马(大清)河水系在北京房山,主干为拒马河,有大石河等河流汇入,主干在京长61千米,北京部分流域面积426平方千米,占北京面积的2.6%,是北京目前水流最大的河流,至今仍有泛滥洪灾的威胁。

图10-1所示为北京河流构成五大水系。图中深色的河流主干及支流为北运河水系。北京七成以上的人口都在此流域内工作、生活。

二、对北京河长制的建议

作者自1998年在北京调研主持制定《21世纪初期(2001—2005)首都水资源可持续利用规划》并被任命指导小组常务副组长指导其实施以来,到今天仍在做北京水的项目,已经整整20个年头了,可以说几乎走遍了北京大大小小的河流及其京外的上游。鉴此,对北京河长制的建立工作提几点建议。

图 10 - 1　北京河流构成五大水系

北京的河长制应该按上述水系来划分,水系情况也十分复杂。

仅以北运河(温榆河)水系为例,就跨延庆、昌平、顺义、朝阳、丰台、通州和大兴 7 个区,尽管它是唯一的源头在北京的水系,但入海处也不在北京,不是一条完整的河流,而且支流达数十条之多。关于谁做河长的问题提出以下建议供参考。

① 鉴于北运河水系是北京最重要的水系,流域面积占北京的 1/4 强,人口占七成,应以负责水利的副市长挂帅河长。分段的河长以下游为主、干流为主,采取"下管一级"的办法,如从昌平到朝阳到通州的河段(片)长的行政级别可逐地升高,至少是平级。

② 对于顺义、海淀、丰台和大兴等支流地区的河长可由区水务局长

担任,但也要分工明确,责任到位。

③ 规划制定的专家和监督检查委员会的成员,可由熟悉北京水系、熟悉昌平、朝阳和通州河段的成员为主,所承担的责任也相应。

河长制建立后,北京河湖修复与水源的建设的重大任务,可以考虑有以下几项:

① 完善北京的水系建设,实现已定的"千顷碧波连水面,三环清水绕京城"的目标。

② 做到五环内河道有水(Ⅱ类以上),永久性的清除黑臭河流。

③ 修复北京城市副中心的京东南湿地。

以上北京都已有周密部署,这里不再赘述。为了使北京建成可以与纽约、巴黎、伦敦和东京媲美的国际大都市,可以进行的还有两大任务。

① 修复消失的玉泉水系。

② 修复建设一条健康河流——温榆河。

三、修复北京原有的第六大水系——玉泉水系

自金朝在北京建都以后,北京都城几次变迁,主要是由于水源问题,元大都找到一个就近的水源——玉泉水系,距元大都的中心仅 10 千米。当年开辟北长河、南长河和金水河经都城引水入太液池(今北海),不仅成为城市水源,而且构成城市水系(见图 10-2)。

玉泉山因水得名,玉泉山泉水金代已享有盛名,明代泉水仍旺,出水涌起一尺许,清代也有。估计当年年出水量至少在 1.6 亿立方米,以当年元大都人口 80 万计,即人均 200 立方米/年,是今天北京的人均水资源量的 2 倍,足以应付没有工业和洗浴设施的市民生活。据 1928 年、1934 年冬季考察,玉泉山诸泉总出水量仍有 2.01 立方米/秒,即 6 339 立方米/年(其中玉泉出水量最大,1.41 立方米/秒),1949 年总出水量还有 1.54 立方米/秒。由于城市人口快速增加,1951 年 1 月总出水量为 1.0 立方米/秒,1966 年总出水量为 0.75 立方米/秒,自此出水量逐年迅速减少,到 1975 年 5 月,玉泉断流。

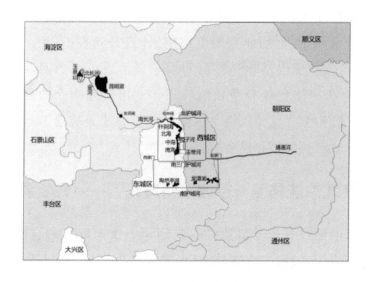

图 10-2　玉泉水系分布图

作者本人就有切身体验,作者在北京生活了 71 年(是北京市专家咨询委员会中最年长的,也是在北京居住时间最长的),1949 年随父亲去香山考察,当年西山脚下虽已干旱,但仍有不少看得出当年的池塘、湿地的痕迹。20 世纪 40 年代以前北京烤鸭的原鸭就出自玉泉山一带,北京烤鸭的独特,不仅由于果树枝熏烤,鸭子也不同,作者还依稀忆起当年烤鸭滋味的独特。

1951 年,作者作为新中国成立后的第一批小学生去香山春游,当年身高已有 1.3 米,走到樱桃沟不把裤子卷到膝盖以上就要浸湿。这些都是作者亲眼见到的今天消失的玉泉水系。京西稻的种植也是因为沿水多,地表水源丰富,万泉河也因地下水埋深浅得名。

玉泉断流的原因是多方面的。首先是官厅水库建成后,拦蓄了上游来水。其次是永定河上游来水量也逐年减少。最后,北京地下水开采量逐年增加,地下水位不断降低,造成了玉泉枯干。这样北京不但失去了一个优质的水源,而且失去了一个水系,只剩了五大水系,造成了北京城区无河少水的局面。城市少了一个水系,就像人被截肢,北京河长制实施的重要任务之一就是逐步恢复这一水系。

在恢复北京城市副中心通州原湿地的同时,北京应集中水量逐步恢复原有的玉泉水系,增加北京的生态用水,提升到香山(约 400 米)的高度,沿自然径流和现仍基本完好的明清建设的香山水道而下,提升地下水位,利用今天可能仍能具备功能的当年滤出皇家御水的地质结构,再为北京市人民和中央机关提供举国闻名的玉泉水是完全有可能的,应作为海淀和西城河长的中心任务。

四、在北京能修复一条健康河流吗? ——修复温榆河

北京目前还没有一条健康的自然河流。所谓健康的自然河流就是长年不断流,且有一定的流量,全河水质应在 IV 类以上(包括支流),也就是看得见净水流。同时,两岸有原始次生态的植被系统。因此北京的当务之急是修复一条健康的河流。

在北京市五大水系中,温榆河是唯一发源于本市境内且基本常年有水的河流。温榆河发源于北京市燕山南麓的昌平、延庆、海淀一带山区,干流河道白沙河闸至北关拦闸全长 47.5 千米。东沙河、北沙河、南沙河三条支流在昌平区沙河镇汇聚成温榆河干流,沿途依次汇入蔺沟河、清河、坝河、小中河等支流。古称温余水,自辽代称温榆河,至 19 世纪末流域还是鱼米之乡。

温榆河流域横跨《北京城市总体规划(2004—2020 年)》中所提出的西部生态带和东部发展带,位于北京的心脏地带。流域内的海淀区和昌平区既是国家级高新技术产业基地,又是国际知名的高等教育和科研机构云集地;顺义区和通州区是北京重点建设的新城;朝阳区为中央商务中心。涵盖北京市城 6 区以及通州区、大兴区、顺义区、昌平区等区域,流域面积为 2 478 平方千米,流域内人口占全市近半。

1. 目前温榆河的主要问题

(1) 径流量低,河道设施过多,水流速过低

目前温榆河年径流量在下游为 3.6～36 立方米/秒,相对河床来说

流量过小,流速过低,已不是一条健康的自然河流。

(2)污水处理量与质均不达要求

目前温榆河流域共建有肖家河、清河、北小河、酒仙桥 4 个大型污水处理,设计能力 72 万立方米/日,实际处理量 72.7 万立方米/日,流域内 40 个乡镇中还有 30 个没有建设污水收集及处理设施。

温榆河流域的污水量大,由于流域内污水处理厂数量少,而且处理和出水水质并不是很高,虽然部分污水是经过处理后排放的,但仍然含有较多的污染物质。

(3)流域造林取得成效,但缺乏统一规划

目前在温榆河的不同河段,规划和已造了不少林带,但缺乏统一规划,应在全流域范围修复原始次生林系统。

(4)流域缺乏统一管理的体制与法规

目前流域的确加大了管理和治理力度,但无论是规划、监测还是调配都缺乏统一管理的机制,更没有相应的法规。

2. 集中力量、科学规划、责任落实,2017 年有可能修复温榆河为健康河流

以现有的条件在 2017 年是有可能将温榆河基本上修复为一条健康河流的。

① 水量可以满足。2014 年南水北调进京,到 2017 年达到满额 10.5 亿立方米,使北京总水资源量达到 46 亿立方米/年以上,进一步加大污水处理后再生水的等级,提高利用率。利用再生水有可能把温榆河的年径流量提高到 3 亿立方米/年左右,流速可以达到常年平均 0.5 米/秒以上,基本成为健康河流。

② 在两岸恢复原始次生林生态系统。尽快统一制定两岸造林规划,保证河岸至少 50 米以内种植以北京原始次生树种杨树、柳树和槐树为主的林带,逐步形成乔冠草构成的原始次生生态系统。

③ 保证流水质量,开始通过放养等方式恢复以鲤鱼、鲫鱼和青蛙等

原生物为主的水生态系统,逐步使微生物、水草等生物恢复到原始次生状态构成生命共同体。

④ 建立流域污水排放限额和污水处理达标的法规,政策鼓励污水处理厂改善工艺技术,在此基础上科学布局,适当增建污水处理厂,从政策上对污水处理厂运行给予大力的支持,关键是利用经济杠杆使市场配置资源,促进污水处理后的再生水利用。

⑤ 修复规划制定一定要创新,对温榆河流域有较长期实地研究,有北京生态史知识,有国际比较考察经历的真才实学的多学科综合研究专家组成工作班子,规定阶段性目标,承诺签字承责。

⑥ 建立流域统一的管理和协调机构,制定相应的法规,确保各项措施的实施。

今天北京要建设国际一流的和谐宜居大都市,缺的不是高楼和环路,而是城市的健康水系。"金城银城"不如"绿水青城","绿水青城"就是"金城银城",这是居民的呼声、国家的需要和国际的期望。应转变观念,以生态史为据,哪怕先科学修复一条健康的河流——温榆河。

1999年,作者作为德国政府的客人(德国政府每年邀请1~2名中国的著名人士在两周左右的时间内任选地点考察德国)访问德国,最感兴趣的当然还是"水",由于工作繁忙,在10天内考察了德国第二大河——易北河全流域,易北河长1 100千米,流域面积14.8万平方千米。作者亲眼见到德国在重新统一后仅8年时间就把包括原东德严重工业污染部分在内全流域治理康复,使易北河又成了一条清澈的河流。我们也应该在经济发展程度相近(当时德国人均GDP1.8万美元)的情况下不能把长度和流域面积仅为易北河的1/10和1/6的温榆河治好。

温榆河的科学修复更在于其示范意义,北京的河已经多次出现20年来几次治理但臭味不减的现象,如凉水河、坝河和通惠河等多条过城区的河流。温榆河建立河长制的根治将成为北京治河的样本。

参考书目

1. 吴季松.水资源及其管理的研究与应用[M].2版.北京:中国水利水电出版社,2001.

2. 吴季松.亲历申奥[M].北京:京华出版社,2001.

3. 吴季松.现代水资源管理概论[M].北京:中国水利水电出版社,2002.

4. 吴季松.中国可以不缺水[M].北京:北京出版社,2005.

5. 吴季松.新循环经济学[M].北京:清华大学出版社,2005.

6. 吴季松.知识经济学[M].北京:首都经济贸易大学出版社,2007.

7. 吴季松.循环经济概论[M].北京:北京航空航天大学出版社,2008.

8. 吴季松.百国考察廿省实践生态修复[M].北京:北京航空航天大学出版社,2009.

9. 吴季松.新型城镇化的顶层设计、路线图和时间表[M].北京:北京航空航天大学出版社,2013.

10. 吴季松.水!最受关注的66个水问题[M].北京:北京航空航天大学出版社,2014.

11. 吴季松.生态文明建设—卅年研究/百国考察/廿省实践[M].北京:北京航空航天大学出版社,2016.

12. 吴季松.吴季松看世界[M].北京:北京出版社,2003.

13. 吴季松.吴季松看世界[M].北京:中国发展出版社,2007.

14. 吴季松.吴季松看世界[M].2版.北京:清华大学出版社,2007.

15. 吴季松.吴季松看世界[M].北京:北京航空航天大学出版社 2009.

16. 王占忠,郑美文.生命之水[M].北京:中国环境科学出版社,2004.

17. 王浩,阮本清,杨小柳.流域水资源管理[M].北京:科学出版社,2001.

18. 左强,林启美.世界之水[M].北京:中国农业大学出版社,1998.

19. 《水权与水市场》水利部政策法规司 2001.

20. 吴季松.水务知识读本[M].中国水利水电出版社,2003.

21. 任美锷.中国自然地理纲要[M].北京:商务印书馆,1992

22. 汪恕诚.资源水利——人与自然和谐相处[M].北京:中国水利水电出版社,2003.

23. 王浩,陈敏建,等.西北地理水资源合理配置和承载能力研究[M].河南:黄河水利出版社,2003.

24. 姜弘道.水利概论[M].北京:中国水利水电出版社,2010.

25. WuJisong. Recycle Economy[M]. Bologna, Italy: Effeelle, 2006.

图书在版编目(CIP)数据

治河专家话河长：走遍世界大河集卓识 治理中国
江河入实践 / 吴季松著. -- 北京：北京航空航天大学
出版社,2017.4

ISBN 978-7-5124-2363-3

Ⅰ.①治… Ⅱ.①吴… Ⅲ.①治河工程—文集 Ⅳ.
①TV8-53

中国版本图书馆 CIP 数据核字(2017)第 055081 号

治河专家话河长——走遍世界大河集卓识 治理中国江河入实践

吴季松　著

责任编辑　赵延永　李丽嘉

*

北京航空航天大学出版社出版发行

北京市海淀区学院路 37 号(邮编 100191)　http://www.buaapress.com.cn
发行部电话:(010)82317024　传真:(010)82328026
读者信箱:goodtextbook@126.com　邮购电话:(010)82316936
北京艺堂印刷有限公司印装　各地书店经销

*

开本:700×960　1/16　印张:19.5　字数:262 千字
2017 年 4 月第 1 版　2017 年 4 月第 1 次印刷　印数:2000 册
ISBN 978-7-5124-2363-3　定价:78.00 元